上海科技专著出版资金资助项目

气体绝缘与 GIS

肖登明　编著

上海交通大学出版社
SHANGHAI JIAO TONG UNIVERSITY PRESS

内容提要

　　本书主要阐述气体放电与气体绝缘的基础知识,重点描述近十年来新型环保型绝缘气体的研究进展。本书从气体的基本物理化学性能出发,介绍 SF₆ 气体放电的机理,分析 SF₆ 气体的绝缘特性。首先描述 SF₆ 气体的绝缘特性和应用状况,然后分析 SF₆ 与缓冲气体构成的混合气体的绝缘性能及其实际应用,最后分析新型环保型绝缘气体的绝缘特性和研究发展成果,并对 SF₆ 替代气体实际应用于主要的电力设备如金属封闭式组合电器(GIS)等提出前瞻性的建议。

　　本书主要用作高电压与绝缘技术专业研究生教材,也可作为等离子体、激光应用和应用物理专业的参考书,还可供电力运行系统、电工制造有关部门的工程技术人员参考。

图书在版编目(CIP)数据

气体绝缘与 GIS/肖登明编著. —上海:上海交通大学出版社,2016
ISBN 978 - 7 - 313 - 15012 - 7

Ⅰ.①气…　Ⅱ.①肖…　Ⅲ.①气体绝缘材料－金属封闭开关　Ⅳ.①TM564

中国版本图书馆 CIP 数据核字(2016)第 113057 号

气体绝缘与 GIS

编　　著:肖登明				
出版发行:上海交通大学出版社		地　　址:上海市番禺路 951 号		
邮政编码:200030		电　　话:021 - 64071208		
出 版 人:郑益慧				
印　　制:苏州市越洋印刷有限公司		经　　销:全国新华书店		
开　　本:710mm×1000mm　1/16		印　　张:17.75		
字　　数:312 千字				
版　　次:2016 年 12 月第 1 版		印　　次:2016 年 12 月第 1 次印刷		
书　　号:ISBN 978 - 7 - 313 - 15012 - 7/TM				
定　　价:98.00 元				

近年来,我国电力行业和电器制造企业的联席会议多次就中、高压开关领域普遍使用 SF_6 气体为介质,间接导致大气污染等问题展开讨论,认为今后应当抓紧研发 SF_6 气体的替代品,从而减轻向大气排放污染的问题,研究更适合环境友好的新型环保型绝缘气体。随着人们环境保护意识的增强,少用和不用 SF_6 气体的电气设备是未来高压电器制造行业的研究开发方向。

目前,国内虽然已经认识到 SF_6 气体对环境的危害性,但研究得比较多的是 SF_6/N_2 或 SF_6/CO_2 混合气体,其目的主要是尽量减少 SF_6 气体的使用量;或者是采用更先进的 SF_6 气体泄漏测试设备,定期检测 SF_6 绝缘电力设备中 SF_6 气体的泄漏量,并且采用先进材料进行泄漏部位的封堵,以尽量减少 SF_6 的排放量。这方面,电力运行部门联合高校和科研院所,已经做了大量的工作,取得了一定的成果。但是从长远的角度来看,不管是用混合气体替代纯 SF_6 气体,还是采用保守的方法(如泄漏的检测与封堵),只要还在使用 SF_6 气体作为绝缘气体,就无法从根本上解决 SF_6 气体对环境的危害。

肖登明教授的研究组 20 年来紧跟国际上的研究步伐,开展了 SF_6、SF_6 混合气体和 SF_6 替代气体绝缘性能研究的计算分析与实验工作,已获得国家自然科学基金的多项资助,取得了很好的成果,与国际在该领域的研究水平基本同步。他把相关成果编成一本专著《气体绝缘与 GIS》,对于气体放电与气体绝缘的研究具有一定的理论意义,对于研究新型的环保型气体绝缘电力设备具有重要的参考价值。

中国工程院院士

雷清泉

2015 年 8 月

前　言

　　气体放电和气体绝缘的应用研究对工业生产和科学技术的发展起了很大的推进作用。无论现在或未来,绝缘气体必须是环境所能接受的。因此,对于气体可能影响全球变暖问题的最佳解决方法是阻止有害气体向大气释放。这种对环境友好的解决方法指出有必要寻找环保型绝缘气体,有必要研究 SF_6 替代绝缘气体的高压绝缘技术。

　　在温室效应环境问题的严峻形势下,研究一种新型的能够取代 SF_6 的低温室效应绝缘气体显得尤为迫切。开展 SF_6 替代气体研究,寻找适合国际上环境条件的绝缘气体,具有十分重要的意义。因此,迫切需要一本有关 SF_6、SF_6 混合气体和环保型绝缘气体的专业指导书,以促使和推动环保型的、新型的绝缘气体的研究和应用。

　　著者所在的项目组20年来紧跟国际研究步伐,开展了 SF_6、SF_6 混合气体和环保型绝缘气体的计算分析与实验研究工作,取得了一定的成果。著者把20多年的科研成果编著成《气体绝缘与 GIS》一书,以期为国内外研究环保型的绝缘气体和开发新型 SF_6 替代绝缘气体的电力设备的研究提供一定的参考。

　　全书共分为7章。第1章为绪论,简单介绍了气体绝缘的研究和应用发展状况;第2章阐述气体放电的基础,描述了汤逊放电和流注放电的基础理论;第3章描述了气体放电过程的蒙特卡罗模拟和玻耳兹曼方程算法;第4章描述了 SF_6 气体的放电特性和绝缘性能;第5章描述了 SF_6 混合气体的绝缘特性及应用;第6章描述了当前国际上研究的几种潜在的 SF_6 替代气体的放电特性和绝缘性能,及环保型气体绝缘的研究状况及发展前景;第7章阐述了常用的气体绝缘电力设备,如金属封闭式组合电器(GIS)等的应用现状,提出了应用环保型绝缘气体的前瞻性建议。

在编写过程中,著者参考了近年来出版的国内外文献,主要总结了自己 20 多年来从事 SF_6、SF_6 混合气体和 SF_6 替代气体绝缘性能研究取得的成果,既重视加强基础理论,又密切联系实际应用。本书由中国工程院院士雷清泉先生审阅了全稿,但由于著者水平有限,书中有不妥或错误之处,敬请读者批评指正。

本书在编著出版中,获得了国家自然科学基金(No:51337006)的资助,得到了上海交通大学出版社的支持,著者表示深深的谢意。

本书在编写过程中,我的研究生李冰、赵小令、邓云坤、焦峻韬、谭东现、赵谡参与了资料收集、校对整理的工作,在此一并表示感谢。

肖登明

2015 年 8 月于上海交通大学

目 录

7 常用的气体绝缘电力设备   200

1

绪　论

为了保证电气设备乃至整个电力系统的安全、可靠运行,必须恰当地选择各种电气设备的绝缘介质,使之具有一定的电气强度。而绝大多数电气设备都在不同程度上、以不同的形式利用气体介质作为绝缘材料。在一定条件下,气体会发生放电现象,甚至完全丧失其作为电介质而具有的绝缘特性。利用气体作为绝缘材料来隔绝不同电位的导电体,保证气体电介质的绝缘强度,避免因气体放电对电气设备的安全运行造成威胁,称为气体绝缘。气体绝缘与气体放电相辅相成,密不可分。

1.1　气体绝缘的定义

气体绝缘的任务主要是如何选择绝缘距离以及如何提高气体间隙的击穿电压。在高压电气设备中经常遇到气体绝缘间隙,为了减少设备尺寸,一般希望间隙的绝缘距离尽可能缩短。由于在气体压力一定的情况下,气体间隙越短,其击穿电压就越低,即气体绝缘性能越差。为此需要采取措施,以提高气体间隙的击穿电压。气体击穿电压与电场分布、电压种类以及气体状态等多种因素有关。由于气体放电理论现在还不完善,击穿电压实际上还无法准确地进行理论计算。在实际工程中,人们常借助于种种实验规律来进行分析解决,或者直接依赖实验决定。

提高气体间隙击穿电压的措施主要有两个:一方面是改善电场分布,使之尽量均匀;另一方面是利用其他方法来削弱气体中的电离过程,如提高气体压力、采用高真空、使用高电气强度绝缘气体等。而改善电场分布也有两种主要途径:一种是改进电极形状;另一种是利用气体放电本身的空间电荷畸变电场的作用。

气体的特性有很多且各不相同,这取决于具体应用的气体和设备。用于电气设备中的绝缘气体一般具有高电离场强和高击穿场强等特点,气体不易被击穿,击穿后能迅速恢复绝缘性能,化学性质较稳定,无毒、不燃、不爆、不老化、无腐蚀性,不易被放电所分解,分解产物无毒、无腐蚀性,不出现堆积物,并且比热容较大,导热性、流动性较好。由于气体的介电系数稳定,介质损耗极小,所以目前高压电气设备中广泛使用气体介质作为绝缘材料。

大自然为我们免费提供了一种相当理想的气体介质——空气,因而空气也是用得最广泛的气体绝缘材料。架空输电线路各相导线之间、导线与地线之间、导线与杆塔之间的绝缘都利用了空气;高压电气设备的外绝缘也利用了空气。早期高压电气设备中一般采用高气压的氮气(N_2)或二氧化碳(CO_2)进行绝缘,但是受到低绝缘强度和高压力的限制,已经被六氟化硫(SF_6)气体所取代。在高压断路器当中,SF_6兼作灭弧和绝缘介质,性能优良,已逐步取代少油断路器和压缩空气断路器。充 SF_6 气体的金属封闭式组合电器(gas insulated substation,GIS)、金属封闭输电线路(gas insulated transmission line,GIL)、气体绝缘管道电缆(gas insulated cables,GIC)和变压器(gas insulated transformer,GIT)的发展使一些高压变电所走向全面气体绝缘化。

除空气、N_2、CO_2 和 SF_6 以外,还有其他用作绝缘的气体。氟利昂-12(CCl_2F_2)曾作为绝缘气体用于变压器中,其击穿强度与 SF_6 相当,但因其液化温度较高,且电火花会使 CCl_2F_2 析出碳粒,目前已被 SF_6 取代。在氢冷发电机中,氢气除作为冷却介质外也用于绝缘。

由于现今社会对全球温室效应的广泛关注,人们也开始逐渐限制 SF_6、CCl_2F_2 等温室气体的使用。近几十年来,国际上也在开展新型环保绝缘气体的研究,其中八氟环丁烷(c-C_4F_8)、三氟碘甲烷(CF_3I)等气体已经具备了替代 SF_6 的潜质。

1.2 绝缘气体的固有特性

对于使用气体绝缘的高压电气设备,气体所具备的固有特性必不可缺。气体的固有特性是指从气体原子或分子物理结构而言,气体所呈现的内在性质。这些性质独立于气体所处的环境,不受气体应用范围的影响。

1) 基本的物理特性

气体电介质的理想特性之一就是高绝缘强度。高绝缘强度气体是因为在气体中呈现静电应力,从而减少气体中电子的数量。为有效降低电子数密度,要求气体具备如下特性:

（1）气体具有电负性（在尽可能宽的能级范围内，通过附着去除电子）。因为电子有宽广的能级，在许多应用中，气体温度高于周围环境温度，所以，随着电子能级和气体温度的升高，气体更容易增加电子附着数量。

（2）具有良好减缓电子速度的特性（降低电子速度，以便在较低的能级捕获电子，通过电子碰撞电离来阻止产生更多的电子）。

（3）具有较小的电离横截面和较高的电离起始值（通过电子碰撞来防止电离）。

这些参数中，电子附着系数尤为重要。表 1-1 提供了不同气体介质决定的绝缘强度中具有代表性的数据。很明显，表 1-1 中，有些气体的绝缘强度超过 SF_6 气体。尽管这些气体呈现电负性，由于其他特性不理想，故在实际设计的系统中很少用作绝缘气体。

表 1-1 一些绝缘气体在直流均匀电场下的相对击穿强度

气体	相对击穿强度	评 注
SF_6	1	除空气外，最常用的气体绝缘介质
C_3F_8	0.9	尤其是在较低电子能级时，这些气体是很强的电负性附着气体
$n-C_4F_{10}$	1.31	
$c-C_4F_{10}$	1.35	
$1,3-C_4F_6$	1.50	
$c-C_4F_6$	1.70	
$2-C_4F_8$	1.75	
$2-C_4F_6$	2.3	
$c-C_6F_{12}$	2.4	
CHF_3	0.27	弱电子附着特性；有些气体（CO、CO_2）能有效减缓电子运动速度
CO_2	0.3	
CF_4	0.39	
CO	0.40	
N_2O	0.44	
空气	0.30	
Ne	0.006	非电负性附着气体，不能有效减缓电子的运动速度
Ar	0.07	

一些与气体绝缘强度相关的物理特性，如电子碰撞、电子附着、电离和扩散，对于表征气体的绝缘性能非常重要。高绝缘强度气体介质最关键的特性是在宽广的电子能级范围内有较大的电子附着横截面。第二个最重要的特性是在较低

的电子能级下,气体具有较大的扩散横截面来减缓电子运动速度,以有效捕获电子,所以在电子和气体介质分子碰撞过程中,能够阻止产生更多的电子。

此外,气体绝缘特性可能在负离子分离的电子运动中受到阻碍,因为触发气体击穿的电子源来自电子分离。形成的负离子要尽可能稳定(负离子是通过电子附着形成的)。从负离子分离的电子是经过一系列过程后产生的,电子最初发生的过程是自动分离、碰撞分离和光电分离,特别是产生电子较前的过程是关于气体温度的函数。

对气体介质绝缘固有特性进行量化的物理量包括:电子附着横截面,电子扩散横截面,电子碰撞电离横截面,电子分解横截面(光电分解、碰撞分解、分子电解反应及相关的聚类过程),电子附着系数,电离系数,有效电离系数及迁移系数。

实际上,除了上述特性外,其他基本物理量对于完全表征气体介质特性也必不可少。这些物理量包括:二次电离过程(如通过电离和光子碰撞,电子从表面发射),光电离辐射吸收(在非均匀电场中,这是气体放电发展的控制系数),在电子碰撞作用下的气体分子分解,分子电离反应。

2) 基本的化学特性

绝缘气体必须具备以下化学性能:较高的蒸气压;高热传导率,以利于气体冷却;温度超过 400 K 时,气体能够长期保持热稳定性。

对于导电和绝缘材料而言,气体化学性质稳定且不活泼,不易燃烧,无毒并且不易爆炸。当使用混合绝缘气体时,必须具有合适的热力学特性(包括混合气体的成分、均匀性)。

3) 绝缘气体外部特性

绝缘气体外部特性是指如何表征气体与周围环境的作用,或者气体对于外部影响的反应。例如,气体绝缘电击穿和气体放电,不会产生较多的分解物,不产生聚合物,气体具有非腐蚀性,且不会同金属、固体绝缘材料和垫圈发生化学反应,尤其是对灭弧而言,气体具有较高的复合率。最后,气体必须是对环境友好,如气体不会影响全球变暖、不会破坏大气臭氧层、在大气中存在的生命周期短。

4) 气体放电和击穿特性

具体的气体放电和击穿特性包括:在均匀电场和非均匀电场中,气体具有较高的击穿电压,气体特性不受电极表面粗糙度或缺陷影响,导电颗粒能够自由移动。

在实际工作条件下,气体应具有良好的绝缘和灭弧性能,良好的绝缘闪络特性,良好的传热性能,良好的自恢复性能,且气体不会同杂质和潮湿空气发生不利化学反应,同时气体放电的分解产物无毒性等内容也是必须关注的。

1.3 SF$_6$的发展历史和应用

从 SF$_6$诞生到现在只有百余年历史,人们从不断的研究中逐渐发现这种气体的优异性,并把它广泛用于高压电气设备中,用来取代液体和固体等其他绝缘介质。

1900 年,法国的两位化学家 H. Moissan 和 P. Lebean 在实验室中第一次用氟和硫反应得到 SF$_6$气体。1920 年,人们发现 SF$_6$气体具有优异的绝缘性能。1937 年,法国首次应用 SF$_6$作为高压电气设备的绝缘介质。1940 年,人们又发现 SF$_6$具有优异的灭弧性能。在此期间,美国军方将其运用于核军事领域"曼哈顿计划"中,直至 1947 年,美国开始大规模生产 SF$_6$气体,同时提供商用。

在标准状态下,SF$_6$化学性质不活泼,无毒、不易燃烧和爆炸,具有热稳定性(在温度低于 500℃时,SF$_6$气体不会分解)。SF$_6$呈现的许多优良性能特别适合应用到电力传输和配电设备中。室温高于周围环境温度时,SF$_6$是一种电负性气体,这就决定其绝缘强度高和灭弧性能好。在大气压下,SF$_6$气体的击穿电压几乎是空气的 3 倍。况且,SF$_6$具有良好的热传导性;在高气压条件下发生电气设备放电或者电弧后,分解的气体产物能够重新生成 SF$_6$气体(例如,SF$_6$气体能够快速恢复绝缘性能并且有自恢复性能)。SF$_6$分解稳定的产物可以通过滤出而去掉,这些产物对其绝缘强度影响很小。在发生电弧时,SF$_6$不会产生聚合物、碳和其他导电的沉积物。化学特性方面,温度达到 200℃时,SF$_6$不会与固体绝缘、导电材料发生化学反应。

在室温下储存 SF$_6$需要较高的气压。在 21℃液化 SF$_6$,要求气压达到 2 100 kPa。SF$_6$的沸点是 −63.8℃,沸点低且合理,允许气压在 400～600 kPa(4～6 个标准大气压)下,SF$_6$绝缘设备照常工作。在气体圆筒中允许存储密化,因此在室温气压下,SF$_6$很容易液化。目前,SF$_6$气体容易获取,易于处理,价格便宜。

从 20 世纪 50 年代开始,SF$_6$开始广泛运用于高压电气设备中。1953 年,美国率先开始生产双压式(1.5 MPa)SF$_6$断路器。50 年代末,美国又首先制成 SF$_6$气体绝缘的电力变压器(GIT),并采用氟利昂冷却技术,但工业上并没有大量应用。1964 年,德国西门子公司推出 220 kV/15 kA 的 4 断口 SF$_6$断路器,从此大容量 SF$_6$断路器进入大规模生产和应用阶段。1965 年,ABB 公司推出了第一套用 SF$_6$绝缘的金属封闭式组合电器(GIS)。1971 年,第一条 SF$_6$气体绝缘电缆

(GIC)工业线路在美国投入运行。1975 年,德国西门子公司的首个利用 SF_6 绝缘的高压输电线路(GIL)在德国 Wehr 抽水蓄能电站正式投运。20 世纪80 年代初,日本开发出 84 kV 利用 SF_6 绝缘的气体绝缘开关柜(C‐GIS)。

然而,SF_6 也存在一些不理想的特性:SF_6 发生放电时,分解物中含有剧毒和腐蚀性的化合物(如 S_2F_{10}、SOF_2);非极性污染物(如空气、CF_4)很难从 SF_6 气体中去除。SF_6 的击穿电压对于水蒸气、导电颗粒及导体表面的粗糙度较为敏感;恰好环境温度很低时,SF_6 呈现非理想的气体特性。例如,在寒冷的气候条件下(大约在 -50℃),在正常工作气压下($400\sim500$ kPa),SF_6 气体会发生部分液化。SF_6 还是有效的红外线吸收剂,由于其化学性能不活泼,大气中的 SF_6 气体很难去除。这些不理想的特性使得 SF_6 成为潜在的温室气体。

自 20 世纪 50 年代起,为解决严寒地区 SF_6 气体的液化问题,降低电场的不均匀度对气体绝缘强度的影响,同时减少 SF_6 气体绝缘设备的成本,削弱 SF_6 气体的温室效应,人们开始研究用 SF_6 混合气体代替纯 SF_6 气体作为气体绝缘介质。70 年代中期,国际上又开展了关于 SF_6 混合气体用作灭弧介质的研究。20 世纪 80 年代初,德国西门子公司开始生产充 SF_6/N_2 的单压式断路器。2001 年,世界第一条采用 SF_6/N_2 混合气体绝缘的高压输电线路在日内瓦机场建成。

通常,有 4 种类型的电气设备使用 SF_6 气体以绝缘或者灭弧为目的:①气体绝缘断路器和开断电流设备;②气体绝缘传输线;③气体绝缘变压器;④气体绝缘变电站。据估算,全世界生产的 SF_6 中,有 80%应用到电力工业中,而应用到断路器中的 SF_6 占电力工业的绝大部分。

1) SF_6 断路器(generator circuit breaker, GCB)

SF_6 断路器是利用 SF_6 气体为绝缘介质和灭弧介质的无油化开关设备,其绝缘性能和灭弧特性都大大优于油断路器。但由于其价格较高,且对 SF_6 气体的应用、管理、运行都有较高要求,故在中压(35 kV、10 kV)中的应用还不够广,主要应用于高压、超高压与特高压等级的电力设备。

2) SF_6 金属封闭式组合电器(GIS)

GIS 是把断路器、隔离开关、电压互感器、电流互感器、母线、避雷器、电缆终端盒、接地开关等各种电气元件密封在充满 SF_6 气体的若干间隔内,并按一定的方式组合起来而构成的一种可靠的输变电设备。GIS 与传统敞开式高压配电装置相比,其结构紧凑,占地面积小;不受外界环境的影响,运行可靠性高、维护工作量少、检修周期长、施工周期短;对无线电通信和电视广播无干扰。自 20 世纪 60 年代问世以来,GIS 迅速发展,在输变电系统中占据着非常重要的地位,并在电力系统中得到了广泛的应用。

3) SF_6 气体绝缘金属封闭输电线路(GIL)

GIL 是一种采用 SF_6 气体或 SF_6/N_2 混合气体绝缘、外壳与导体同轴布置的高电压、大电流电力传输设备。从 20 世纪 70 年代开始,GIL 逐渐在世界范围内开始投入使用。GIL 作为一种新型的输电方式,具有输电容量大、损耗低、占地少、布置灵活、可靠性高、安全防护性好、免维护、寿命长、与环境相互影响小等优点。采用 GIL 可解决特殊环境或特殊地段的输电线路架设问题,通过合理规划和设计,不但可以大大降低系统造价,而且也能提高系统的可靠性。

4) SF_6 气体绝缘变压器(GIT)

用 SF_6 气体作为绝缘介质的变压器具有不燃、不爆的优点,因此特别适合地下变电站以及人口密集、场地狭窄的市区变电站使用。与传统的油浸式变压器相比,GIT 防灾性能优越、噪声小、运行可靠性高、维护工作量少。与其他无油的防灾型变压器相比,GIT 容量大、电压等级高,对安装场所的环境条件无特殊要求。但是其绝缘结构较复杂,制造工艺要求较高,价格较为昂贵,因此应用并不广泛。

5) SF_6 气体绝缘开关柜(C-GIS)

72.5 kV 以下的 GIS 常做成柜式,即 C-GIS。C-GIS 具有柜式外壳,因此其结构和设计与高压 GIS 有很大不同。C-GIS 是 20 世纪 70 年代末才出现的,由于它具有很多优点,所以发展很快。与常规的空气绝缘开关柜相比,C-GIS 的主要优点是占地面积小、维护简单、工作可靠。据 ABB 公司的资料显示,其 69 kV 级 C-GIS 的尺寸与常规 34.5 kV 开关柜相当或更小。因此在城市电网的升压与增容工程中,采用 C-GIS 会带来很大的经济和社会效益。由于是封闭的气体绝缘系统,C-GIS 的工作不受外界气象和环境条件的影响,因此它特别适用于高原地区和污秽地区。

6) SF_6 负荷开关

SF_6 负荷开关适用于 10 kV 户外安装,它可用于关合负荷电流及关合额定短路电流,常用于城网中的环网供电系统,作为分段开关或分支线的配电开关。SF_6 负荷开关的开断能力是油开关的 2~4 倍,而单位开断容量的重量却只有油开关的 1/8。同时由于 SF_6 气体无老化现象及其燃弧时间短、运行安全可靠、触头烧损轻、检修周期长,所以 SF_6 负荷开关是城网建设中推荐采用的一种开关设备。

除了以上所介绍的气体绝缘电气设备外,SF_6 气体还日益广泛地用于一些其他电气设备中,如中性点接地电阻器、中性点接地电抗器、移相电容器、标准电容器等。

1.4 SF₆ 是一种潜在的温室气体

温室气体是大气中的气体,这些气体能够吸收一部分经过地面发射的红外辐射,并且能够将吸收的热量反射回地面。在波长范围为 $7\sim13~\mu m$ 时,潜在的温室气体具有很强的红外线吸收特性。温室气体可以在自然环境中产生(如 CO_2、CH_4 和 N_2O),也可以是人造气体释放到大气中(如 SF_6 气体,全氟化物 FFC,燃烧产物 CO_2、N_2 和 SO_2)。自然产生的温室气体能有效捕获来自地面长波长的红外辐射,并把吸收的能量反射回地面,这将导致地表温度的升高。地球生物依赖正常的温室效应提供适宜的温度来维持生命的成长。当人为释放的温室气体导致大气的温室效应增强(大气吸收和反射的辐射平衡发生改变),地球正常的温室效应的平衡被打破,以致较多的辐射被反射,造成气候变化。

SF_6 能够有效地吸收红外辐射,尤其是波长接近 $10.5~\mu m$ 时。另外,与自然发生的温室气体不同(如 CO_2 和 CH_4),SF_6 不会发生化学和光分解。因此,SF_6 气体对全球变暖的影响是积累效应,而且是永久的。由于缺乏与造成 SF_6 分子破坏相关占主导作用机理的知识,所以环境中 SF_6 大气生命周期有许多不确定因素。SF_6 大气生命周期很长(范围是 $800\sim3~200$ 年),较大值 $3~200$ 年是最可能的 SF_6 生命周期。SF_6 强烈的红外线吸收功能和在环境中长的大气生命周期,是 SF_6 气体的全球变暖潜能值(global warming potential,GWP)高的原因,比如从 100 年的时间范围来估计,SF_6 的温室效应将是 CO_2 的 24 000 倍(每单位质量),可以说,SF_6 气体是大气温室效应的主要来源之一。

1.5 环境中 SF₆ 气体的浓度

SF_6 用途广泛,而且越来越多 SF_6 气体用作商用,所以对 SF_6 需求量大大增加。据估算,从 1970 年开始,全球 SF_6 气体的产量稳步增长;1993 年,全球 SF_6 气体产量大约为 7 000 吨/年。同时,全球 SF_6 气体产量增长的趋势导致大气中 SF_6 气体浓度的增加。监测数据表明:大气中的 SF_6 气体浓度正在以每年大约 8.7% 的速度递增。根据 2015 年 11 月 9 日中国气象局发表的《中国温室气体公报》和世界气象组织发布的最新一期《温室气体公报》:2014 年,瓦里关站和北京上甸子站大气 SF_6 的年均浓度分别为 $(8.43\pm0.13)\times10^{-12}$(体积分数)和 $(8.44\pm0.14)\times10^{-12}$(体积分数),均为有观测以来的最高值;对于全球而言,截至

2014 年 12 月，SF$_6$ 在大气中的含量已达到 20 世纪 90 年代中期的两倍。当前，平流层的含氯氟烃（即破坏臭氧层的 CFC）和卤素气体所吸收的紫外线占大气层整体吸收的 12%。

电力工业中，SF$_6$ 气体释放到大气包括正常运行的电气设备的 SF$_6$ 气体泄漏、SF$_6$ 气体的回收、SF$_6$ 气体的处理、SF$_6$ 气体测试和维修等过程。因此，优先考虑控制 SF$_6$ 气体释放的措施有：降低 SF$_6$ 气体的泄漏率和提高 SF$_6$ 气体的回收率。这两种措施对 SF$_6$ 气体的使用和生产量的需求都起到控制作用，所以能够最终减少释放到大气中的 SF$_6$ 气体的数量。电力工业正在努力从事减少 SF$_6$ 气体释放的工作，更好地监测 SF$_6$ 气体绝缘电气设备泄漏到大气中 SF$_6$ 气体的数量，这些工作包括：

（1）通过改进方法减少 SF$_6$ 气体的释放。对 SF$_6$ 气体泄漏进行量化，阻止 SF$_6$ 气体的泄漏，逐步取代 SF$_6$ 气体泄漏率高的旧设备；制定合理使用、处理和跟踪 SF$_6$ 气体的总策略，优化 SF$_6$ 气体存储程序，实现 SF$_6$ 高效的回收并制定回收标准。

（2）生产对 SF$_6$ 气体密封性能好的电气设备，研制能够终身密封气体的电气装置，尽可能采用别的替代气体或者 SF$_6$ 混合气体取代纯 SF$_6$ 气体，通过这些措施可以减少 SF$_6$ 气体的使用量。

1.6 SF$_6$ 替代绝缘气体

无论现在还是未来，绝缘气体必须是环境所能接受的。因此，关于 SF$_6$ 气体可能影响全球变暖问题的最佳解决方法是阻止 SF$_6$ 气体向大气释放。显然，这样做最有效的途径就是根本不使用 SF$_6$ 气体。尽管这种提法对环保有利，但是从工业对 SF$_6$ 气体的依赖程度及使用 SF$_6$ 气体的社会价值的观点出发，很难想象完全不使用 SF$_6$ 气体会是什么样的情形。这种对环境友好的解决方法强调有必要寻找 SF$_6$ 替代绝缘气体，有必要研究替代绝缘气体的高压绝缘技术。

寻找 SF$_6$ 替代绝缘气体比较困难，因为在确定替代气体之前，替代气体必须满足许多基本和实际的要求，必须对替代气体进行研究和测试。例如，替代气体必须是电负性气体，有高绝缘强度；然而，强电负性气体通常是有毒的，化学性质活泼而且对环境有危害，在较低蒸气压下，替代气体放电分解产物范围广泛，对分解产物知之甚少。非电负性气体（如 N$_2$）对环境友好，但是通常具有较低的绝缘强度，N$_2$ 的绝缘强度是 SF$_6$ 的 1/3，并且 N$_2$ 自身缺乏用作断路器使用的灭弧特性。尽管如此，这些对环境友好的气体可能仍然会使用，它们以高气压或者是相对低的气压与电负性气体混合(包括以低百分比混合的 SF_6 气体),并作为组成混合气体的主要成分。

研究 SF_6 替代绝缘气体可以追溯到很多年以前,在 20 世纪 80 年代,寻找 SF_6 替代绝缘气体成为研究热点,近 10 年来,已成为国际上的前沿研究课题。

1.7 环保型绝缘气体的现状与发展

随着电力需求量的不断增长和环境保护日益受到人们的关注,迫切需要发展高电压、大容量和结构紧凑的高压电气设备,因而必须寻求不可燃、抗老化的优良绝缘材料。气体绝缘具有占用空间小,特别是在拥挤的城市中,对污染敏感度较低,运行维护成本低等优点。然而,绝缘气体对环境的影响也引起了越来越广泛的关注。

近百年来,地球气候正经历一次以全球变暖为主要特征的显著变化过程。这种全球性的气候变暖是由自然的气候波动和人类活动所增强的温室效应共同引起的。

温室效应是指大气中的 CO_2 等气体能透过太阳短波辐射,使地球表面升温。同时阻挡地球表面向宇宙空间发射长波辐射,从而使大气增温。由于 CO_2 等气体的这一作用与"温室"的作用类似,故称为"温室效应",CO_2 等气体称为"温室气体"。温室气体能够吸收一部分经过地面发射的红外辐射,并且能够把吸收的热量反射回地面。目前,发现人类活动排放的温室气体有 6 种,它们是二氧化碳、甲烷、氧化亚氮、氢氟碳合物、全氟化碳、六氟化硫,这当中氟化物就有三种。其中 CO_2 对温室效应影响最大,占 60%,而 SF_6 气体的影响仅占 0.1%,但 SF_6 气体对温室效应具有潜在的危害,这是因为 SF_6 气体对温室效应的影响为 CO_2 的 24 000 倍(每单位质量),同时,排放在大气中的 SF_6 气体寿命特长,约 3 200 年,对全球变暖的影响具有累积效应。2015 年 11 月 9 日世界气象组织发布的《温室气体公报》显示,1990 年至 2014 年期间,温室气体对气候有升温效应的辐射强迫上升了 36%,这是由于长寿命温室气体造成的。

温室效应引起的全球气候变暖会给人类的生存环境带来严重的威胁,并可能引起灾难性的后果,已成为国际关注的三大环境问题(臭氧层破坏、地球气候变暖和生物物种急剧减少)之一。近年来,国际社会广泛开展了全球性合作和努力,特别是 1997 年 12 月在日本京都召开的《联合国气候变化框架公约》第 5 次缔约国会议上,签署了《京都议定书》(Kyoto Protocol)。在该议定书中,确认了温室气体对全球气候变化的影响,明确了 CO_2、CH_4(甲烷)、N_2O、SF_6、PFC

(全氟烃类)、CFC(氯氟烃类)、HCFC(含氢氟烃类)和 HFC(氢氟烃类)等温室气体的范围,并要求发达国家首先将温室气体的排放量冻结在 20 世纪 90 年代的水平,进而于 2008—2012 年期间在此冻结水平基础上将温室气体排放量削减 5.2%,到 2020 年基本限制使用甚至禁止使用 SF_6 气体。

现在全球每年生产的 SF_6 气体中,约有 80% 用于电力工业。而在电力工业中,高压开关设备约占用气量的 80% 以上。其中中压开关的用气量约占 1/10;主要是用在 $126\sim252$ kV 的高压、$330\sim800$ kV 的超高压领域,特别是 $126\sim252\sim550$ kV 的断路器(GCB)、SF_6 封闭式组合电器(GIS)、充气柜(C-GIS)、SF_6 气体绝缘管道母线(GIL)中。因此,合理、正确地使用管理 SF_6 气体,已到了非整治不可的地步。

为了解决这些问题,科研人员在 GIS 中研究使用 SF_6 的混合气体代替纯 SF_6 气体。研究表明,在 SF_6 中加入 N_2、CO_2 或空气等普通气体构成二元混合气体已显示出多方面的优越性。在相同的气体总压力情况下,SF_6 混合气体的液化温度比纯 SF_6 气体低。因此在高寒地区的断路器,可采用 SF_6 混合气体来代替纯 SF_6 气体,以防止气体在低温下液化。另外在 SF_6 中添加某些气体,可以减小电极表面的粗糙效应,对局部强电场的敏感度比纯 SF_6 要小。可使极不均匀电场中正极性击穿电压明显提高。再者,使用 SF_6 与常见气体如 N_2、CO_2 或空气构成的二元混合气体,可使气体成本大幅度降低,同时也降低了 GWP 值。然而,有文献对 SF_6/N_2 混合物的灭弧性能进行了研究,25% 的 N_2 含量时和纯 SF_6 有相同的开断性能,而 50% 的 N_2 含量时开断性能较差。因此,就 SF_6 混合气体的开断性能来说,不能应用于高压断路器中。

对 SF_6/N_2、SF_6/CO_2 等混合气体的研究,其出发点是在保证一定耐电强度和改善绝缘性能的基础上,在一定程度上减少 SF_6 气体的使用量,扩大 SF_6 的应用环境。但是为了保证高的耐电强度和灭弧性能,SF_6 混合比一般不小于 50%,而 SF_6 混合气体的温室效应指数仍然是纯 SF_6 气体的 1/2 以上,不能从根本上解决 SF_6 的温室效应问题。

从长远的角度来看,不管是用混合气体替代纯 SF_6 气体,还是采用保守的方法(如泄漏的检测、封堵、回收),只要还在使用 SF_6 气体,就无法从根本上解决 SF_6 气体对环境的危害。SF_6 的温室效应问题是一个不容忽视的全球问题,要彻底解决这一问题,则需要用温室效应较小而耐电强度与 SF_6 相当的绝缘气体替代。

正如从 SF_6 气体分子结构分析,SF_6 气体具有高的绝缘能力是因为它是一种强电负性气体。电负性气体的耐电强度都很高,其主要原因是其在低能范围内的附着截面比较大,易于附着电子形成负离子,而负离子的运动速度远小于电子,很容易和正离子发生复合,使气体中带电质点减少,因而放电的形成和发展比较困难。其次是这些气体的分子量和分子直径都较大,使电子在其中的自由行程缩短,不易积聚能量,因而减少了电子碰撞电离的能力。

所以,在研究新的绝缘气体替代 SF_6 的工作中,应该选择电负性气体或卤化气体,实现高的绝缘能力,且具有较低的游离温度形成的高导热性能,以及复合截面大、低卤化成分的、环境友好的低 GWP 值(全球变暖潜值)特性。

近年来,国外对一些和 SF_6 一样含有 F 原子的电负性气体进行了研究,它们有和 SF_6 比较相近的电负性,但温室效应和 SF_6 相比要小得多。研究得比较多的是八氟环丁烷($c-C_4F_8$)、全氟丙烷(C_3F_8)、六氟乙烷(C_2F_6)。$c-C_4F_8$ 是一种无色、无味、无毒、非燃气体。$c-C_4F_8$ 分子是一个非平面的分子结构,其分子结构对称性很好,性质十分稳定,不容易与其他物质发生化学反应。全球变暖潜能值是 SF_6 的 1/3,对环境的影响远远小于 SF_6,无臭氧影响。研究表明,$c-C_4F_8$ 和 N_2、CO_2、CF_4 三种混合气体在均匀电场下的绝缘强度和相应 SF_6 混合气体相差不多,甚至在高混合比时越来越大于后者。两种混合气体,尤其是 $c-C_4F_8$ 和 CO_2 混合气体在不均匀电场下交流和雷电冲击绝缘强度高压时分别大于 SF_6/N_2 混合气体、SF_6 气体。

最新的研究发现,新一代环保气体 CF_3I 比 $c-C_4F_8$ 更具有替代潜能。CF_3I 是最近 10 年才被电力工业重点关注的气体,而对其绝缘性能的研究工作在国际上是最近几年才开始的。墨西哥和日本的课题组从 2007 年开始大量在 *Dielectrics and Electrical Insulation*、*IEEE Transactions* 和 *Journal of Physics D：Applied Physics* 等刊物上发表相关研究论文,并建议将 CF_3I 作为 SF_6 的替代物进行重点研究。上海交通大学肖登明课题组在 *IEEE Transactions* 和 *Japanese Journal of Applied Physics* 等刊物上发表相关研究论文,从物理性质、电气特性等多个角度对其进行分析,探讨 CF_3I 及其混合气体用于 GIS 的可行性。

CF_3I 通常为无色无味的气体,对臭氧层没有破坏,其臭氧破坏潜能值(ozone depletion potential, ODP)为 0,全球变暖潜能值(GWP)几乎和 CO_2 相当。尽管 CF_3I 中含有 F 和 I,二者都属于卤族元素,从化学角度上来看会对环境和绝缘材料造成损害,但是最新的研究表明,CF_3I 对臭氧层和温室效应都不会产生影响。虽然所有到达大气同温层的碘都会加剧臭氧层的破坏,但是,由于 CF_3I 容易在太阳辐射(甚至是可见光)的作用下发生光致分解,因此其在大气中的存在时间极短,这就限制了泄漏在大气中的 CF_3I 往同温层的移动,尤其是在中纬度地区。因此,CF_3I 是一种绿色环保的气体,ODP 和 GWP 都不是推广其使用的主要障碍。

虽然纯 CF_3I 已经表现出对 SF_6 良好的替代潜能,但我们仍要对 CF_3I 混合气体进行研究,首先由于目前市场上 CF_3I 的价格仍然还比较高,与普通气体混合之后,在保证绝缘的基础上能降低价格,更主要的原因则是 CF_3I 的液化温度太高,希望混合缓冲气体之后能降低液化温度,增加 CF_3I 的适用范围。

在绝缘性能方面,CF_3I 要优于 SF_6 气体,同时在与 N_2 混合比例达到 70% 的时候,CF_3I/N_2 混合气体的绝缘强度基本上和纯 SF_6 相当。实验结果表明,纯 CF_3I 的击穿电压为 SF_6 的 1.2 倍以上,CF_3I/N_2 绝缘强度与气体混合比例呈线性关系,CF_3I/CO_2 则是非线性增长。当与 CO_2 的混合气体比例达到 60% 左右时,击穿电压达到纯 SF_6 水平。

在全球环境问题极为严峻的形势下,寻找一种新的能够取代 SF_6 的低温室效应气体显得尤为迫切。$c-C_4F_8$ 和 CF_3I 等新型绝缘气体在绝缘强度和环境友好等方面展现出了优良特性,为 SF_6 的替代问题带来了希望,但更加深入具体的研究仍然正在进行中,其过程中也出现一些需要解决的问题,因而离实际投入工业生产应用还有相当一段距离。随着气体放电研究的进一步深入和电力系统的不断发展,采用新型环保气体,将在提高电网输送效率、推进节能减排增效、优化环境资源利用等方面起到积极作用,成为未来电气工程学科发展的新方向。

2

汤逊放电与流注放电

气体放电的经典理论主要有汤逊放电理论和流注放电理论等。1903 年，为了解释低气压下的气体放电现象，汤逊(J. S. Townsend)提出了气体击穿理论，引入了三个系数来描述气体放电的机理，并给出了气体击穿判据。汤逊放电理论可以解释气体放电中的许多现象，如击穿电压与放电间距及气压之间的关系、二次电子发射的作用等。但是汤逊放电解释某些现象也有困难，如击穿形成的时延现象等；另外汤逊放电理论没有考虑放电过程中空间电荷的作用，而这一点对于放电的发展是非常重要的。电子雪崩中的正离子随着放电的发展可以达到很高的密度，从而可以明显地引起电场的畸变，进而引起局部电子能量的加强，加剧电离。针对汤逊放电理论的不足，1940 年左右，H. Raether 及 Loeb、Meek 等人提出了流注(Streamer)击穿理论，从而弥补了汤逊放电理论中的一些缺陷，能有效地解释高气压下，如大气压下的气体放电现象，使得放电理论得到进一步的完善。

2.1　汤逊放电

气体放电通常可分为非自持放电和自持放电两类。如去掉电离因素的作用后放电随即停止，这种放电称为非自持放电；反之，能由电场的作用而维持的放电称为自持放电。随着外施电压的增加，放电逐步发展，非自持放电将转变为自持放电。

1903 年，汤逊第一个提出了气体击穿的理论——电子崩理论，并于 1910 年发表了"击穿判据"等理论。这一理论开始应用于非自持放电、自持放电及过渡区，后来罗戈夫斯基(Rogowsky)对该理论进行了一些修改和补充，把它扩展到辉光放电。通常把非自持和自持暗放电称为汤逊放电或雪崩放电。

2.1.1　电子崩的形成

首先汤逊进行了气体放电的实验。在一个很粗的放电管中,气体压强固定在 101 kPa,电场强度 $E = 25\,\text{kV/cm}$ 不变,发现如果无紫外光照射,管中没有一个电子,全部是中性粒子,那么无论在电极间加多高的电压,都不可能发生电离或放电。因此为了产生放电,必须有种子电子(初始电子)。种子电子产生可来源于界面发射,如人工加热阴极发射电子或自然界中高能宇宙射线、放射线、紫外线等,它们入射到放电管中会引起电离,从而产生电子。这种种子电子在电场作用下的迁移运动强于无规则热运动,而且种子电子在向阳极运动的过程中使气体粒子碰撞电离,新产生的电子向阳极运动时同样也能使气体粒子电离,于是电子向阳极运动越来越多,带电粒子像雪崩式的增殖,这种现象称为电子雪崩(简称电子崩)或称为电子繁流。

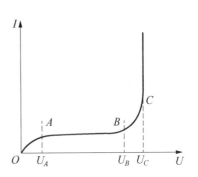

图 2-1　气体中电流和电压的关系

如图 2-1 所示,由于外电离因素光辐射的作用,气体间隙中存在自由电子。这些初始电子主要是由于光电效应从阴极产生的,因为表面光电效应较空间光电离强烈得多。在电场作用下,电子在其奔向阳极的过程中得到加速,动能增加。同时,电子在其运动过程中又不断和气体分子碰撞。由于电子的迁移速度比正离子的要大两个数量级,因此在电子崩的发展过程中,正离子留在其原来的位置上,移动不多,相对于电子来说可看成是静止的。当电压超过击穿电压 U_B 后,电流急剧增长,说明气体中受电场的影响开始出现了新的电离过程,即电子碰撞电离过程。因为当电场很强,电子动能达到足够数值后,就能引起碰撞电离。分子电离后新产生的电子和原有电子一起又将从电场获得动能,继续引起电离。这样就出现了一个连锁反应的局面:一个初始电子自电场获得一定动能后,会碰撞电离出一个第二代电子;这两个电子作为新的第一代电子又将电离出新的第二代电子,这时空间已存在4个自由电子;这样一代一代不断增加的过程,会使电子数目迅速增加,如同冰山

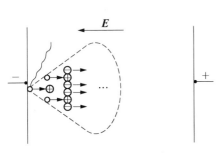

图 2-2　电子崩形成过程

上发生雪崩一样(见图 2-2),这样就形成了所谓的电子崩。

汤逊放电理论(电子崩理论)是汤逊提出的放电开始的理论,它是气体放电的第一个定量理论。按照这一理论,放电空间带电粒子的增殖,是由下述三种过程形成的:

(1) 电子向阳极方向运动,与气体粒子频繁碰撞,电离产生大量电子和正离子。

(2) 正离子向阴极方向运动,与气体粒子频繁碰撞,也产生一定数量的电子和正离子。

(3) 正离子等粒子撞击阴极,使其发射二次电子。

汤逊放电理论就是根据上述的三种过程,引入三个系数 α、β 和 γ 来定量地表征气体的电离过程。这三个系数通常又叫作汤逊第一电离系数、汤逊第二电离系数和汤逊第三电离系数。

汤逊第一电离系数 α:电子对气体的体积电离系数,即一个电子在从阴极向阳极运动的过程中,在电场作用下每行进 1 cm,它与中性气体粒子做非弹性碰撞所产生的电子-离子对数目,或所发生电离碰撞数。这种电离过程也称为 α 过程。

汤逊第二电离系数 β:正离子的体积电离系数,即一个正离子在从阳极向阴极运动的过程中,每行进 1 cm,它与中性气体粒子做非弹性碰撞所产生的电子-离子对数目,即由正离子所产生的电离碰撞数。这种电离过程也称为 β 过程。实际上,在通常的放电中,$\beta \approx 0$,因为正离子只有当它获得相当于几千电子伏的能量时,它才能有效地电离原子。而正离子在足够长的自由程中获得电离碰撞所必需的上述能量的概率是很小的,所以一般可以不考虑 β 过程。

汤逊第三电离系数 γ:正离子的电极表面电离系数,即正离子等撞击阴极表面时平均从阴极表面溢出的次级电子数目(二次电子发射),这种电离过程也称为 γ 过程。除正离子外,还有亚稳态原子、光子等碰撞阴极也可能产生次级电子,因此实际上阴极表面发生的基本过程均称为 γ 过程。γ 过程对放电电流的贡献却十分重要,实验也发现气体的击穿电压值与阴极材料的性质密切相关,因为不同阴极材料对电子从其内部溢出所需的能量要求明显不同。

α 和 β 与放电气体的性质、气体压强和给定放电点的电场强度等有关,而 γ 与气体性质、电极材料和离子能量等有关。

2.1.2 α 过程

电子与中性粒子碰撞而使之电离的 α 过程,对放电的发展起到了重要的作用。假设平板型电极的气体空间,当电极上加以一定的电压后,从阴极发射的初级电子在电场的作用下向阳极运动,期间不断地与气体粒子发生着碰撞。当电场强度足够大时,将产生电离碰撞。若一个电子从阴极出发,经一次电离碰撞就多出一个新电子,这样原先的一个电子变成了 2 个电子;当这 2 个电子继续向阳极运动时,若发生第二次电离碰撞,则电子数就由 2 个变成了 4 个;若 4 个电子在运动中还能发生电离碰撞,那么就有 8 个总电子数。如此循环下去,电子数不断增多,如同雪崩一样。若在放电空间取以 dx 薄层,横截面为单位面积,有 n_{e0} 个电子从阴极方向进入 dx 薄层(n_{e0} 是外界作用使阴极在单位时间内发射的电子数,相应地外界作用从阴极逸出的光电子流为 i_{e0})。由于 α 过程 dx 层内将产生 dn_{ex} 个电子,显然

$$dn_{ex} = n_{ex}\alpha\,dx \qquad (2-1)$$

取 $x = 0$,$n_e = n_{e0}$ 为边界条件,并令 α 与 x 无关,对式(2-1)积分有

$$n_{ex} = n_{e0}\,e^{\alpha x} \qquad (2-2)$$

由式(2-2)可见,电子浓度在空间随距离 x 按指数规律增长,此式就是气体放电中电子雪崩规律的理论公式。

取空间距离为极距 d,显然到达阳极的电子数为

$$n_{e\alpha} = n_{e0}\,e^{\alpha d} \qquad (2-3)$$

到达阳极的放电电流表达式为

$$i_{e\alpha} = i_{e0}\,e^{\alpha d} \qquad (2-4)$$

在 n 个电子中应该有 $n - n_0 = n_0(e^{\alpha d} - 1)$ 个电子为电子雪崩产生新的电子,如果新的电子碰撞原子并引起电离,则也应该有相同的正离子数到达阴极上。

因为 α 值的大小与自由程内电子从电场获取的能量有关,而能量的大小与电场强度呈正比,也与自由程 λ_e 成正比,因此电流的对数值与 E/p 呈正比。为导出这种关系的理论公式,进行如下假定:

(1)当电子在电场 E 中行进 x 距离所得到的能量 eEx 大于等于中性粒子的电离能 eV_i 时,电离概率为 1;而小于其电离能时,电离概率为零。

(2)电子的能量全部从电场获取,与中性粒子碰撞时,电子将失去全部能量。于是由 $eEx = eV_i$ 得到 $x = V_i/E$。

设电子在气体中运动的平均自由程为 $\bar{\lambda}_e$,由粒子按自由程分布的规律可知,电子的自由飞行距离大于 x 的概率,即 $\dfrac{n}{N} = \exp\left(-\dfrac{x}{\lambda_e}\right) = \exp\left(-\dfrac{V_i}{E\lambda_e}\right)$。根据统计力学中的各态历经假说,既然在大量的电子中有上述百分比的电子可电离原

子,那么对一个电子而言,它在一个自由程上电离气体粒子的概率也为 $\exp\left(-\dfrac{V_i}{E\bar{\lambda}_e}\right)$。

自由程的倒数 $1/\lambda$ 是一个电子在 1 cm 里的平均碰撞次数,它乘以电离概率 n/N 时为行进 1 cm 距离的电离次数,即可给出

$$\alpha = \frac{1}{\bar{\lambda}_e}\exp\left(-\frac{V_i}{E\bar{\lambda}_e}\right) \tag{2-5}$$

因为 $\bar{\lambda}_e$ 与气体密度成反比,即与气体压力成反比,令

$$\frac{1}{\bar{\lambda}_e} = Ap \tag{2-6}$$

$$B = A V_i \tag{2-7}$$

式中,A、B 是与气体性质有关的常数,可以由实验确定。
则式(2-5)可改成

$$\frac{\alpha}{p} = A\exp\left(-\frac{B}{E/p}\right) \tag{2-8}$$

由式(2-8)可知 $\dfrac{\alpha}{p}$ 是参量 E/p 的函数,即

$$\frac{\alpha}{p} = f\left(\frac{E}{p}\right) \tag{2-9}$$

此结果首先由汤逊提出,电离系数 α 依赖于压强和电场。式(2-9)能正确反映实际情况,说明汤逊建立的电子雪崩物理模型反映了这类气体放电过程的本质。

上面的讨论中引入了某些假设,这显然是不尽合理的。比较客观的推导应考虑电子的电离碰撞概率和电子的速度分布函数的影响。

令气压为单位压强的气体中,速度为 v 的电子经过单位路程产生的电离碰撞概率为 $\varphi_i(v)$,那么在单位时间内,能量大于气体电离能的电子在气压为 p 的气体中发生电离碰撞数则为 $pv\varphi_i(v)$,即产生了这么多个新电子。

如果 $f(v)$ 是该气体中电子所给 $\dfrac{E}{p}$ 条件下的速度分布函数,电子处于速度 v 到 $v+dv$ 间隔内的概率则为 $f(v)dv$。因此,单位时间内在速度间隔 v 到 $v+dv$ 中的电子,其产生的电离数为

$$pv\,\varphi_i(v)f(v)dv$$

这里要求 $v \geqslant v_i$，v_i 是相应的电子电离速度。

由于碰撞，电子的运动轨迹并非一定沿着电场方向。单位时间内，令电子在电场方向运动了 v_d（迁移速度）距离，又根据 α 的定义，可知一个电子在单位时间产生的新电子数为 αv_d，因此

$$\alpha v_d = p \int_{v_i}^{\infty} v \varphi_i(v) f(v) \mathrm{d}v \tag{2-10}$$

因为

$$v_d = \mu_e E = \frac{101\,325}{p} \mu_e^r E \tag{2-11}$$

式中，μ_e^r 是电子的折合迁移率，它是在 101.325 kPa 条件下测得的数值，显然它也是电场强度 E 的函数。

将上式代入式（2-10）并整理有

$$\frac{\alpha}{p} = \frac{1}{101\,325\mu_e^r} \cdot \frac{1}{E/p} \int_{v_i}^{\infty} v \varphi_i(v) f(v) \mathrm{d}v \tag{2-12}$$

当电子速度改成能量表示时

$$\frac{\alpha}{p} = \frac{\sqrt{\dfrac{2e}{300}}}{101\,325\,\mu_e^r E/p} \int_{\omega_i}^{\infty} \omega^{1/2} \varphi_i(\omega) F(\omega) \mathrm{d}\omega \tag{2-13}$$

式中，ω 是电子能量，ω_i 是气体的电离能，它们的单位都是电子伏。

在利用式（2-13）计算 α 值时，式中 μ_e^r 可采用有关实验数据；$\varphi_i(\omega)$ 则取适当 $\dfrac{E}{p}$ 范围内线性上升的部分。这样只要知道 $F(\omega)$ 的形式，原则上就可计算 $\dfrac{\alpha}{p}$ 的大小。

2.1.3　γ 过程

当 $n_0(\mathrm{e}^{ad}-1)$ 个正离子轰击阴极时，由于 γ 作用，单位时间内又会有 $\gamma n_0(\mathrm{e}^{ad}-1)$ 个新电子（二次电子）由阴极表面逸出。这些二次电子又成为第二代电离倍增作用的种子，与初始电子相同，在 α 作用下到达阳极的电子数增至 $\delta n_{e0} \mathrm{e}^{ad}$，其中 δ 称为放电电离增长率，即

$$\delta = \gamma(\mathrm{e}^{ad}-1)$$

与此同时，增加的离子也会再次由 γ 作用产生第三代电离倍增的种子。以此类推，可以认为第四代、第五代……的电子倍增作用会无限进行下去。最后，把所

有到达阳极的电子数相加,得到单位时间到达阳极的电子数为无穷等比级数,即

$$n_{e\alpha} = n_{e0}\,\mathrm{e}^{\alpha d} + \delta n_{e0}\mathrm{e}^{\alpha d} + \delta^2 n_{e0}\mathrm{e}^{\alpha d} + \cdots = \frac{n_{e0}\,\mathrm{e}^{\alpha d}}{1-\delta} = \frac{n_{e0}\,\mathrm{e}^{\alpha d}}{1-\gamma(\mathrm{e}^{\alpha d}-1)}$$

$$(2-14)$$

相应的总放电电流为

$$i_{e\alpha} = \frac{i_{e0}\,\mathrm{e}^{\alpha d}}{1-\gamma(\mathrm{e}^{\alpha d}-1)} \qquad (2-15)$$

一般情况下,$i_{e\alpha}$ 大于 i_{e0} 几个数量级,因此 α、γ 越大,则 $i_{e\alpha}/i_{e0}$ 就越大。

γ 系数是放电开始理论的第三个系数,它表示平均每个正离子打到阴极上所引起的次级电子发射数,也称为阴极二次电子发射。正离子引起次级电子发射的能量主要来源于电离能。当正离子运动到阴极表面时,这些电子可以克服阴极材料对它们的束缚能(或称逸出能)而离开阴极。一般而言,影响 γ 系数大小有以下几个因素:

(1) 若气体的电离电位高,阴极的逸出能低,则 γ 值就大。

(2) 正离子的动能大小也直接影响 γ 值的大小,因为正离子被阴极吸收后,动能将变为零,这些动能同样转变为逸出电子的能量。

(3) γ 值的大小还与阴极表面附近的 E/p 值有关。

在通常的气体放电条件下,正离子在向阴极运动过程中将与气体粒子发生各种频繁的碰撞过程而损失能量,因此当正离子到达阴极表面时,很难具有非常大的动能,其引起的 γ 值一般均小于 1。在实验测量时要注意,阴极表面的结构、清洁程度及气体的纯度等对 γ 的值都有明显的影响。

2.1.4 自持放电的判据

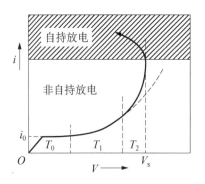

图 2-3 汤逊放电区域的伏安特性曲线

放电从非自持放电转变到自持放电的过程称为气体的击穿过程,这种放电现象的理论由科学家汤逊在 20 世纪初首先研究并建立,故称为汤逊放电。

汤逊放电区域的伏安特性曲线如图 2-3 所示,可分为 T_0、T_1 和 T_2 三部分。在 T_0 区域,作用在电极间的电压很低,气体中流过的电流也很小,如图所示从零开始上升,而后趋于饱和,这是剩余电离的带电粒子在电场作用

下做定向迁移的结果。由于宇宙射线和地壳中放射性元素的辐射作用，任何时刻、任何地点的任何气体中均具有一定量的电子和离子，这种现象叫作剩余电离。在没有外场的情况下，这些带电粒子和气体分子一样在空间做杂乱无章的运动。当放电管两端加上较低的电压时，电子和离子在场的作用下做定向运动，于是电流从零开始逐渐增加；当极间电压足够大时，所有的带电粒子都可到达电极，这时电流达到某一最大值。剩余电离产生的带电粒子密度一般很弱，所以 T_0 区域中饱和电流值仍很小（约 10^{-12} A 数量级）。

汤逊认为在 T_1 区域里的放电机理是：从阴极发射的电子在电场作用下获得足够的能量，它们与气体分子碰撞并产生电离，导致带电粒子的增加，放电电流随之上升。而在 T_2 区域里，电子与气体分子碰撞产生的正离子，从较高电场中获得的能量已足以在与气体分子碰撞时使之电离，从而使放电电流进一步增大。这里，从阴极发射出的最原始的电子是某种光电效应产生的，如果这种光电效应突然消失，那么汤逊放电区域中的电流会立刻中断，所以这种放电属于非自持放电。

当作用在电极间的电压大于某一临界值 V_s 时，放电管的电流会突然迅速上升。这时即使移去外界电离源，放电依旧维持，气体中出现了某种类型的自持放电，如辉光放电或弧光放电。这时称气体产生了击穿，其临界电压值就称为击穿电压。当然此时产生的自持放电的性质还决定于放电通道和外电路的条件。

由式（2-15）得，到达阳极的电子流即总的电流为

$$i_{ea} = \frac{i_{e0}e^{\alpha d}}{1 - \gamma(e^{\alpha d} - 1)}$$

上式表示了非自持放电电流的增长规律和过渡到自持放电的条件。这里假设 $\delta = \gamma(e^{\alpha d} - 1) < 1$。如果停止紫外线照射，不再补充初始电子，即 $i_{e0} = 0$，那么由式（2-15）可知此时 $i_{ea} = 0$，电流不会持续。但是 $\gamma(e^{\alpha d} - 1) = 1$ 时，式（2-15）的分母为零，所以尽管 $i_{e0} \to 0$，i_{ea} 就可以是不为零的有限值。也就是说，即使无紫外线，凭借少量的偶然电子作为种子电子，也能在电极间产生持续的电流，继续持续放电。由此，汤逊提出了放电的开始条件为

$$\delta = \gamma(e^{\alpha d} - 1) = 1 \tag{2-16}$$

式（2-16）称为汤逊自持放电条件，也称为击穿判据。它的物理意义是：如果最初从阴极逸出一个初始电子，则该电子在加速的同时不断进行碰撞电离，到达阴极时电子数增至 $e^{\alpha d}$。在这个过程中产生的离子数就相当于从这些电子中减去一个电子，即（$e^{\alpha d} - 1$），那么这些二次电子就可以作为种子与初次电子一样

产生连续的电流,从而使放电持续进行,换句话说,仅由电子α作用来产生初始电子的时候,电流在经过一个脉冲后会终止。但如果同时加上离子的γ作用,会不断地从阴极补充种子电子而使放电自然地持续下去,这就是自持放电的含义所在。

一般情况下,当γ与1相比,1与$e^{\alpha d}$相比,前面的量均可以忽略不计时,那么式(2-16)可以简化为

$$\alpha d = \ln(1/\gamma) \qquad\qquad (2-17)$$

推广到不均匀电场时,因电场强度 E 处处不等,所以 α 是位置的函数,故击穿判据为

$$\int_0^d \alpha \mathrm{d}x = \ln(1/\gamma) \qquad\qquad (2-18)$$

气体放电的击穿电压实验证明了汤逊放电理论的正确性,因此长期以来汤逊理论一直被认为能够反映客观事实的情况。

2.2 流注放电

在低气压时,汤逊放电理论能很好地描述气体的击穿,巴申定律可以完全用它来说明。但在大气压附近($pd>70\ \mathrm{Pa\cdot m}$)时,汤逊理论所描述的放电形成时延及击穿电压等均与实验现象相差较大。当 pd 很大时,击穿电位的增长不再是线性关系,也就是说,巴申定律在 pd 大的情况下不能使用了。

虽然汤逊放电理论能很好地说明不少放电现象,但是对于火花放电的一些现象它就无能为力了。可是目前还没有比它更好的理论能够更广泛地说明更多的放电现象,因此合理的办法是对汤逊放电理论进行补充修正,再用以说明客观存在的放电现象。

2.2.1 流注理论的提出

关于火花放电的理论目前还只是沿着汤逊放电机理在发展。

从云雾室测量观察到在火花形成过程中,除了出现电子崩之外,在放电中还发展起另外不同形式的电离。

当电极间电压逐渐增加时,电子雪崩量也在增加;当电压刚超过某一临界数值时,电子雪崩立即会过渡到流注,使电极间发生火花放电。

当作用在电极上的电压超过最小击穿电压时,从雪崩向流注的过渡就发生得更早些,而且电压越高,雪崩在发生过渡前所走过的距离就越短。流注横越电

极意味着形成了高度电离的通道,它把两个电极连接起来,于是构成了火花击穿,通过该通道发生了外回路的放电。

分析这些实验现象使人提出了一种设想,认为是电子雪崩产生的空间电荷电场使气体产生了额外的电离,这种电离是不均匀的电场引起的,因此电离通道会呈现丝状,而两个电极不对称时,电离通道可以在比较低的电压下发生,而且能够达到较长的距离。这种放电现象就称为具有丝状放电性质的流注。

经过多年的研究,在汤逊放电理论的基础上结合火花放电的实验现象,人们提出一种叫火花放电的流注理论。

火花放电流注理论的物理基础是考虑到单个电子的雪崩、电子雪崩向流注的过渡和流注发展的机理。这个理论包括了只与气体有关的电离过程,即由电子碰撞电离(由汤逊 α 过程决定)、光致电离以及由雪崩和流注造成的空间电荷的电场效应等。

很显然,流注理论与汤逊放电理论是不同的,前者是从后者的基础上发展起来的。汤逊理论是采用在阴极上的 γ 过程使电子雪崩逐渐发展起来的理论,而流注理论是只考虑单个电子雪崩的发展而造成气体击穿的机理。

按照流注理论,当气体击穿时,只有一个电子雪崩通过放电间隙,而这个电子雪崩引起了迅速扩展并导致通过放电间隙的流注的出现。

2.2.2 产生流注的判据

H. Raether 在雾室中观察到,当离子浓度为放电前原始浓度的 $10^6 \sim 10^8$ 倍时,电子崩的发展被削弱了 $\left(\dfrac{\mathrm{d}n}{\mathrm{d}x} < \mathrm{e}^{\alpha x}\right)$。这种低于指数增长速度的情况,是由于正极性空间电荷削弱了外加电场对电子的加速作用,从而降低了电子的电离能力。当离子浓度超过放电前原始浓度的 10^8 倍时,间隙电流急剧增加,随后间隙击穿。Raether 认为,在这个阶段,正离子形成的空间电荷场足够强,可以激发起流注过程。因此,电子数 $\mathrm{e}^{\alpha x} > 10^8$ 是流注形成的条件,也就是自持放电的条件,在均匀电场时就是气体间隙击穿的条件。若将汤逊理论的表面电离系数 γ 改为空间光电离作用的系数,则有

$$\alpha d = \ln\left(1 + \frac{1}{\gamma}\right)$$

或
$$\alpha d = \ln\left(\frac{1}{\gamma}\right) \tag{2-19}$$

式(2-19)即为电子崩过渡到流注,也就是自持的临界条件。

    Raether 经过进一步的理论研究得出结论,当空间电荷场近似等于外加电场时,电子崩开始过渡为流注。此时即近似地假定一个雪崩的电子 $e^{\alpha x}$ 全部集中在雪崩头部的球状体积中,雪崩内电场 E_r 是半径为 r 的球面场,则

$$E_r = \frac{e \cdot \exp(\alpha x)}{r^2} \qquad (2-20)$$

式中,e 为电子电荷;r 为球体半径,r 可从扩散方程求得。

    电子在球内分布情况不清楚,又没有一定的边界,所以 r 只能取电子离球心的平均距离,则

$$r^2 = 4Dt \qquad (2-21)$$

式中,D 为电子的扩散系数,可由爱因斯坦关系得到,$D = \dfrac{\mu_e k T_e}{e}$;$t$ 为电子从零点漂移到 x 的时间,$t = \dfrac{x}{v_e} = \dfrac{x}{\mu_e E}$($\mu_e$ 为电子的迁移率,E 为均匀作用电场)。

    代入式(2-21),可得

$$r^2 = \frac{4kT_e x}{eE} \qquad (2-22)$$

对于电子能量有 $eU = \dfrac{3}{2} k T_e$,于是 $r^2 = \dfrac{8Ux}{3E}$。代入到式(2-20),可得

$$E_r = \frac{3e \cdot \exp(\alpha x)}{8Ux} E \qquad (2-23)$$

对于式(2-23)变形得

$$\frac{E_r}{E} = \frac{3e \cdot \exp(\alpha x)}{8Ux} \qquad (2-24)$$

    由式(2-24)可见 $\dfrac{3e \cdot \exp(\alpha x)}{8Ux}$ 表示电子的电荷电场 E_r 与作用电场 E 的比值。当 $\dfrac{E_r}{E} = 0.1$ 时,空间电荷场对作用电场畸变开始起作用;当 $\dfrac{E_r}{E} = 1$ 时,作用电场已经畸变得非常厉害了。当 $\dfrac{E_r}{E} = 1$ 时,$\dfrac{3e \cdot \exp(\alpha x)}{8Ux} = 1$,即为电子崩的临界长度 x 满足的关系式。

    根据 Raether 在雾室的测量结果,对于空气有 $U = 1.5 \, \text{V}$,于是 x_c 满足

$$\exp(\alpha x_c) = 10^8 x_c \qquad (2-25)$$

因此

$$\alpha x_c = 18.4 + \ln x_c \qquad (2-26)$$

对于一般的 x_c 可简化为

$$\alpha x_c = 20 \qquad (2-27)$$

式(2-27)作为一个电子崩是否能发展到产生流注的条件,可用于确定火化间隙的长度是否足以允许流注的发展。

由自持放电条件式(2-27)及 α 的计算式 $\dfrac{\alpha}{p} = Ae^{-U_i Ap/E}$ 就可导出击穿电压的计算公式。由于自持放电条件和汤逊理论中的形式相同,因此,击穿电压的公式应和前面所讲的汤逊理论中的击穿电压公式完全一样。这说明不论 pd 值为多少,击穿过程中电子碰撞电离总是起着关键作用。它们在计算 U_d 时形式上有相同之处,从放电发展过程来看是不同的。可以认为:流注形成之前放电发展过程完全服从汤逊碰撞理论,因此形成流注的判据就称为流注理论的核心。

2.2.3 流注发展的理论

工程上感兴趣的压力较高的气体击穿,如大气压力下空气的击穿应该用流注理论来说明,这一理论的特点在于它认为电子碰撞电离及空间光电离是维持自持放电的主要因素,并强调了空间电荷畸变电场的作用。

在放电起始阶段,电离区具有球头圆锥体的形状,头部朝向阳极。随着电压作用时间增加,电离区由阴极向阳极发展,数目也增多了。电离区的数量还随照射阴极的强度增加而增加。这就是前述电子崩的大致形状。电子由阴极向阳极运动,电离增强,带电质点数增多,由于电子的扩散作用,半径逐渐增加,于是就具有了椎体的形状。每个电子崩由一个初始电子造成,故电子崩的数目决定于阴极释放出的初始电子数量,也即应和电压作用时间、照射强度等因素相关。放电开始阶段是间隙中出现一系列独立的电子崩,且不断发展的阶段,即电子崩阶段。

若间隙上电压已达到击穿电压,则当电子崩从阴极发展到接近阳极时,电子崩头部电离强度显著增加。这个新出现的电离特强的放电区域即流注,它迅速由阳极向阴极发展,故称为正流注(或阳极流注)。放电的这一新的阶段称为流注阶段。正流注的发展速度较同样条件下电子崩的发展速度要大一个数量级($1\times 10^8 \sim 2\times 10^8$ cm/s)。当流注贯通整个间隙后,回路中电流大增,通道中电离更为增强,间隙就被击穿。火花击穿时,明亮的火花通道就是这样形成的。由实验可知,电子崩是沿着电力线直线发展的,而流注却会出现曲折的分支,电子崩可以同时又多个互不影响地向前发展,但流注却不然,当某个流注由于偶然的原因向前发展得更快时,其周围的流注会受到抑制。这样火花击穿途径就具有细通道的形式,并带有分支,而不是模糊一片了。

若间隙上电压比击穿电压高很多,也观察到负流注(或阴极流注)的形成。这时电子崩在间隙中经过很短一段距离后,立即转入流注阶段,流注随即迅速向阳极发展。负流注的发展速度约 $7 \times 10^7 \sim 8 \times 10^7 \mathrm{cm/s}$,即比正流注要稍低一些。间隙的放电过程先从电子崩开始,然后电子崩转为流注,从而实现击穿。

1) 电子崩

在电场作用下,电子在奔向阳极的过程中不断引起碰撞电离,电子崩不断发展。由于电子的迁移速度比正离子的要大两个数量级,因此在电子崩发展过程中,正离子留在其原来的位置上,移动不多,相对于电子来说可看成是静止的。由于电子的扩散作用,电子崩在其发展过程中半径逐渐增大,崩头最前面集中着电子,其后直到尾部则是正离子,而其外形则好似球头的锥体。由于强电场中出现了电子崩过程,带电质点大增,所以放电电流大增。电子崩的电离过程集中于头部,空间电荷的分布也是极不均匀的。当电子崩发展到足够程度后,空间电荷将使外电场明显畸变,大大加强了崩头及崩尾的电场,而削弱了崩头内正、负电荷区域之间的电场。

电子崩头部电荷密度很大,电离过程强烈,再加上电场分布受到上述畸变,结果崩头将放射出大量光子。崩头前后,电场明显增强,有利于发生分子和离子的激励现象,当它们从激励状态回到正常状态时,就将放射出光子。崩头内部正负电荷区域之间电场大大削弱,则有助于发生复合过程,同样将发射出光子。当外电场相对较弱时,这些过程不是很强烈,不致引起什么新的现象。电子崩经过整个电极间隙后,电子进入阳极,正离子也逐渐在阴极上发生中和而失去其电荷。这样,这个电子崩就消失了。因而放电没有转入自持。但当外电场甚强,达到击穿场强时,情况就引起了质的变化,电子崩头部就开始形成流注了。

2) 流注的形成

当放电间隙上加上足够高的作用电压时,如果有一个电子离开阴极,它将电离间隙间的气体分子,气体电离后产生的电子会在作用电场加速下进一步去电离其余气体。原先那个电子在作用电场方向上运动 x 距离后,它会电离生成 $e^{\alpha x}$ 个新电子,这个过程是非常迅速的,它把电子积累起来,从而建成了单个电子雪崩。在能造成气体击穿的电场下,电子的运动速度可以达到 $2 \times 10^7 \mathrm{cm/s}$,而这时电极之间正离子的速度大约只有 $2 \times 10^5 \mathrm{cm/s}$,所以,正离子相对电子来说是固定不动的。这样,在电极间建立起的电子崩像一朵电子云,在电子云的后面是正离

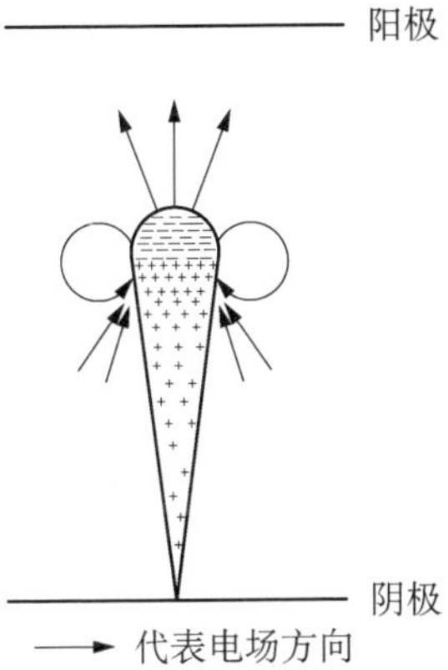

阳极

—— 代表电场方向

图2-4 一个电子雪崩中的电荷分布

子空间电荷,而且其分布是很不均匀的。由于电子雪崩,造成了空间电荷的巨大变化,即在雪崩头部正离子密度达到最大值,因此在放电间隙里空间电场有很大的畸变,如图2-4所示。

图2-5表示了电压等于击穿电压时电子崩转入流注、实现击穿的过程。由外电离因素使从阴极释放出的电子向阳极运动,形成电子崩,如图2-5(a)所示。随着电子崩向前发展,其头部的电离过程越来越强烈。当电子崩走完整个间隙后,头部空间电荷密度已如此之大,以致大大加强了尾部的电场,并向周围辐射出大量光子,如图2-5(b)所示。这些光子引起了空间光电离,新形成的光电子被主电子崩头部的正空间电荷吸引,在受到畸变而加强的电场中,又激烈地造成了新的电子崩,称为二次电子崩。二次电子崩向主电子崩汇合,其头部的电子进入主电子崩头部的正空间电荷区(主电子崩的电子已大部分进入阳极),由于这里电场强度较小,电子大多形成负离子。大量的正负带电质点构成了等离子体,就是所谓的正流注,如图2-5(c)所示。流注通道导电性良好,其头部又是二次电子崩形成的正电荷,因此流注头

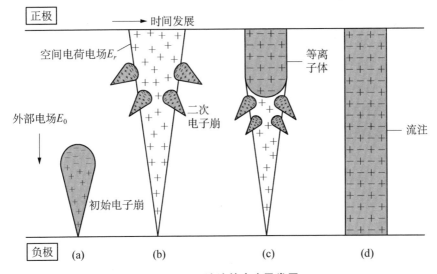

图2-5 正流注的产生及发展

(a)形成电子崩;(b)放射大量光子;(c)形成流注;(d)被阻抗等离子体贯通

部前方出现了很强的电场。同时,由于很多二次电子崩汇集的结果,流注头部电离过程蓬勃发展,向周围放射出大量光子,继续引起空间光电离。于是在流注前方出现了新的二次电子崩,它们被吸引向流注头部,从而延长了流注通道。这样流注不断向阴极推进,且随着流注接近阴极,其头部电场越来越强,因而发展也越来越快。当流注发展到阴极后,整个间隙就被电导良好的等离子通道所贯通,于是间隙的击穿完成,如图 2-5(d)所示。

以上介绍的是电压较低,电子崩需经过整个间隙方能形成流注的情况。这个电压就是击穿电压。如果外施电压比击穿电压高,则电子崩不需经过整个间隙,其头部电离程度已足以形成流注了。流注形成后,向阳极发展,所以称为负流注。负流注发展中,由于电子的运动受到了电子崩留下的正电荷的牵制,所以其发展速度较正流注的要小。当流注贯通整个间隙后,击穿就完成了。

Raether 提出了负流注形成的示意图如图 2-6 所示,它是以气体的容积光电离和崩头前方强电场的形成为基础的。从图中可以看到,从阴极发射出的初始电子在外电场作用下形成主电子崩 I;电子运动过程中形成的激发态原子辐射出大量光子(波形线表示光子的辐射路线),在空间使气体原子电离产生光电子,主电子崩 I 以速度 v 从阴极向外扩展,在它前方由光电离形成的自由电子是新电子崩 II、III、IV …的发源地,a_1、b_1、c_1…点是由电子崩中被激发原子发出的光子,而 a_2、b_2、c_2…点是气体原子被光子辐照而发生的光电离,波形线表示光子沿 $a_1 a_2$、$b_1 b_2$、$c_1 c_2$…扩展,经过一定时间 II 与 I 汇合,V 与 VI 汇合,这些新电子崩汇合一起迅速向阳极发展,成为强大的负流注,这里流注的扩展速度远大于电子崩的扩展速度。

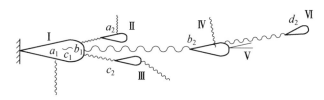

图 2-6 负流注形成的示意图

2.2.4 流注理论对不同现象的解释

流注理论可以解释汤逊理论不能说明的 pd 值很大时的放电现象。

1) 放电外形

pd 值很大时,放电具有通道形式,这从流注理论可以得到说明。流注中的电荷密度很大,电导很大,故其中电场强度很小。因此流注出现后,将减弱其周围空间内的电场(但加强了其前方电场),并且这一作用伴随着其向前发展而更为增强(屏蔽作用)。因而电子崩形成流注后,当某个流注由于偶然原因发展更快时,它就将抑制其他流注的形成和发展,并且随着流注向前推进,这种作用将越来越强烈。电子崩由于电荷密度较小,故电场强度还很大,因此不致影响到临近空间内的电场,所以不会影响其他电子崩的发展。这就可以说明,汤逊放电呈连续一片,而 pd 值很大时放电具有细通道的形式。由于二次电子崩在空间的形成和发展带有统计性,所以火花通道常是曲折的,并带有分支。

2)放电时间

光子以光速传播,所以流注发展速度极快,这就可以说明 pd 很大时放电时间特别短的现象。

3)阴极材料的影响

根据流注理论,维持放电自持的是空间光电离,而不是阴极表面的电离过程,这可说明为何大 pd 值下击穿电压和阴极材料基本无关了。

流注理论和汤逊理论相互补充,可以说明广阔的 pd 值范围内,放电的不同实验现象。pd 值很小,即压力很小或间隙距离很短时,电子崩过程中散发出来的光子不易为气体吸收而容易到达阴极,引起表面电离。金属表面光电离比气体空间光电离来得容易。此外气压低时带电质点容易扩散,电子崩头部电荷密度不易达到足够的数值。所以在流注出现之前,就可由阴极上的过程导致自持放电。这就是汤逊所描述的放电形式。随着 pd 值增加,电子崩散发出来的光子越来越多地为气体所吸收,而达不到阴极,因此难以靠阴极上的过程维持自持放电,而随着场强增加,空间光电离越来越强烈,于是放电就转入流注形式了。如前所述,一般认为 $pd > 266.56\,\mathrm{Pa \cdot m}$ 时,空气中放电就将由汤逊形式过渡为流注形式了。

2.3 汤逊放电实验

了解和预测气体的绝缘性能通常有两种研究方法:①直接击穿实验;②电子崩阶段的放电机理的研究(研究预击穿过程)。直接击穿一般是在均匀电场或不均匀电场,在不同压强、不同的电压波形(AC、DC 和脉冲)或不同电极间距的条件下,直接求得绝缘气体的击穿强度。这种方法能够提供在一定条件下的绝缘气体的击穿强度,却无法了解绝缘气体的放电机理,而不能了解如何抑制和控制击穿。

作为对直接击穿的补充,研究电子崩放电阶段能够说明在气体放电中不同过程的重要性。对电子崩的研究能够了解不同的放电参数对电子崩发展所起的作用,以及如何预测和控制绝缘气体的击穿。电子崩的研究能够应用在其他领域,如气体激光器、气体开关和等离子刻蚀等。因此,开展对气体电子崩放电的研究,不仅可求出气体的耐电强度,还可以了解气体的基本放电过程和机理,为实际应用时正确选择气体提供依据。研究气体的电子崩发展过程和机理的方法分为实验方法和理论计算方法。实验方法是基于电子崩发展的宏观模型进行研究的,即用电子崩放电参数来描述电子崩的发展过程;理论计算方法是基于微观模型进行研究的,微观模型给出了电子碰撞截面、速度分布和放电参数之间的关系。采用微观模型计算气体中电子崩发展过程,主要是描述气体放电中的各种碰撞截面和电子能量分布的关系。

研究气体中电子崩发展的实验方法从原理上来说主要有两种:放电间隙中电流的测量和光通量的测量。而这两种方法均包括两种形式:稳态法和暂态法。在这里主要介绍测量间隙电流的方法,即汤逊放电实验。

2.3.1 稳态汤逊法(SST)

1903 年,汤逊首先提出了用第一电离系数 α 来描述气体放电,并提出了测量 α 参数的方法,即稳态汤逊法(SST)。后来,人们发现电负性气体的放电特性非同一般气体,于是在气体放电中引入了附着系数 η、二次电离系数 γ 等参数,发展了 SST 方法。这个方法就是测量平板电极间的由连续的初始电子发射所形成的稳态电流。初始电子是由一定强度的紫外光照射阴极而释放出来的,由于碰撞电离和附着过程的存在,使得极间距离改变时,回路中形成的稳态电流值也不相同。这样便得到了极间电流和极间距离的相关关系,通过计算机进行曲线拟合,最终可求得碰撞电离系数 α 和附着系数 η。因为 SST 法描述的电子崩放电参数和模型是简单的,仅仅包含电离和附着过程,不能更深入地了解气体放电的发展过程,故这个方法仅能提供电子与气体分子相互作用的最终结果,电子崩的输运过程无法描述。尽管 SST 方法仅能测量 α、η、γ 等参数,且测量数据较多,工作量较大。但由于 SST 方法的实验设备简单,测量回路的技术要求不太高,因此采取合适的数据处理方法,运用计算机便可拟合出数据参数。这对于预测绝缘气体的放电特性和耐电强度无疑是一种简便易行的方法。

2.3.1.1 SST 的实验原理和测量回路

测量绝缘气体的电子崩放电参数的实验,就是在非自持放电阶段进行的。在图 2-7 所示的测量回路中,气体间隙中电流和电压的关系如图 2-8 所示,此过程主要可分为 4 个部分。

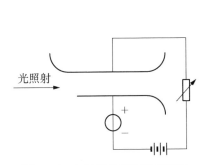
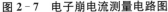

图 2-7 电子崩电流测量电路图

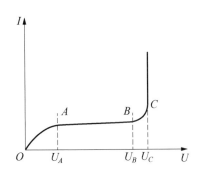

图 2-8 气体中电流和电压的关系

(1) 线性段 OA。当电极受紫外光照射后,间隙中的气体由于电离不断产生带电质点,同时,正负带电质点又不断复合,这两种过程导致气体空间产生一定浓度的自由带电质点。在外施电压的作用下,带电质点沿电场运动,则在外回路中出现了电流。起初,随着电压的升高,带电粒子的运动速度增大,电流随之增大,二者基本呈线性关系,如图 2-8 中的 OA 阶段,故 OA 阶段也称为线性段。

(2) 饱和段 AB。当电压升高到 U_A 附近,电流不再随之呈正比增大,而是趋于饱和。这说明由于间隙中因电离产生的带电质点已全部落入电极,故电流仅取决于外电离因素而和电压无关,此时外回路的电流即为初始电流 I_0,所以把 AB 段称为饱和段。饱和段的电流密度仍极小,一般只有 $10^{-19}\,A/cm^2$ 数量级,因此这时气隙仍处于良好的绝缘状态。

(3) 电离段 BC。当电压增至 U_B 附近时,又出现电流的增长,这时间隙中出现了新的电离因素,即电子的碰撞电离。电压越高,碰撞电离越强,产生的电子越多,电流也越大,直到 C 点。因此,BC 段也称为汤逊放电阶段。

(4) 自持放电阶段(C 点以后)。当电压大于 U_C 后,电流急剧增大,且此时若外加电压稍有减小,电流却不减小。这是因为强烈的电离过程所产生的热和光进一步增强了气体的电离因素,以至于电离过程达到了自我维持的程度,而不是依靠外界电离因素,仅由电场的作用维持放电过程,气体间隙转入良好的导电状态,即由非自持放电转入自持放电。电子在足够强的电场作用下,已积累足以引起碰撞电离的动能。$U<U_C$ 为非自持放电阶段。气体放电一旦进入自持放电,即意味着气隙被击穿。

SST 实验就是在 BC 阶段测量电流随间隙的变化关系,进而求取 α、η 等电子崩放电参数。临界值 U_C 称为起始电压,相应的 $(E/N)_{lim}$ 值称为绝缘气体的耐电强度,这就是电子崩放电实验确定气体绝缘性能的重要指标。

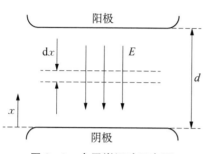

图 2-9　电子崩运动示意图

2.3.1.2　SST 数学模型的建立及放电参数的求解方法

在 SST 实验中,因为在较低气压($p < 3$ kPa)下进行,故可忽略阴极表面的二次电子发射,电子崩中仅考虑碰撞电离和附着过程的作用(电子崩运动示意图见图 2-9)。由电子碰撞系数 α 和电子附着系数 η 的定义可知,在 dx 距离上电离碰撞产生的新的电子数为

$$dn_i = n_e \alpha dx \qquad (2-28)$$

式中,n_e 表示 x 处的电子数。

由附着过程引起的负离子,即失去的电子数为

$$dn_a = -n_e \eta dx \qquad (2-29)$$

故在 $x + dx$ 处仍处于自由状态的电子数为

$$dn_e = n_e(\alpha - \eta)dx \qquad (2-30)$$

从 $x = 0$ 到 x 积分,并认为有 n_0 个电子从阴极出发,则可得间隙中任意点 x 的电子数为

$$n_e = n_0 e^{(\alpha - \eta)x} \qquad (2-31)$$

在这些条件下的稳态电流将有两个分量,其一由电子流产生,另一由负离子产生。为了确定总电流,必须求出负离子的电流分量。在 dx 处负离子的增量为

$$dn_n = n_e \eta dx = n_0 \eta e^{(\alpha - \eta)x} dx \qquad (2-32)$$

从 0 到 x 积分可得

$$n_n = \frac{n_0 \eta}{\alpha - \eta}[e^{(\alpha - \eta)x} - 1] \qquad (2-33)$$

间隙中总电流等于两个分量之和,或者:

$$n_e + n_n = n_0 \left[\frac{\alpha}{\alpha - \eta} e^{(\alpha - \eta)d} - \frac{\eta}{\alpha - \eta}\right] \qquad (2-34)$$

从而总电流表达式为

$$I = I_0\left[\frac{\alpha}{\alpha - \eta}e^{(\alpha - \eta)d} - \frac{\eta}{\alpha - \eta}\right] \qquad (2\text{-}35)$$

式中，d 为电极间距(mm)，I_i 为电极距离为 d 时的电子崩电流(A)，α、η 分别代表电离系数(1/mm)和吸附系数(1/mm)。

定义电离系数与附着系数的差值为有效电离系数 $\bar{\alpha}$，即 $\bar{\alpha} = \alpha - \eta$。则式(2-35)可写为

$$I_i = I_0\left[\frac{\alpha}{\alpha}e^{\bar{\alpha}d_i} - \frac{\eta}{\alpha}\right] \qquad (2\text{-}36)$$

传统的方法是利用非线性最小二乘法，根据测量的(I_i, d_i)数据，把 α 和 η 拟合出来，然后再分析气体的放电特性和$(E/N)_{\lim}$的时候，把放电参数换算为 α/N 和 η/N。

2.3.1.3 SST 实验装置

SST 实验装置的要求是具有高真空度的电离腔体和高精度的测量系统。它主要是由电离腔体、真空系统、充气系统、高稳定度的直流电压源、稳定的光源系统和测量系统组成。一个典型的 SST 实验装置如图 2-10 所示。

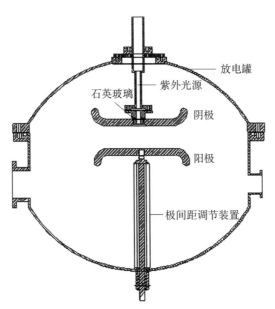

图 2-10 SST 实验装置图

1) 电离腔体

为了使测量电极间的电场均匀，一般采用一对 Rogowsky 电极。Rogowsky 电极具有表面等电位的特点，同时理论上也要求电极边缘延伸较长，才能保证间

隙电场均匀。

为了保证电极间电压稳定,需采用高稳定度的负高压直流电源。而要使阴极初始电子稳定发射,则需要稳定的紫外光照射。故电压和光源都要通过密封的腔体进入阴极,一般可以采用光电通道集中在一起的套管结构。电极的导杆制成空心用作光通道,构成光-电-绝缘-法兰同心结构。绝缘材料采用真空陶瓷,陶瓷与金属法兰、导电杆的封接采用真空封接工艺,这样既保证了绝缘要求,也符合了真空要求。

为了使实验气体的压力在微小的范围内进行调节,充气回路经可微调的高真空阀门充气,并通过干燥剂充入。

调节放电间隙距离的变化,可调节下电极(阳极),利用波纹管的可伸缩性和密封性,获得满意的效果。

2) 真空系统

气体的纯度直接影响 SST 实验所测得的参数的准确性。要保证被测气体的纯度,必须要求腔体具有一定的真空度。设实验气体的纯度为 100%,则可由下式计算所要求的真空度:

$$P = P_x(1-x) \tag{2-37}$$

式中,P_x 为实验时电离腔体所充的气压,x 为实验中所用的气体的纯度。一般取 $x = 99.999\%$,而 SST 的 $P_x < 3\text{ kPa}$,则真空度 $P = 10^{-3}\text{ Pa}$ 即可。为了提高实验的准确性,一般采用机械泵-分子泵组对电离室抽真空,同时用复合真空计测量,直至抽至所需的真空度。

3) 紫外光源

当紫外光照射在阴极表面时,若光能量大于阴极材料的电子逸出功,则初始电子将被释放。最初采取过在阳极上开一小孔的方法,使紫外光经小孔照射在阴极表面上使其释放电子,但是这样会引起电场畸变,最大可达 15%。目前一般采用在阴极中央开一小孔,小孔上嵌入合适大小的石英玻璃,并在石英玻璃上镀合适厚度的金层的方法。当紫外光透过石英玻璃照射金层时,便可发射稳定的电子,这样既不对电场发生影响,也不受电极距离变化的影响。

根据汤逊放电理论,在电子崩放电阶段的电流 I 约为 $10^{-13} \sim 10^{-11}\text{ A}$ 的范围内,而 I 除了与 E/N 值有关之外,还与阴极初始电流 I_0 的大小有关。I_0 过大将使电流 I 超过 10^{-11} A 数量级,电场将产生畸变,进而发生击穿放电。若 I_0 过小,微电流测量仪表灵敏度不够,不能准确测量 I 值。为了兼顾两个方面,应该调整光强度使电流 I 在 10^{-12} A 数量级上。为此需要采用合适的光源,一方面其发出的光子能量应大于金的电子逸出功(3.9 eV),另一方面使得电流 I 在 10^{-12} A 数量级。

4) 电压电流测量系统

SST 实验主要是测量在不同的 E/N 值下间隙电流 I 与间距 d 的关系。因为放电间隙为均匀电场,故 $E/N = U/(Nd)$,则 $U = Nd(E/N)$,即 E/N 值的变化转化为 U 的变化。所以,测量电压至关重要。为了保证电极间电压稳定,需采用高稳定度的负高压直流电源。为了准确地测量电压,选用高精度的电阻分压器,与数字电压表配合构成电压测量系统。

微电流计是实验中的关键设备,其作用是测量间隙电流 I,由于 I 的数量级很小,仅为 10^{-12} A 左右,需要灵敏度高、抗干扰性好的微电流放大器进行测量。

2.3.2 脉冲汤逊法(PT)

如前所述,SST 法可以较方便地测量气体的 α、η 参数,它是采用稳定光源照射阴极使其释放连续的电子,在间隙中形成稳定的电流 I,由 I 与间距 d 的关系可拟合出 α、η 等参数。但对于更复杂的放电过程(如输运特性等),SST 法无能为力,而用 PT 法就可以解决这个问题。PT 法不但能较准确地求出 α、η 和 $\bar{\alpha}$ 等参数,而且可以求出气体放电中的输运参数,如电子漂移速度 V_e、电子扩散系数 D 等参数,可以较直观地判断出电子崩的发展过程和放电机理。

PT 法是对气体放电中电子和离子动态过程的研究。高能激光的发展和应用给 PT 法提供了可靠的初始放电条件。当一个单脉冲激光照射在阴极时,只要光子的能量大于阴极金属材料的逸出功,则阴极将释放出一个单脉冲电子束。在外电场的作用下,这些初始电子向阳极运动,通过碰撞电离、附着和扩散等过程,形成了电子崩。在外回路中测量这个电子崩电流,就可以观测和判定出电子崩的发展过程,并可以求出气体的电子崩放电参数。

PT 法具有测量数据准确和测量周期短等优点,但因为 PT 法是在 ns 级下的实验,故它对实验设备的技术要求比较高。它对实验系统的电磁兼容问题、测量回路的高频响应特性、示波器的响应带宽和脉冲激光的脉宽等有一定的要求。

2.3.2.1 PT 法的实验原理和基本回路

PT 法的基本原理如图 2-11 所示,电离腔内安装了一对平板电极,正高压直流电源经限流电阻 R_d 加在阳极上,这样在电极间形成了一个均匀电场,在外加电场作用下,阴极上的初始电子由激光释放后向阳极运动。由于碰撞电离、附着和扩散等过程的作用,在电场中还产生了正离子和负离子。这三种带电质点在电场中运动,在外回路中形成了暂态的电流,这个暂态电流经测量电阻 R_m 产生的电压波形便可以由示波器记录。由示波器记录下的波形便可以分析出电子崩发展过程，并可以求出气体的电子崩放电参数。

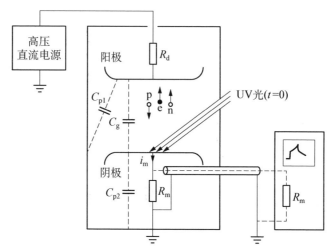

图 2‑11 PT 法实验原理图

图 2‑12 给出了测量回路的高频等效电路图，直流高压源在高频下可认为短路。间隙中的电子崩电流由恒流源 i_g 来代替，C_{p1} 为高压端电极（阳极）对地（即电离腔体）的寄生电容，C_{p2} 为测量电极（阴极）对地寄生电容，C_g 为放电间隙的电容，R_m 为测量电阻。由图中可得到如下关系：

$$i_m = i_g + C_g \frac{\mathrm{d}u_h}{\mathrm{d}t} - C_g \frac{\mathrm{d}u_0}{\mathrm{d}t} - C_{p2} \frac{\mathrm{d}u_0}{\mathrm{d}t} \tag{2-38}$$

$$u_0 = R_m i_m = R_m \left(i_g + C_g \frac{\mathrm{d}u_h}{\mathrm{d}t} - C_g \frac{\mathrm{d}u_0}{\mathrm{d}t} - C_{p2} \frac{\mathrm{d}u_0}{\mathrm{d}t} \right) \tag{2-39}$$

$$i_m + C_{p2} \frac{\mathrm{d}u_0}{\mathrm{d}t} = - C_{p1} \frac{\mathrm{d}u_h}{\mathrm{d}t} \tag{2-40}$$

将式（2‑40）代入式（2‑38）和式（2‑39），整理可得：

$$i_m = i_g \left(1 - \frac{C_g}{C_{p1} + C_g} \right) - \frac{\mathrm{d}u_0}{\mathrm{d}t} \cdot \frac{C_g C_{p2} + C_g C_{p1} + C_{p1} C_{p2}}{C_{p1} + C_g} \tag{2-41}$$

$$u_0 = R_m i_g - \frac{C_g}{C_{p1} + C_g} R_m i_g - R_m \cdot \frac{\mathrm{d}u_0}{\mathrm{d}t} \cdot \frac{C_g C_{p2} + C_g C_{p1} + C_{p1} C_{p2}}{C_{p1} + C_g}$$
$$\tag{2-42}$$

从式（2‑42）可以看出，输出电压 u_0 与电容 C_{p1} 有很大关系。若 C_{p1} 减小到零，u_0 也几乎减小到零。从式（2‑42）右边第二项看出，若 C_{p1} 与 C_g 的电容量大

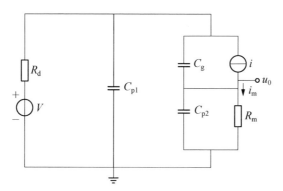

图 2-12 测量回路的高频等效电路图

小相近,或 $C_{p1} < C_g$,则 u_0 将大大减小,甚至不能分辨,这对测量极为不利。若在外回路增加 C_{p1} 的电容量,则 C_{p1} 和 C_g 的连线过长,在高频电流的作用下,这段连线的电感将使阴极电压 u_h 产生一定的波动,由电容 C_g 耦合到测量电极上,将使测量出现较大的偏差。从式(2-42)右边第三项可以看出,若 C_{p2} 和 C_g 都很小,则这一项对信号电压的影响将大大减小。综上所述,为了满足 PT 实验的要求,测量系统必须有如下三个条件才成立:

(1) $C_{p1} \gg C_g$。

(2) C_{p1} 在几何位置上尽量靠近 C_g。

(3) C_{p2} 和 C_g 应尽可能小。

当满足以上三个条件时,由于 $C_{p1} \gg C_g$,C_{p2} 也很小,故式(2-42)可化简得:

$$u_0 = R_m i_g - R_m (C_{p2} + C_g) \frac{\mathrm{d}u_0}{\mathrm{d}t} \tag{2-43}$$

在 PT 实验中,由测到的电压 u_0 的波形,取对应于 t_i 时刻的电压值 $u_0(t_i)$,则上式可写为

$$i_g(t_i) = \frac{u_0(t_i)}{R_m} + (C_{p2} + C_g) \frac{u_0(t_i) - u_0(t_{i-1})}{\Delta t} \tag{2-44}$$

式中,R_m、C_{p2}、C_g 都是已知的常数,$\Delta t = t_i - t_{i-1}$(一般取 $\Delta t = 1\,\mathrm{ns}$),则 $i_g(t_i)$ 可直接由 $u_0(t_i)$ 和 $u_0(t_{i-1})$ 确定。由边界条件:

$$i_g(0) = \frac{u_0(0)}{R_m} = 0$$

便可求出 $i_g(t_i)$,$i = 1, 2, \cdots, n$。

2.3.2.2 PT 数学模型的建立

当初始电子 n_0 在阴极瞬时释放,假设没有发生碰撞过程,则间隙的电子数保持恒定并在电场的作用下以速度 V_e 向阳极漂移,当 $t = T_e = d/V_e$ 时全部电子离开间隙到达阳极。在某一时刻 $0 < t < T_e$,电子在间隙中的位置可由 $x = V_e t$ 表示(见图 2-13),这些运动的电子在外回路产生电流 $i_e(t)$。为了计算此电流,由能量平衡式可得:

$$Ui_e(t)\mathrm{d}t = n_0 eE\mathrm{d}x$$

即

$$i_e(t) = n_0 e/T_e \qquad (2-45)$$

式中,U 为外加恒定电压,e 为电子电荷量。在 $t = T_e$ 后,$i_e(t) = 0$(见图 2-14)。

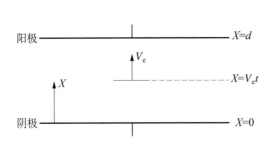

图 2-13 电子在间隙中的运动示意图

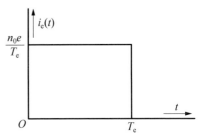

图 2-14 n_0 电子穿越间隙在外电路产生的电流

若出现碰撞电离和附着过程,则由电离形成正离子,由附着形成负离子。设电子从阴极瞬时释放,以速度 V_e 行经 $\mathrm{d}x$ 距离后,电子数的变化由下式给出:

$$\mathrm{d}n_e(t) = (\alpha - \eta)n_e(t)\mathrm{d}x = (\alpha - \eta)n_e(t)V_e\mathrm{d}t \qquad (2-46)$$

式中,α 为电离系数,η 为附着系数。正离子数 n_p 和负离子数 n_n 的变化由下式给出:

$$\mathrm{d}n_p(t) = \alpha n_e(t)\mathrm{d}x = \alpha n_e(t)V_e\mathrm{d}t \qquad (2-47)$$

$$\mathrm{d}n_n(t) = \eta n_e(t)\mathrm{d}x = \eta n_e(t)V_e\mathrm{d}t \qquad (2-48)$$

解式(2-46)、式(2-47)和式(2-48),当 $\alpha \neq \eta$ 时可得:

$$\begin{cases} n_e(t) = n_0 \exp[(\alpha - \eta)V_e t], & 0 \leqslant t \leqslant T_e \\ n_e(t) = 0, & t > T_e \end{cases} \qquad (2-49)$$

$$
\begin{cases}
n_{\mathrm{p}}(t) = \dfrac{\alpha n_0}{\alpha - \eta}\{\exp[(\alpha - \eta)V_{\mathrm{e}}t] - 1\},\ 0 \leqslant t \leqslant T_{\mathrm{e}} \\
n_{\mathrm{p}}(t) = \dfrac{\alpha n_0}{\alpha - \eta}\{\exp[(\alpha - \eta)d] - \exp[(\alpha - \eta)V_{\mathrm{p}}t]\},\ T_{\mathrm{e}} \leqslant t \leqslant T_{\mathrm{e}} + T_{\mathrm{p}}
\end{cases}
$$

$$(2-50)$$

$$
\begin{cases}
n_{\mathrm{n}}(t) = \dfrac{\eta n_0}{\alpha - \eta}\{\exp[(\alpha - \eta)V_{\mathrm{e}}t] - 1\},\ 0 \leqslant t \leqslant T_{\mathrm{e}} \\
n_{\mathrm{n}}(t) = \dfrac{\eta n_0}{\alpha - \eta}\{\exp[(\alpha - \eta)(d - V_{\mathrm{n}}t)] - 1\},\ T_{\mathrm{e}} \leqslant t \leqslant T_{\mathrm{e}} + T_{\mathrm{n}}
\end{cases}
$$

$$(2-51)$$

式中，V_{p}、V_{n} 分别为正离子和负离子的漂移速度；T_{p}、T_{n} 分别为正离子和负离子渡越间隙的时间；V_{e}、T_{e} 为电子的漂移速度和渡越间隙的时间。

当 $\alpha = \eta$ 时，n_{e}、n_{p} 和 n_{n} 的表达式为

$$
\begin{cases}
n_{\mathrm{e}}(t) = n_0,\ 0 \leqslant t \leqslant T_{\mathrm{e}} \\
n_{\mathrm{e}}(t) = 0,\ t > T_{\mathrm{e}}
\end{cases}
\tag{2-52}
$$

$$
\begin{cases}
n_{\mathrm{p}}(t) = \alpha n_0 V_{\mathrm{e}}t,\ 0 \leqslant t \leqslant T_{\mathrm{e}} \\
n_{\mathrm{p}}(t) = \alpha n_0 (d - V_{\mathrm{p}}t),\ T_{\mathrm{e}} \leqslant t \leqslant T_{\mathrm{e}} + T_{\mathrm{p}}
\end{cases}
\tag{2-53}
$$

$$
\begin{cases}
n_{\mathrm{n}}(t) = \eta n_0 V_{\mathrm{e}}t,\ 0 \leqslant t \leqslant T_{\mathrm{e}} \\
n_{\mathrm{n}}(t) = \eta n_0 (d - V_{\mathrm{n}}t),\ T_{\mathrm{e}} \leqslant t \leqslant T_{\mathrm{e}} + T_{\mathrm{n}}
\end{cases}
\tag{2-54}
$$

这些漂移的电荷产生的电子电流 $i_{\mathrm{e}}(t)$、正离子电流 $i_{\mathrm{p}}(t)$ 和负离子电流 $i_{\mathrm{n}}(t)$ 分别为

$$i_{\mathrm{e}}(t) = e n_{\mathrm{e}}(t)/T_{\mathrm{e}} \tag{2-55}$$

$$i_{\mathrm{p}}(t) = e n_{\mathrm{p}}(t)/T_{\mathrm{p}} \tag{2-56}$$

$$i_{\mathrm{n}}(t) = e n_{\mathrm{n}}(t)/T_{\mathrm{n}} \tag{2-57}$$

实际上所测得的电子崩电流是这三种电流的总和。由于电子电流的幅值很高，且持续时间很短，故很容易与离子电流区分开来。

若是既考虑碰撞电离和附着过程，同时还考虑电子的扩散过程，则描述电子崩电流的方程与以上所述有所不同，虽然电子在瞬时由阴极以很薄的圆盘形状释放，亦即 n_0 为 $\delta(t)$ 函数，但由于扩散的存在，故在 $t = T_{\mathrm{e}}$ 时刻，电子不会同时全部进入阳极。以下是描述考虑了电离、附着和扩散过程的电子、正离子和负离子电荷密度的偏微分方程，其中 D 为扩散系数：

$$\frac{\partial \rho_e(x, t)}{\partial t} + V_e \frac{\partial \rho_e(x, t)}{\partial x} = \bar{\alpha} V_e \rho_e(x, t) - \bar{\alpha} D \frac{\partial \rho_e(x, t)}{\partial x} + D \frac{\partial^2 \rho_e(x, t)}{\partial x^2}$$

$$(2-58)$$

$$\frac{\partial \rho_p(x, t)}{\partial t} - V_p \frac{\partial \rho_p(x, t)}{\partial x} = \alpha V_e \rho_e(x, t) - \alpha D \frac{\partial \rho_e(x, t)}{\partial x} \quad (2-59)$$

$$\frac{\partial \rho_n(x, t)}{\partial t} - V_n \frac{\partial \rho_n(x, t)}{\partial x} = \eta V_e \rho_e(x, t) - \eta D \frac{\partial \rho_e(x, t)}{\partial x} \quad (2-60)$$

式中,ρ_e、ρ_p 和 ρ_n 分别为电子电荷、正离子电荷和负离子电荷的密度。以上三式右边第二、三项反映了在电子崩中扩散的作用。一般来说,在电子崩发展过程中电子的作用占主导地位,所以主要考虑对式(2-58)的求解,式(2-58)可写为

$$\frac{\partial \rho_e(x, t)}{\partial t} + W_r \frac{\partial \rho_e(x, t)}{\partial x} = \bar{\alpha} V_e \rho_e(x, t) + D \frac{\partial^2 \rho_e(x, t)}{\partial x^2} \quad (2-61)$$

式中,$W_r = V_e + \bar{\alpha} D$,当 $\bar{\alpha} = 0$ 时,可得:

$$\frac{\partial \rho_e(x, t)}{\partial t} + W_r \frac{\partial \rho_e(x, t)}{\partial x} = D \frac{\partial^2 \rho_e(x, t)}{\partial x^2} \quad (2-62)$$

可解得:

$$\rho_e(x, t) = \frac{n_0}{\sqrt{4\pi Dt}} \exp\left[-\frac{(x - W_r t)^2}{4Dt} \right] \quad (2-63)$$

因为式(2-63)满足式(2-62),则在 $\bar{\alpha} \neq 0$ 时,必有下式满足式(2-61):

$$\rho_e(x, t) = \frac{n_0}{\sqrt{4\pi Dt}} \exp\left[-\frac{(x - W_r t)^2}{4Dt} \right] \cdot \exp(\bar{\alpha} V_e t) \quad (2-64)$$

因此在 t 时刻,出现在间隙中的电子数为

$$n_e(t) = \int_0^d \rho_e(x, t) \mathrm{d}x = \frac{n_0 \exp(\bar{\alpha} V_e t)}{\sqrt{4\pi Dt}} \int_0^d \exp\left[-\frac{(x - W_r t)^2}{4Dt} \right] \mathrm{d}x$$

在上式积分式中的下限用 $-\infty$ 取代 0,不会产生太大的误差,则可求出:

$$n_e(t) = \frac{n_0 \exp(\bar{\alpha} V_e t)}{2} \mathrm{erfc}(\lambda) \quad (2-65)$$

式中,$\lambda = \dfrac{W_r t - d}{\sqrt{4Dt}} = \dfrac{(V_e + \bar{\alpha} D) t - d}{\sqrt{4Dt}}$,$\mathrm{erfc}(\lambda) = \dfrac{2}{\sqrt{\pi}} \int_\lambda^\infty \exp(-u^2) \mathrm{d}u$,$\mathrm{erfc}(\lambda)$ 为互余误差函数。

为了检验式(2-64)的正确性,可以考虑 $D = 0$ 的特殊情况,当 $D = 0$ 时,

若 $V_e t \leqslant d$ 或 $t \leqslant T_e$，则 $\lambda \to -\infty$，$\mathrm{erfc}(-\infty) = 2$；

若 $V_e t > d$ 或 $t > T_e$，则 $\lambda \to +\infty$，$\mathrm{erfc}(+\infty) = 0$

则有：

$$\begin{cases} n_e(t) = n_0 \exp(\bar{\alpha} V_e t), \ 0 \leqslant t \leqslant T_e \\ n_e(t) = 0, \ t > T_e \end{cases} \tag{2-66}$$

可看出，式(2-66)与式(2-49)结果相同。

电子崩电流中电子的成分可由下式给出：

$$i_e(t) = \frac{e n_e(t)}{T_e} \tag{2-67}$$

其中 $n_e(t)$ 由式(2-65)代入。

2.3.2.3 初始电子分布的计算

在 PT 实验中脉宽的影响不能忽略，因此 n_0 个初始电子不是在 $t = 0$ 时刻由阴极同时释放，亦即 n_0 并非 $\delta(t)$ 函数。若考虑初始电子分布为一段时间 T_0 的函数 $n_0(\varepsilon)$，则由其引起的间隙中电子电荷密度需要通过卷积积分和反卷积方法进行计算。

2.3.2.4 电子崩放电参数的求解方法

1) 电子漂移速度 V_e

当电极间隙为 d 时，V_e 由下式可得：

$$V_e = \frac{d}{T_e} \tag{2-68}$$

式中，T_e 为电子渡越时间，一般取电子崩电流脉冲的上升沿和下降沿的中点之间的时间；具体取值还要根据电子崩电流波形来确定。电子漂移速度的确定对于分析电子崩电流波形是非常重要的。如果漂移速度不正确，则会导致其他电子崩参数的不正确。

2) 有效电离系数 $\bar{\alpha}$

由电子崩电流波形可求得电离频率 R_i：

$$R_i = \frac{\ln(I_n/I_m)}{T_n - T_m} \tag{2-69}$$

为了得到较精确的 R_i 值，在曲线中进行多点拟合，然后再求解平均值作为 R_i 的真值。这样便可求得有效电离系数 $\bar{\alpha}$：

$$\bar{\alpha} = R_i / V_e \tag{2-70}$$

3）扩散系数 D

由实测得到的波形并由式(2-68)和式(2-69)求出 V_e 和 $\bar{\alpha}$ 后，用试探法估计 D 的值，一同代入式(2-64)，然后由式(2-67)计算得到计算值，与实测值比较，直至达到一定的精度即可。

2.3.2.5　PT 法实验装置

一个典型的 PT 法实验系统如图 2-15 所示，由激光器、正高压直流电源、放电腔体、宽频放大器和数字存储示波器组成。

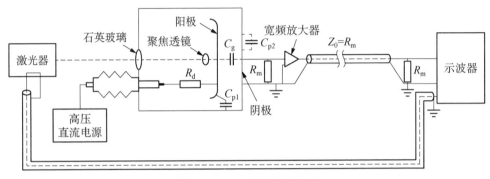

图 2-15　PT 法实验系统图

1）激光器

激光器作为激发阴极初始电子的工具，其波长要根据阴极材料的逸出功来选择。根据光电效应原理可知，当金属受到光照射时，金属中的电子在获得一个光子的能量后，其中部分能量作为该电子逸出金属表面所需的逸出功 W_s，另一部分转化为电子的动能 $\frac{1}{2}mv^2$。即

$$\varepsilon = hf = h\frac{c}{\lambda} = W_s + \frac{1}{2}mv^2$$

式中，$\varepsilon = hf$ 是每个光子的能量，$h = 6.63 \times 10^{-34}$ J·s 为普朗克常数，f 是光的频率，λ 是激光的波长，c 是光速。当 $hf < W_s$ 时，光子没有足够的能量使电子逸出金属，不发生光电效应。当 $hf = W_s$ 时，这时的频率是产生光电效应的临界频率。当 $hf > W_s$ 时，从金属中发射的电子具有一定的动能，它随 f 的增加而增加，与光强无关。

激光器的脉冲宽度越窄越好，使得初始电子能在瞬间从阴极释放，即 n_0 个初始电子在 $t=0$ 时由阴极同时释放，即 n_0 为 $\delta(t)$ 函数。

在 PT 实验中，要求脉冲光源能在放电间隙的阴极上照射出 10^7 个左右的

电子,即要求光源具有一定的能量。另外,为保证电子同步释放,以便能准确地测量绝缘气体的电子崩放电参数,故要求释放电子的同步性应小于 20 ns。因为电子脉冲波形与光脉冲波形一致,故也要求光脉宽小于 20 ns。

在 PT 实验中,主要关心的是激光应能在阴极释放 10^7 个左右的初始电子 n_0。由 PT 实验中测量到的电子崩波形,采用反卷积方法便可求出初始电子分布及数量。

2) 真空系统

与 SST 实验类似,气体的纯度直接影响 PT 实验测得参数的准确性。要保证被测气体的纯度,必须要求腔体具有一定的真空度,可根据式(2-37)来计算 PT 实验所要求的真空度。PT 实验通常要求充气压强 $p_x > 1.33\,\mathrm{kPa}$,则真空度 $P = 10^{-3}\,\mathrm{Pa}$ 即可。

3) 放电腔体

放电腔体内装有 Rogowsky 电极,阳极中心开有小孔。激光束经由石英玻璃制成的聚焦透镜聚焦后,通过孔照射在阴极上,从而使阴极发射电子。这些初始电子将以"圆盘"的形式同时释放,基本上不会受到空间电荷的影响。阳极上的电压由一台具有高稳定直流高压电源供给。R_d 为阻尼电阻,连接在高压电源与阳极之间,防止电极闪络时损坏电源。为了减小电感和行波的影响,R_d 应放置在靠近阳极的位置。

4) PT 实验中的电磁兼容问题

电磁兼容是指测量系统在电磁环境中互相兼顾和相容的能力。电磁干扰通过一定途径侵入测量系统,从而叠加在有用信号上,将给测量带来一定误差,甚至有可能"淹没"掉有用信号。在 PT 实验中,采用大功率、窄脉宽的激光作为脉冲光源。在激光系统产生激光时,谐振腔的高压放电将产生很强的高频电磁波。而 PT 实验的测量系统采用宽频带、高灵敏度的示波器和计算机等设备,极易受到激光器放电的干扰,使得所测的绝缘气体的电子崩放电波形受到极大的影响。

在 PT 实验中,电磁干扰主要有两种耦合方式:传导耦合和辐射耦合。

传导耦合主要包括:激光电源脉冲触发信号经电源线耦合到测量系统的电源线;激光器放电经过公共接地系统耦合到测量系统。

辐射耦合主要包括:测量电缆的外皮被激光器的高频辐射感应出干扰电流;激光器的高频辐射侵入测量系统。

为了抑制电磁干扰,准确地测量绝缘气体的电子崩放电波形,宜采取以下电磁兼容措施:

(1) 激光器须用双层屏蔽箱屏蔽,并采用单独接地。

（2）测量电缆须用双层屏蔽电缆,外加无缝铜管屏蔽。

（3）测量系统须用双层屏蔽箱屏蔽,电源线宜经隔离变压器和低通滤波器进入测量系统。

（4）为了提高信噪比,测量电缆前应加前置放大器。

3

——— **气体放电发展的理论研究方法** ———

理论上计算气体中的电子崩发展过程,主要是描述气体放电中的各种碰撞截面与电子能量分布的关系。一般可采用玻耳兹曼方程分析法(Boltzmann equation analysis,BEA)和蒙特卡罗(模拟)法(Monte-Carlo simulation,MCS)。两种方法各具优点,蒙特卡罗法计算精度高,以统计的方式求解出被研究气体(单一或混合)的电子能量分布,然后求出放电参数,但其计算量太大,因此使用受到限制。和蒙特卡罗法相比较,玻耳兹曼方程分析法计算量小,所费机时少,而且计算精度也较高。

3.1 气体放电中的蒙特卡罗模拟

虽然气体放电可以用微积分的玻耳兹曼方程描述,但一般求解它是 7 维空间的问题,至今毫无办法,故运算只能是在简化方程的基础上进行。而蒙特卡罗法就可解它,采用的办法是先将玻耳兹曼方程化为等价的积分方程,求出积分方程的 Neumann 形式级数解。而级数的不同项实际上是不同重数的多重积分。为此可设计随机游动模型,模拟电子和离子在气体中的运动方程,即由计算机产生一些随机数来模拟电子崩的发展。但是这种方法的前提条件也是必须已知各类碰撞截面。而且因为蒙特卡罗法为一个随机过程,一次模拟不能得出正确的结论,必须重复多次运算,以增大样本容量来减少随机误差,这样必然要占用大量的机时。

3.1.1 蒙特卡罗法简介

蒙特卡罗法,又称随机抽样或统计试验方法,属于计算数学的一个分支,它是在 20 世纪 40 年代中期为了适应当时原子能事业的发展而发展起来的。传统的经验方法由于不能逼近真实的物理过程,很难得到满意的结果,而蒙特卡罗法由于能够真实地模拟实际物理过程,故解决问题与实际非常符合。在计算机模拟气体放电过程的方法中,广泛采用蒙特卡罗法编写程序来解决粒子输运问题,比较容易得到自己想得到的任意中间结果,应用灵活性强。Itoh 和 Musha 早在 1960 年用蒙特卡罗法模拟电子在气体中的运动过程,从而得到气体放电参数。Skullerud 提出空碰撞技术,广泛应用在蒙特卡罗法中,提高了计算速度。蒙特卡罗法的解题步骤归结如下:构造一个概率空间(Ω, A, P),其中 Ω 是一个事件集合,A 是集合 Ω 的子集的 σ 体,P 是在 A 上建立的某个概率测度;在这个概率空间中,电场强度为 E,任取一个随机变量 $\theta(\omega)$,$\omega \in \Omega$,使得这个随机变量的期望值:

$$\Theta = E\theta(\omega) = \int_\Omega \theta(\omega) P\mathrm{d}\omega \qquad (3-1)$$

正好是所求的解 Θ,然后利用 $\theta(\omega)$ 的简单子样的算术平均值作为 Θ 的近似值。

蒙特卡罗法常常以随机变量 $\theta(\omega)$ 的简单子样 $\theta(\omega_1)$,$\cdots$,$\theta(\omega_n)$ 的算术平均值

$$\overline{\theta}_N = \frac{1}{N} \sum_{n=1}^{N} \theta(\omega_n) \qquad (3-2)$$

作为所求解 Θ 的近似值。

由加强大数定律可知,如果随机变数序列 $\{\theta(\omega_n), n = 1, 2, \cdots\}$ 相互独立、同分布且数学期望值存在,则有

$$P(\lim_{N\to\infty} \overline{\theta}_N = \Theta) = 1 \qquad (3-3)$$

即 $\overline{\theta}_N$ 以概率 1 收敛到 Θ。

因此,在蒙特卡罗法中,随机变量 $\theta(\omega)$ 的简单子样的算术平均值为 $\overline{\theta}_N$,当 $N \to \infty$ 时,以概率 1 收敛到 Θ。

3.1.2　气体电子崩发展的蒙特卡罗模拟模型

在气体放电的发展过程中,电子崩的发展主要受到电场力的作用。从宏观上看,电子在气体中的运动轨迹是曲线;从微观上来讲,电子在气体中的运动本身具有随机的性质。一个在电极表面或放电空间中产生的自由电子,如何及何时与气体分子碰撞都是偶然的,但是有一定的概率分布;而且电子同气体分子的碰撞过程本身也是一个随机事件,可能发生的碰撞有弹性碰撞、激发碰撞、电离碰撞、附着碰撞以及和多元分子还可能发生中性分解碰撞等,每种碰撞过程的发

生都具有一定的概率分布。

这里以电子在平板均匀电场中运动的过程,来描述蒙特卡罗模拟法。模拟过程大致有三个过程,即源分布抽样过程(产生粒子的初始状态)、空间、能量和方向的随机游动过程和记录分析结果的过程。首先介绍状态参数和状态序列的概念。

状态参数,电子在气体中运动的状态,可用一组参数来描述,包括电子的空间位置、能量、运动方向和时间:

$$S = (r, \varepsilon, \Omega, t) \tag{3-4}$$

式中,r 是电子空间位置矢量,ε 是电子能量,Ω 是电子的运动方向,t 是电子的运动时间,则碰撞后的状态参数如下所示:

$$S_n = (r_n, \varepsilon_n, \Omega_n, t_n) \tag{3-5}$$

式中,r_n 是电子第 n 次碰撞点的位置,ε_n 是电子第 n 次碰撞后的能量,Ω_n 是电子第 n 次碰撞后的运动方向,t_n 是电子在第 n 次碰撞时经历的时间。

状态序列,一个由源出发的电子,在气体中运动,一般要经历若干次碰撞(弹性、激发、电离、附着以及中性分解碰撞),电子在气体中的运动过程,可以用以下碰撞点的状态序列来描述:

$$S_0, S_1, \cdots, S_{n-1}, S_n \tag{3-6}$$

这里 S_0 是从源发出的电子初始状态,S_n 是终止状态。可以用一个矩阵来表示:

$$\begin{pmatrix} r_0, & r_1, & \cdots, & r_{n-1}, & r_n \\ \varepsilon_0, & \varepsilon_1, & \cdots, & \varepsilon_{n-1}, & \varepsilon_n \\ \Omega_0, & \Omega_1, & \cdots, & \Omega_{n-1}, & \Omega_n \\ t_0, & t_1, & \cdots, & t_{n-1}, & t_n \end{pmatrix} \tag{3-7}$$

式(3-6)和式(3-7)可以称为电子在气体中的随机运动历史。

3.1.2.1 单一气体电子崩发展的蒙特卡罗模拟模型

运动过程的模拟和记录结果包括:①初始状态 S_0 的确定;②确定下一碰撞点;③确定碰撞性质;④确定碰撞后的方向 Ω_{n+1};⑤确定碰撞后的能量 ε_{n+1};⑥记录结果。

1) 初始状态 S_0 的确定

设电子的空间、能量和方向分布为

$$S(r_0, \varepsilon_0, \cos\alpha_0) = S_1(r_0)S_2(\varepsilon_0)S_3(\cos\alpha_0) \qquad (3-8)$$

源分布常常归一到单位源强度,即

$$\iiint S(r_0, \varepsilon_0, \cos\alpha_0)\mathrm{d}r_0\mathrm{d}\varepsilon_0\mathrm{d}\cos\alpha_0 = 1 \qquad (3-9)$$

表示源分布 $S(r_0, \varepsilon_0, \cos\alpha_0)$ 是一个概率密度函数,从源发射的一个电子,就是由源分布抽样得到的。

2) 确定下一碰撞点

由于两次碰撞之间电子运动路径是弯向电场方向的抛物线,在电场作用下加速获得能量。这里对它的运动轨迹用折线来近似描述,用 L 表示折线的长度。已知状态参数 S_n 来确定下次碰撞点 S_{n+1},则第 $n+1$ 次碰撞点的位置 r_{n+1} 近似为

$$r_{n+1} = r_n + L\Omega_n \qquad (3-10)$$
$$x_{n+1} = x_n + Lu_n$$
$$y_{n+1} = y_n + Lv_n$$
$$z_{n+1} = z_n + Lw_n$$

式中,u_n、v_n、w_n 是 Ω_n 的方向余弦,L 为两次碰撞点的距离,它由分布

$$\sum_{\mathrm{t}}(r_n + L\Omega_n, \varepsilon_n)\exp\left\{-\int_0^L \sum_{\mathrm{t}}(r_n + l\Omega_n, \varepsilon_n)\mathrm{d}l\right\}\eta(L) \qquad (3-11)$$

抽样确定。通常先由自由程分布

$$\mathrm{e}^{-\rho}, \ \rho \geqslant 0 \qquad (3-12)$$

抽样 ρ,再由关系式

$$\rho = \int_0^L \sum_{\mathrm{t}}(r_n + l\Omega_n, \varepsilon_n)\mathrm{d}l \qquad (3-13)$$

解出 L。ρ 的抽样结果是

$$\rho = -\ln R \qquad (3-14)$$

式中,R 是均匀分布在 $[0, 1]$ 中的随机数。对于均匀介质,可以得出:

$$L = \frac{\rho}{\sum_{\mathrm{t}}(\varepsilon_n)} = -\ln R / \sum_{\mathrm{t}}(\varepsilon_n) \qquad (3-15)$$

式中,$\sum_{\mathrm{t}}(\varepsilon_n)$ 是电子能量为 ε_n 时,气体分子的宏观总截面。

3）确定碰撞性质

对于单一气体，电子与气体分子可能会发生弹性、振动、激发、附着、电离和中性分解等碰撞，这时需要判断发生哪种碰撞，设它的微观截面为 Q_m、Q_{ev}、Q_{ex}、Q_{at}、Q_{ion} 和 Q_{nd}，则气体分子的宏观总截面为

$$Q_t(\varepsilon_n) = Q_m(\varepsilon_n) + Q_{ev}(\varepsilon_n) + Q_{ex}(\varepsilon_n) + Q_{at}(\varepsilon_n) + Q_{ion}(\varepsilon_n) + Q_{nd}(\varepsilon_n)$$

$$(3-16)$$

电子与气体发生各种性质碰撞的概率为

$$P_j = Q_j(\varepsilon_n)/Q_t(\varepsilon_n)$$

$$\sum P_j = 1 \qquad (3-17)$$

式中，j 代表气体的各种微观碰撞截面。用标准抽样法，确定气体发生碰撞的性质。

4）确定碰撞后的方向 Ω_{n+1}

如果能确定碰撞前后的方向夹角，即散射角 θ_L 和散射方位角 φ，就可以确定 Ω_{n+1} 的方向余弦。φ 是碰撞后的方向 Ω_{n+1} 偏离碰撞前 Ω_n 所在的固定平面的角度，均匀分布在 $[0, 2\pi]$，则 Ω_{n+1} 的方向余弦按如下确定：

$$u_{n+1} = \frac{(-bcw_n u_n - bdv_n)}{\sqrt{1-w_n^2}} + au_n$$

$$v_{n+1} = \frac{(-bcw_n v_n + bdu_n)}{\sqrt{1-w_n^2}} + av_n \qquad (3-18)$$

$$w_{n+1} = bc\sqrt{1-w_n^2} + aw_n$$

式中，$a = \cos\theta_L$，$b = \sin\theta_L = \sqrt{1-a^2}$，$c = \cos\varphi$，$d = \sin\varphi$。

当 $1-w_n^2 \rightarrow 0$ 时，不能应用上式，可应用下面简单公式：

$$u_{n+1} = \sin\theta_L \cos\varphi$$

$$v_{n+1} = \sin\theta_L \sin\varphi \qquad (3-19)$$

$$w_{n+1} = \cos\theta_L w_n$$

5）确定碰撞后的能量 ε_{n+1}

碰撞后的能量 ε_{n+1}，一般与碰撞前后粒子运动方向间的夹角有关。电子与气体分子可能发生弹性、振动、激发、附着、电离和分解等碰撞。如果发生附着碰撞，则此电子的模拟结束；如果为弹性碰撞，碰撞后的能量 ε_{n+1} 为

$$\varepsilon_{n+1} = \frac{\varepsilon_n}{2} \left[(1+\bar{r}) + (1-\bar{r}) \cos \theta_L \right] \tag{3-20}$$

$$\bar{r} = \left(\frac{A-1}{A+1} \right)^2 \tag{3-21}$$

式中，A 是气体分子质量与电子质量之比，将式(3-21)代入式(3-20)，得

$$
\begin{aligned}
\varepsilon_{n+1} &= \frac{\varepsilon_n}{2} \left\{ \left[1 + \left(\frac{A-1}{A+1} \right)^2 \right] + \left[1 - \left(\frac{A-1}{A+1} \right)^2 \right] \cos \theta_L \right\} \\
&= \frac{\varepsilon_n}{2} \left[\frac{2A^2+2}{(A+1)^2} + \frac{4A}{(A+1)^2} \cos \theta_L \right] \\
&= \frac{\varepsilon_n}{2} \left[\frac{2(A+1)^2 - 4A}{(A+1)^2} + \frac{4A}{(A+1)^2} \cos \theta_L \right] \\
&= \varepsilon_n \left[1 - \frac{2A}{(A+1)^2} (1 - \cos \theta_L) \right]
\end{aligned}
\tag{3-22}
$$

电子质量 m_e 为 $9.109\,534 \times 10^{-31}\,\text{kg}$，而气体分子质量 M 的数量级最小为 $10^{-27}\,\text{kg}$，由于 $A = M/m_e \approx 10^4 \gg 1$，上式可简化为

$$\varepsilon_{n+1} = \varepsilon_n \left[1 - \frac{2}{A}(1 - \cos \theta_L) \right] = \varepsilon_n \left[1 - \frac{2m_e}{M}(1 - \cos \theta_L) \right] \tag{3-23}$$

对于发生电离碰撞，则旧电子能量为

$$\varepsilon_{n+1} = (\varepsilon_n - \Delta\varepsilon_{\text{ion}})(1-R) \tag{3-24}$$

新产生的二次电子的能量为

$$\varepsilon'_{n+1} = (\varepsilon_n - \Delta\varepsilon_{\text{ion}})R \tag{3-25}$$

式中，$\Delta\varepsilon_{\text{ion}}$ 为发生电离碰撞的阈值能量，R 是均匀分布在 $[0,1]$ 中的随机数。而对于其他的碰撞：

$$\varepsilon_{n+1} = \varepsilon_n - \Delta\varepsilon_i \tag{3-26}$$

式中，$\Delta\varepsilon_i$ 分别为振动、激发和分解等碰撞的阈值能量。

以上模拟电子的运动过程，可分为两大步：第一步是由源分布来确定电子的初始状态 S_0；第二步是由 S_n 来确定 S_{n+1}。第二步又可分为两个过程：第一是在空间位置上的变化，称为空间输运过程；第二是由 ε_n、$\cos \alpha_n$ 来确定 ε_{n+1}、$\cos \alpha_{n+1}$，称为碰撞过程。以后就重复这两种过程，直到模拟结束。

6) 记录结果

对于每一个电子运动的历史过程，如式(3-6)和式(3-7)所示，它可能运动

到模拟的截止时间,也可能被附着。对模拟过程中需要得到的量,按其状态的空间、能量、方向和时间特征分别记录下来,将这些记录结果按要求处理即可。

3.1.2.2　混合气体电子崩发展的蒙特卡罗模拟模型

对于混合气体电子崩发展的蒙特卡罗模拟模型,与单一气体模型相比基本相同,不同之处是:首先判断与哪种气体分子发生碰撞,然后再判断发生哪种性质的碰撞;其余部分一致。假如是由气体1和2组成的二元混合气体,有

$$\sum_{t}(\varepsilon_n) = \sum_{t}^{1}(\varepsilon_n) + \sum_{t}^{2}(\varepsilon_n) \tag{3-27}$$

$\sum_{t}^{1}$ 和 $\sum_{t}^{2}$ 分别是气体分子1和2的宏观总截面,定义如下:

$$\sum_{t}^{i}(\varepsilon_n) = N_i \cdot Q_t^i(\varepsilon_n) \tag{3-28}$$

式中,N 是气体 $i(i=1,2)$ 的分子数密度,Q_t^i 是气体 $i(i=1,2)$ 的微观总截面,即弹性、振动、激发、电离、附着和中性分解等碰撞截面的总和。这样对于二元混合气体,电子与气体分子1和2发生碰撞的概率分别是:

$$P_1 = \sum_{t}^{1}(\varepsilon_n) / \sum_{t}(\varepsilon_n)$$
$$P_2 = \sum_{t}^{2}(\varepsilon_n) / \sum_{t}(\varepsilon_n) \tag{3-29}$$
$$P_1 + P_2 = 1$$

用标准抽样法,确定与哪种气体发生碰撞。

电子与气体分子可能会发生弹性、振动、激发、附着、电离和中性分解等碰撞,这时需要判断碰撞的性质,设它们的微观截面为 Q_m、Q_{ev}、Q_{ex}、Q_{at}、Q_{ion} 和 Q_{nd},则

$$Q_t^i(\varepsilon_n) = Q_m^i(\varepsilon_n) + Q_{ev}^i(\varepsilon_n) + Q_{ex}^i(\varepsilon_n) + Q_{at}^i(\varepsilon_n) + Q_{ion}^i(\varepsilon_n) + Q_{nd}^i(\varepsilon_n)$$
$$\tag{3-30}$$

式中,$i(i=1,2)$ 分别代表气体1和2。电子与气体 i 发生各种性质碰撞的概率为

$$P_{i,j} = Q_j^i(\varepsilon_n) / Q_t^i(\varepsilon_n)$$
$$\sum P_{i,j} = 1 \tag{3-31}$$

式中,j 代表气体的各种碰撞截面。用标准抽样法,确定气体发生碰撞的性质。

3.1.2.3　单一气体电子崩发展的蒙特卡罗模型的建立

本节结合图3-1所示的蒙特卡罗模拟气体放电的流程图,具体说明此方法程序的编写。采用 C 语言编写,运行速度快。

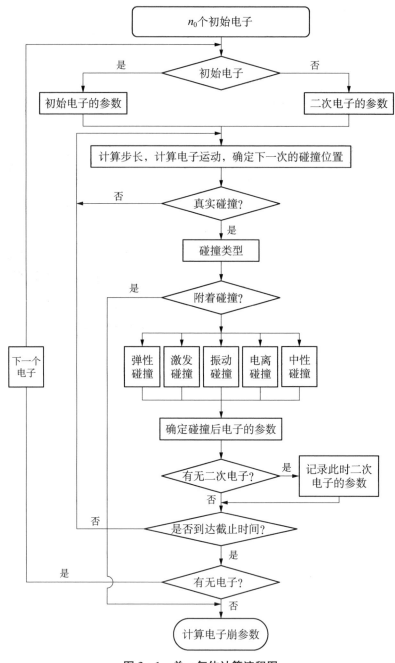

图 3-1　单一气体计算流程图

在主程序中包含在[0, 1]中产生均匀分布的随机数子程序和插值子程序。以下所用的 $R_m(R_m, m = 1, 2, 3, \cdots)$ 是均匀分布在[0, 1]上的随机数,在下面各公式中不再说明。

1) 模拟电子的初始化

模拟过程假定气体中带电粒子的密度都很低,从而可以不考虑带电粒子之间的库仑作用,分子之间不发生化学作用。模拟气体放电条件:压强 p 为 133.322 Pa,温度为 20℃,气体分子数密度 $N = 3.29 \times 10^{22}$ m^{-3} [由式(3-32)计算得到],电场 E 方向与 z 轴相反

$$N = \frac{p}{k_B T} \tag{3-32}$$

式中,p 是压强(单位为 Pa),k_B 是玻耳兹曼常数,$k_B = 1.38 \times 10^{-23}$ J/K,T 是温度(单位为 K)。

首先判断此电子是初始电子还是二次电子。如果是初始电子,假设在 $t = 0$ 时,能量为 $\varepsilon_0 = 1.0$ eV 的 n_0 个初始电子以各向同性分布从阴极表面出发,出发点设为坐标原点($x_0 = 0$,$y_0 = 0$,$z_0 = 0$)。这些初始电子进入电场的方向角 α 和 φ 随机决定于以下余弦分布:

$$\cos \alpha = 2R_1 - 1 \tag{3-33}$$

$$\varphi = 2\pi R_2 \tag{3-34}$$

φ 均匀分布在 $[0, 2\pi]$ 上。在实验情况下,由于初始电子只能进入两电极间隙中,对于在 z 轴的分速度与 z 轴方向相反的初始电子可以舍去,则初始电子的初始速度为

$$V_0 = \sqrt{2\varepsilon_0 \frac{e}{m}} \tag{3-35}$$

式中,ε_0 是电子的初始能量,e/m 是荷质比。

如果是二次电子,则将产生电离碰撞后生成的二次新电子位置、能量、方向和时间记录下来,直接作为其初始参数。

对于选定每种气体的碰撞截面数据,以矩阵或拟合多项式的形式出现在程序里,对点截面根据能量 ε 用插值法来得到相应的截面数据。

2) 空碰撞技术(null technique)

电子在电场中飞行时间有四种计算方法:①自由飞行时间;②平均碰撞距离模型;③平均碰撞时间模型;④空碰撞技术。这里采用了空碰撞技术,此方法是对前三种方法的改进,提高计算速度。在电子的运动过程中,不仅发生真实碰撞,还发生空碰撞。在确定了气体的碰撞截面组后,由电子的能量 ε 就可得到对

应的截面数据和速度,按照下式就可以找到碰撞频率的最大值 $\upsilon_{\max}$:

$$\upsilon_{\max} = \max[NQ_t(\varepsilon) \mid V(\varepsilon) \mid] \qquad (3-36)$$

式中,N 是气体总的分子数密度,$Q_t(\varepsilon)$ 是气体分子的宏观总截面,$V(\varepsilon)$ 是电子速度,ε 是电子能量。那么自由飞行时间可由下式得到:

$$\Delta t = -(\ln R_3/\upsilon_{\max}) \qquad (3-37)$$

电子在 z 轴方向受到电场力的作用,在 z 轴方向做匀加速运动,从电场中获得能量。电子在自由飞行时间 Δt 内遵守能量守恒定律,运动到第 $n+1$ 个 Δt 时间点的位移、速度和能量由以下方程决定:

$$
\begin{aligned}
&a = eE/m \\
&x_{n+1} = x_n + V_{nx}\Delta t \\
&y_{n+1} = y_n + V_{ny}\Delta t \\
&z_{n+1} = z_n + V_{nz}\Delta t + \frac{1}{2}a(\Delta t)^2 \\
&V_{(n+1)x} = V_{nx} \\
&V_{(n+1)y} = V_{ny} \\
&V_{(n+1)z} = V_{nz} + a\Delta t \\
&\varepsilon_{(n+1)} = \varepsilon_n + eEz_{n+1}/(1.602\,189 \times 10^{-19})
\end{aligned}
\qquad (3-38)
$$

式中,a 为电子的加速度,E 是电场强度,电子电荷量 $e = 1.602\,07 \times 10^{-19}$ C,ε 是电子能量(单位 eV,1 eV = $1.602\,189 \times 10^{-19}$ J)。

3) 确定碰撞类型

在电子每运动完 Δt 时间,这时判断电子与气体分子发生真实或空碰撞。对于单一气体,即由下式所表示的概率判断:

$$
\begin{aligned}
&\upsilon_{\text{real}} = N \mid V(\varepsilon) \mid Q_t(\varepsilon) \\
&P_{\text{real}} = \upsilon_{\text{real}}/\upsilon_{\max}
\end{aligned}
\qquad (3-39)
$$

式中,υ_{real} 是真实碰撞频率,P_{real} 是发生真实碰撞的概率。如果 $P_{\text{real}} > R_4$,则发生真实碰撞,否则为空碰撞。如果发生空碰撞,电子将保持运动方向不发生改变,继续下一个 Δt 时间的运动,再重复上面碰撞过程的判断。

电子与气体分子可以发生多种碰撞,如弹性、振动、激发、电离、附着和分解等碰撞,气体分子的宏观总截面为

$$Q_t(\varepsilon) = Q_m(\varepsilon) + Q_{ev}(\varepsilon) + Q_{ex}(\varepsilon) + Q_{at}(\varepsilon) + Q_{ion}(\varepsilon) + Q_{nd}(\varepsilon) \qquad (3-40)$$

由下式来判断碰撞的性质：

$$P_j = Q_j(\varepsilon)/Q_t(\varepsilon)$$
$$\sum P_j = 1 \tag{3-41}$$

式中，$Q_j(\varepsilon)$分别代表气体的第j个微观碰撞截面（$j = 1, 2, 3, \cdots$，包括弹性、激发、振动、附着、电离和中性分解等碰撞）。如果

$$P_1 + P_2 + \cdots + P_{j-1} \leqslant R_5 \leqslant P_1 + P_2 + \cdots + P_j \tag{3-42}$$

则第j个碰撞过程发生。

4）碰撞后的运动方向和能量

电子发生碰撞后，电子运动方向和能量会发生改变，如果发生附着碰撞，此电子的模拟结束。对于碰撞后方向，在各向同性的情况下，各向同性散射角余弦$x = \cos \alpha$遵从如下分布：

$$f(x) = \begin{cases} \dfrac{1}{2}, & -1 \leqslant x \leqslant 1 \\ 0, & \text{其他点} \end{cases} \tag{3-43}$$

对于各向同性散射角余弦分布的直接抽样方法如下：

$$\cos \alpha = 2R_6 - 1$$
$$\sin \alpha = (1 - \cos^2 \alpha)^{1/2} = \sqrt{[1 - (2R_6 - 1)^2]} \tag{3-44}$$

各向同性散射方位角余弦$x = \cos \varphi$遵从如下分布：

$$f(x) = \begin{cases} \dfrac{1}{\pi} \dfrac{1}{\sqrt{1-x^2}}, & -1 \leqslant x \leqslant 1 \\ 0, & \text{其他点} \end{cases} \tag{3-45}$$

对此分布的直接抽样方法如下：

$$\cos \varphi = \cos 2\pi R_7$$
$$\varphi = 2\pi R_7 \tag{3-46}$$

这时可以确定各向同性散射的方向$\Omega = ui + vj + wk$，根据下面公式：

$$u = \sin \alpha \cos \varphi$$
$$v = \sin \alpha \sin \varphi \tag{3-47}$$
$$w = \cos \alpha$$

碰撞之后再按照相应的算法确定带电粒子的能量和速度。如果发生附着碰撞(电负性气体),则电子模拟过程结束。如果发生弹性碰撞,电子的能量几乎不变,则按下式计算碰撞后电子的能量:

$$\varepsilon_1 = \varepsilon \left[1 - \frac{2m_e}{M}(1 - \cos \alpha) \right] \qquad (3-48)$$

如果发生非弹性碰撞,则按下式计算碰撞后电子的能量:

$$\varepsilon_1 = \varepsilon - \Delta\varepsilon_j \qquad (3-49)$$

式中,ε 是碰撞前电子能量,$\Delta\varepsilon_j$ 是每一非弹性碰撞的阈值能量,ε_1 是碰撞后的能量。对于发生电离碰撞,则旧电子能量为

$$\varepsilon_1 = (\varepsilon_n - \Delta\varepsilon_{ion})(1 - R_8) \qquad (3-50)$$

新产生的二次电子的能量为

$$\varepsilon_1' = (\varepsilon_n - \Delta\varepsilon_{ion})R_8 \qquad (3-51)$$

式中,$\Delta\varepsilon_{ion}$ 为发生电离碰撞的阈值能量。将二次电子此时的位置、能量、速度和时间用存储数组记录下来。旧电子模拟结束后,接着模拟其产生的二次电子,这样可以减少数据存储空间。电子碰撞后的速度及在 x、y、z 轴上的速度分量由下式得出:

$$\begin{aligned}
V &= \sqrt{2\varepsilon_1 \frac{e}{m}} \\
V_x &= V\sin\alpha\cos\varphi \\
V_y &= V\sin\alpha\sin\varphi \\
V_z &= V\cos\alpha
\end{aligned} \qquad (3-52)$$

在每一步的模拟过程中,将所需的变量记录下来。最后将电子的运动时间累加起来,达到预定的模拟截止时间,则此电子的模拟过程结束。当所有旧电子和新产生的二次电子的运动时间达到预定的模拟截止时间,整个的模拟过程结束。

5) 记录数据的抽样和计算

所有的电子模拟结束后,要对记录的结果抽样处理。不同的实验方法对应不同的抽样方法。常用方法有 SST 实验、TOF 实验和 PT 实验的处理方法,而这里是针对 PT 实验的模拟,所以给出 PT 实验对结果的处理方法,电子的特性和它在电子崩中的位置有关,按下式抽样:

$$\bar{\xi}(t) = \frac{\int_{-\infty}^{\infty}\int_{0}^{\infty}\xi F(\varepsilon, x, t)\mathrm{d}\varepsilon\mathrm{d}x}{\int_{-\infty}^{\infty}\int_{0}^{\infty}F(\varepsilon, x, t)\mathrm{d}\varepsilon\mathrm{d}x} = \frac{1}{N_t}\sum_{n=1}^{N_t}\xi_i \tag{3-53}$$

式中，ξ_i 是 t 时刻对电子崩中的第 i 个电子的抽样，N_t 是 t 时刻电子崩中的电子总数。电离系数密度比 α/N 和附着系数密度比 η/N 按下式计算：

$$\alpha/N = \frac{1}{N}\frac{\ln[(n^+/n_0)+1]}{\bar{z}} \tag{3-54}$$

$$\eta/N = \frac{n^-}{n^+}\alpha/N \tag{3-55}$$

有效电离系数密度比为 $(\alpha-\eta)/N$。

受到电场平衡区域的影响，虽然电子崩中的电子以自己的速度运动，但整个电子崩作为一个整体以漂移速度 V_e 沿电场方向运动。漂移速度 V_e 定义为电子崩中所有电子的平均速度。按下式计算：

$$V_e = \frac{\bar{z}}{t} \tag{3-56}$$

上述几个式子中，α 和 η 是电离和附着系数，N 是气体分子数密度，$\bar{z}$ 是在取样时间 t 内所有电子的平均位移，n^+ 和 n^- 是在时刻 t 产生的正离子和负离子数。在实际计算过程中，n^+、n^- 和 $\bar{z}$ 的取值如下：

（1）n^+，当电子与气体分子发生电离碰撞时，气体分子电离出一个正离子和一个电子，则将产生的正离子数累加，就是 n^+ 的值。

（2）n^-，当电子与气体分子发生附着碰撞时，电子被气体分子吸附形成负离子，则将发生附着碰撞的次数累加，就是 n^- 的值。

（3）$\bar{z}$，将所有达到预定模拟截止时间的初始电子和新产生的二次电子的总数记录下来，将它们的位移累加，那么 $\bar{z}$ 就等于位移和除以电子总数。

3.1.2.4　混合气体电子崩发展的蒙特卡罗模型的建立

在单一气体电子崩发展的蒙特卡罗模型的基础上，阐述混合气体电子崩发展的蒙特卡罗模型的建立，流程图如图 3-2 所示。以下所用的 R_m（R_m，$m=1$，2，3，…）是均匀分布在 $[0, 1]$ 上的随机数，在下面各公式中不再说明。

从图 3-2 可以看出在判断是否发生真实碰撞之后，首先判断与哪种气体分子发生碰撞，然后再判断发生哪种性质的碰撞，其他模拟流程与单一气体的相同，本节只给出不同之处，其余相同部分不再重复。在确定了混合气体的碰撞截面组后，由电子的能量 ε 就可得到对应的截面数据和速度，按照下式就可以找到

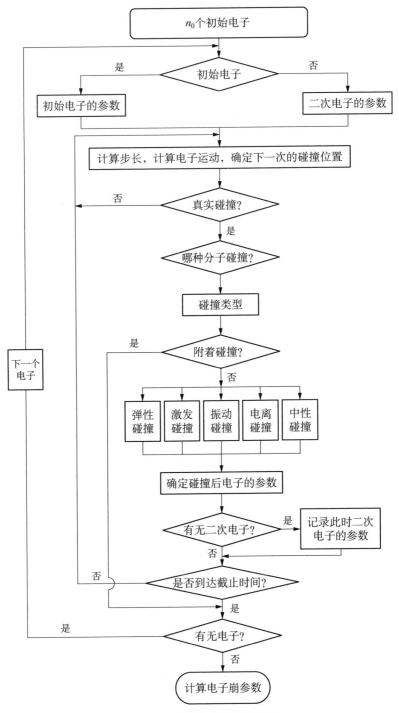

图 3－2　混合气体计算流程图

碰撞频率的最大值 v_{max}:

$$v_{max} = \max[N_1 Q_t^1(\varepsilon) \mid V(\varepsilon) \mid + N_2 Q_t^2(\varepsilon) \mid V(\varepsilon) \mid]$$
$$N_1 = kN \tag{3-57}$$
$$N_2 = (1-k)N$$

式中,N_1 和 N_2 分别是气体 1 和 2 的分子数密度,Q_t^1 和 Q_t^2 是气体 1 和 2 的宏观总截面,k 是混合比,指耐电强度较高的气体在混合气体中所占的分压力之比。那么自由飞行时间可由下式得到:

$$\Delta t = -(\ln R_3 / v_{max}) \tag{3-58}$$

在电子每运动完 Δt 时间,这时判断电子与气体分子发生真实或空碰撞。对于二元混合气体,在模拟过程中对碰撞过程的处理分三步进行,首先由式(3-58)所表示的概率判断是否发生真实碰撞:

$$v_{real} = \mid V(\varepsilon) \mid [N_1 Q_t^1(\varepsilon) + N_2 Q_t^2(\varepsilon)]$$
$$P_{real} = v_{real} / v_{max} \tag{3-59}$$

式中,v_{real} 是真实碰撞频率,P_{real} 是发生真实碰撞的概率。如果 $P_{real} > R_4$,则发生真实碰撞,否则为空碰撞。如果发生空碰撞,电子将保持运动方向不发生改变,继续下一个 Δt 时间的运动。

如果发生真实碰撞,则第二步确定和哪种气体分子发生碰撞:

$$v_{m,1} = \max[N_1 Q_t^1(\varepsilon) \mid V(\varepsilon) \mid]$$
$$v_{m,2} = \max[N_2 Q_t^2(\varepsilon) \mid V(\varepsilon) \mid] \tag{3-60}$$
$$v_{max} = v_{m,1} + v_{m,2}$$

由下面式子来判断和哪种气体分子发生碰撞的概率:

$$P_1 = v_{m,1} / v_{max}$$
$$P_2 = v_{m,2} / v_{max} \tag{3-61}$$
$$P_1 + P_2 = 1$$

式中,$v_{m,1}$ 和 $v_{m,2}$ 分别是气体 1 和 2 的最大碰撞频率,v_{max} 为 $v_{m,1}$ 和 $v_{m,2}$ 之和。如果 $P_1 > R_5$,则跟气体 1 发生碰撞,否则跟气体 2 发生碰撞。

第三步确定电子与气体分子发生哪种碰撞,如弹性、振动、激发、电离、附着和中性分解等碰撞,每种气体分子的宏观总截面为

$$Q_t^i(\varepsilon) = Q_m^i(\varepsilon) + Q_{ev}^i(\varepsilon) + Q_{ex}^i(\varepsilon) + Q_{at}^i(\varepsilon) + Q_{ion}^i(\varepsilon) + Q_{nd}^i(\varepsilon) \tag{3-62}$$

式中，Q_t^i 分别为气体 1 和 2 的宏观总截面。由下式来判断发生碰撞的性质：

$$P_{i,j} = Q_j^i(\varepsilon)/Q_t^i(\varepsilon)$$
$$\sum P_{i,j} = 1$$

$$(3-63)$$

式中，$Q_j^i(\varepsilon)$ 分别代表气体 1 和 2 的第 j 个微观碰撞截面（$j=1,2,3,\cdots$，包括弹性、激发、振动、附着、电离和中性分解等碰撞）。如果下列不等式成立：

$$P_{i,1} + P_{i,2} + \cdots + P_{i,j-1} \leqslant R_6 \leqslant P_{i,1} + P_{i,2} + \cdots + P_{i,j} \quad (3-64)$$

则第 j 个碰撞过程发生。

3.1.3 常见气体放电参数的蒙特卡罗模拟

碰撞截面与电子的能量有关，数量很多、种类繁多且非常复杂，碰撞截面一般由实验测得，大多数研究者只测出了某种或几种截面，系统性较差并且采用实验方法各异，得出的截面也相差较大。而在蒙特卡罗计算中，截面数据的分析处理是非常重要的。根据物理假设和问题的特点，在蒙特卡罗计算中，可按点截面和分段截面两种方法选取截面数据。

下面以 SF_6 为例，对气体进行截面数据分析。以下所有碰撞截面的单位为 $10^{-20}\ m^2$，能量 ε 的单位为 eV。

1）SF_6 的碰撞截面

SF_6 的动量传输、振动激发（阈值能量为 0.095 eV）和附着（包括 SF_6^-、SF_5^-、F^-、SF_4^- 和 F_2^- 离子）截面采用 Itoh 的测量数据，电子激发（阈值能量为 9.8 eV）截面采用 Yoshizawa 的测量数据，电离（阈值能量为 15.8 eV）截面采用 Rejoub 的测量数据，将这组截面作为初始截面。在 SF_6 电子崩参数的计算中，用到如下所示的各截面的数据点及拟合函数式。

（1）SF_6 的动量传输碰撞截面 Q_m：

$$Q_m = \begin{cases} -2.258\varepsilon^3 + 11.55\varepsilon^2 - 17.7\varepsilon + 16.02, & 0 < \varepsilon \leqslant 0.1 \\ -1.806\,4\varepsilon^3 + 9.24\varepsilon^2 - 14.16\varepsilon + 12.816, & 0.1 < \varepsilon \leqslant 1.61 \\ 0.990\,4 \times 10^{-3}\varepsilon^3 - 0.125\,04\varepsilon^2 + 1.933\,6\varepsilon + 3.584\,8, & 1.61 < \varepsilon \leqslant 3 \\ 1.8\exp(1.53 \times 10^{-4}\varepsilon^2 - 0.030\,5\varepsilon + 2.952), & 3 < \varepsilon \leqslant 74 \\ 13.9 \times 10^{(-0.003\varepsilon)}, & 74 < \varepsilon \leqslant 100 \end{cases}$$

$$(3-65)$$

（2）SF_6 的电子激发碰撞截面 Q_{ex}：

$$Q_{ex} = \begin{cases} 0, \varepsilon < 9.8 \\ 0.475\left(\dfrac{\varepsilon - 9.8}{8.2}\right)\exp\left(\dfrac{18 - \varepsilon}{8.2}\right), 9.8 \leqslant \varepsilon \leqslant 100 \end{cases} \tag{3-66}$$

(3) SF$_6$的振动激发碰撞截面 Q_{ev}：

$$Q_{ev} = \begin{cases} 0, \varepsilon < 0.095 \\ -0.547\,2\varepsilon^{-2} + 4.425/\varepsilon + 14.06, 0.095 \leqslant \varepsilon \leqslant 0.247 \\ \exp(11.19\varepsilon^3 - 13.91\varepsilon^2 + 4.663\varepsilon + 2.664), 0.247 < \varepsilon \leqslant 0.505 \\ \exp(0.316\,6\varepsilon^2 - 1.341\varepsilon + 3.509), 0.505 < \varepsilon \leqslant 1.03 \\ 22 \times 10^{(-0.264\,5\varepsilon)}, \varepsilon > 1.03 \end{cases}$$

$$\tag{3-67}$$

(4) SF$_6$的附着碰撞截面 Q_{at}（包括SF$_6^-$、SF$_5^-$、F$^-$、SF$_4^-$ 和 F$_2^-$ 离子）：

SF$_6^-$：

$$Q_{at1} = \begin{cases} 436 \times \{0.061\,7\varepsilon^{-0.5}\exp[-(\varepsilon/0.004\,5)^2] + \exp(-\varepsilon/0.055\,9)\}, 0 < \varepsilon \\ \quad \leqslant 0.14 \\ \exp(1.183\varepsilon^2 - 20.91\varepsilon + 6.477), 0.14 < \varepsilon \leqslant 0.974\,6 \end{cases}$$

$$\tag{3-68}$$

SF$_5^-$：

$$Q_{at2} = \begin{cases} 213.43\varepsilon^3 + 37.933\varepsilon^2 + 2.85\varepsilon, 0 < \varepsilon \leqslant 0.312 \\ 3\,276\varepsilon^3 - 4\,370.1\varepsilon^2 + 1\,876.7\varepsilon - 243.25, 0.312 < \varepsilon \leqslant 0.425 \\ -5.592\varepsilon^3 + 19.08\varepsilon^2 - 22.15\varepsilon + 8.751, 0.425 < \varepsilon \leqslant 1.05 \\ \exp(-10.42\varepsilon + 8.054), \varepsilon > 1.05 \end{cases}$$

$$\tag{3-69}$$

SF$_4^-$：

$$Q_{at4} = \begin{cases} 0, \varepsilon < 3.92 \\ \exp(-0.033\,3\varepsilon^4 + 7.573\varepsilon^3 - 71.09\varepsilon^2 + 296.4\varepsilon - 466.8), 3.92 \leqslant \varepsilon \\ \quad \leqslant 8.25 \\ 0, \varepsilon > 8.25 \end{cases}$$

$$\tag{3-70}$$

F$_2^-$：

$$Q_{at5} = \begin{cases} 0, \varepsilon < 1.5 \\ \exp(0.555\,4\varepsilon^3 - 9.613\varepsilon^2 + 52.832\varepsilon - 100.3), 1.5 < \varepsilon \leqslant 3.27 \\ \exp(0.121\,6\varepsilon^2 - 1.035\varepsilon - 9.723), 3.27 < \varepsilon \leqslant 10.6 \\ \exp(-1.114\varepsilon^2 + 25.12\varepsilon - 148) - 1.2 \times 10^{-4}, 10.6 < \varepsilon \leqslant 11.7 \\ \exp(-0.938\,6\varepsilon^2 + 21\varepsilon - 123.9), \varepsilon > 11.7 \end{cases}$$

$$(3-71)$$

F^-:

$$Q_{at3} = \begin{cases} 0, \varepsilon < 2.19 \\ -0.067\,04\varepsilon^2 + 0.342\,08\varepsilon - 0.427\,6, 2.19 < \varepsilon \leqslant 2.9 \\ 0, 2.9 < \varepsilon \leqslant 3.32 \\ 0.034\,04\varepsilon^3 - 0.296\,84\varepsilon^2 + 0.853\,2\varepsilon - 0.806\,4, 3.32 < \varepsilon \leqslant 4.27 \\ -0.061\,2\varepsilon^3 + 0.742\,4\varepsilon^2 - 2.765\,2\varepsilon + 3.110\,8, 4.27 < \varepsilon \leqslant 5.59 \\ -38.132 \times 10^{-4}\varepsilon^3 + 0.13\varepsilon^2 - 1.286\,4\varepsilon + 3.954, 5.59 < \varepsilon \leqslant 7.95 \\ -0.018\varepsilon^2 + 0.323\,48\varepsilon - 1.401\,6, 7.95 < \varepsilon \leqslant 9.73 \\ 0.053\,4\varepsilon^2 - 1.089\,6\varepsilon + 5.588, 9.73 < \varepsilon \leqslant 11.1 \\ -0.101\,32\varepsilon^2 + 2.320\,4\varepsilon - 13.2, 11.1 < \varepsilon \leqslant 11.8 \\ 4\exp(-1.264\varepsilon + 10.91), \varepsilon > 11.8 \end{cases}$$

$$(3-72)$$

(5) SF_6 的电离碰撞截面 Q_{ion} 如表 3-1 所示：

表 3-1 SF_6 的电离碰撞截面

ε	15.8	16.05	17.46	18.77	20.1	22.4	23.5	24.3	25.2	26.3	27.5	28.6
Q_{ion}	0	0.02	0.08	0.164	0.225	0.49	0.68	0.86	1.01	1.19	1.36	1.58
ε	29.8	31.6	37.5	41.3	45.3	51.04	59.8	65.5	73.78	84.16	91.68	100
Q_{ion}	1.76	2.28	3.21	3.53	3.88	4.41	5.05	5.38	5.69	6.1	6.22	6.5

将以上函数式及数据点绘制如图 3-3 所示。

2) SF_6 模拟的电子崩参数

SF_6 蒙特卡罗模拟的计算步骤：

(1) 将选择的碰撞截面作为初始截面组。

(2) 取 n_0(3 000)个初始电子，并对初始电子的能量、位置和速度初始化。

(3) 根据能量 ε 计算各截面，并求宏观截面和。

(4) 根据式(3-37)和式(3-39)，计算 Δt 和发生真实碰撞的概率。如发生

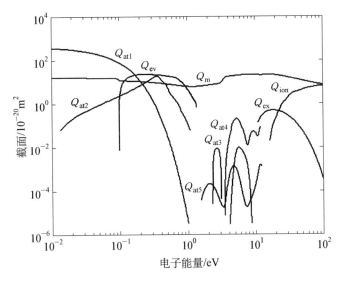

图 3 - 3　SF₆ 的碰撞截面：Q_m 动量传输截面，Q_{ev} 振动激发截面，Q_{ex} 电子激发截面，$Q_{at1} \sim Q_{at5}$ 附着截面，Q_{nd} 中性分解截面，Q_{ion} 电离截面

空碰撞，电子将保持运动方向不发生改变，继续下一个 Δt 时间的运动。如发生真实碰撞，则根据式(3 - 41)和式(3 - 42)判断电子与气体分子发生哪种碰撞（弹性、振动、激发、附着、电离或中性分解碰撞），如发生电离碰撞，将此时产生的新电子的参数存储。

（5）根据碰撞的性质，进行能量、速度和方向计算。

（6）将时间 Δt 累加，直到预定的截止时间，一个电子模拟结束；将所需要的量进行存储。

（7）将初始电子和新产生的电子都模拟完，按照式(3 - 54)、式(3 - 55)和式(3 - 56)计算电离系数密度比 α/N、附着系数密度比 η/N 和漂移速度，有效电离系数密度比 $(\alpha - \eta)/N$ 为电离系数密度比减去附着系数密度比。

（8）将所得有效电离系数和漂移速度与其他文献报道的实验数据比较，如结果不一致，按照修正截面的步骤进行截面修正，重新开始模拟；如结果比较一致，则模拟结束。

用这组截面模拟得到的有效电离参数密度比 $(\alpha - \eta)/N$ 和漂移速度 V_e 与实验数据进行比较，达到了较好的一致性，如图 3 - 4 所示。

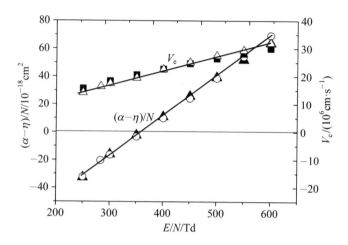

图 3-4　SF₆ 的有效电离参数密度比 $(\alpha-\eta)/N$ 和漂移速度 V_e 与 E/N 的关系

（▲）有效电离系数的实验数据；（○）有效电离系数的模拟数据；（■）漂移速度的实验数据；（△）漂移速度的模拟数据

3.2　气体放电参数的玻耳兹曼方程求解

3.2.1　玻耳兹曼方程简介

　　玻耳兹曼方程分析法就是在已知各种碰撞截面的条件下,运用玻耳兹曼方程来求解气体放电的微观参数。它是在由实验求得的、合适的各种碰撞截面等数据的基础上,通过求解玻耳兹曼方程,用一系列弹性碰撞和非弹性碰撞来描述气体中的电子崩发展过程,最终导出电子能量分布、电离系数、附着系数、漂移速度和扩散系数等参数,将求得的这些参数和实验值相比较,若两者相差甚远,则应修正各碰撞截面,直到理论值与实验值相符为止。

　　3.2.1.1　求解气体放电参数计算气体方法

$$\begin{cases} \alpha_m/N = F \cdot \alpha_1/N + (1-F)\alpha_2/N \\ \eta_m/N = F \cdot \eta_1/N + (1-F)\eta_2/N \end{cases} \tag{3-73}$$

　　式(3-73)是 Wieland 公式,其中,α_m、η_m 分别表示混合气体的电离系数及吸附系数。α_1、α_2、η_1、η_2 则分别表示组分气体的电离系数和吸附系数。F 为气体 1 占混合气体的体积比。根据放电的判据,$(\alpha_m-\eta_m)=0$ 时的场强为击穿场强,因此通过 α_1/N、α_2/N、η_1/N、η_2/N 和 E/N 的关系便可求出 $(\alpha_m-\eta_m)=0$

时的 E/N 值,即击穿场强密度比。N 为分子数密度。

$$\alpha_i/N = v_1 \int_0^\infty Q_{Ii}(\varepsilon')\varepsilon'^{1/2} f_i(\varepsilon')\mathrm{d}\varepsilon'/w_s$$

$$\eta_i/N = v_1 \int_0^\infty Q_{ati}(\varepsilon')\varepsilon'^{1/2} f_i(\varepsilon')\mathrm{d}\varepsilon'/w_s, \quad i = 1, 2, m \qquad (3-74)$$

$$w_s = -\frac{eE}{3N}v_1 \int_0^\infty \frac{\varepsilon'}{\alpha_{Ti}(\varepsilon')} \cdot \frac{\mathrm{d}f_i(\varepsilon')}{\mathrm{d}t}\mathrm{d}\varepsilon'$$

式中,$Q_{Ii}(\varepsilon')$、$Q_{ati}(\varepsilon')$、$Q_{Ti}(\varepsilon')$ 分别为单一或混合气体的电离碰撞截面、碰撞吸附截面以及总碰撞截面。$f_i(\varepsilon')$ 为单一或混合气体的电子能量分布。

由求得 α/N 及 η/N 的式(3-74)中可以看出:对于式(3-73),若能满足 $f_1(\varepsilon) = f_2(\varepsilon) = f_m(\varepsilon)$,则其结果是正确的,否则该式的使用范围将受到限制。Wieland 公式的另一不足在于必须事先知道 α_1/N、α_2/N、η_1/N、η_2/N 和 E/N 的关系后才能使用。

除此之外,有一种比上述经验公式稍微复杂一些的求法,即 Maxwell 算法,该算法是在假设电子能量分布函数 $f_i(\varepsilon)(i = 1, 2, m)$ 是 Maxwell 分布的基础上进行的:

$$f_i(\varepsilon) = 2\pi(\pi T_i)^{-3/2}\exp(-\varepsilon/kT_i) \cdot \varepsilon^{-1/2} \qquad (3-75)$$

式中,$T_i(i = 1, 2, m)$ 分别表示单一或混合气体的平均能量。组分气体的 T_1、T_2 和混合气体有一定的函数关系:$T_m = T(T_1, T_2)$,而 T_1、T_2 又与外加场强大小有关,因此 T_m 就可表示为场强的函数:

$$T_m(E/N, F) = T[T_1(E/N), T_2(E/N), F] \qquad (3-76)$$

将 $f_m(\varepsilon)$ 代入式(3-74)并根据击穿判据就可以求出在某一 E/N 时的放电参数 α_m/N、η_m/N 以及击穿场强 $(E/N)_{lim}$。但是由于事先很难确定 T_1、T_2 和外加场强的关系,而且用 Maxwell 分布表示电子能量分布是否正确也是一个问题,因此这种方法在使用中也受到一定的限制。

玻耳兹曼方程分析法是在一系列已知截面的基础上,求解玻耳兹曼方程得出气体的电子能量分布函数,再代入式(3-74)求出气体放电参数。

3.2.1.2 玻耳兹曼方程的求解

外电场作用下,描述气体中电子流的电子密度函数 $n(\varepsilon, x)$ 满足玻耳兹曼方程,在均匀电场条件下方程可以化简为

$$\frac{\partial}{\partial t}\int_0^\varepsilon n(\varepsilon', x, t)\mathrm{d}\varepsilon' = R_E + R_C + R_x \qquad (3-77)$$

式中,ε'、x 和 t 分别为能量、空间位置和时间变量,R_E、R_C 和 R_x 分别是由碰撞、外电场和密度梯度引起的通量。

$$R_C = \sqrt{\frac{2e}{m}}N\Big[\frac{2m}{M}Q_{\mathrm{m}}(\varepsilon)\varepsilon^{3/2}n(\varepsilon, x) +$$

$$\sum\int_{\varepsilon}^{\varepsilon+\varepsilon_{\mathrm{ex}}}\varepsilon'^{1/2}Q_{\mathrm{ex}}(\varepsilon')n(\varepsilon', x)\mathrm{d}\varepsilon' +$$

$$\int_0^1\Big(\int_{\varepsilon}^{[\varepsilon/(1-q)]+\varepsilon_i} + \int_0^{(\varepsilon/q)+\varepsilon_i}\Big)P(q, \varepsilon')\varepsilon'^{1/2}Q_{\mathrm{ion}}(\varepsilon')n(\varepsilon', x)_0\mathrm{d}\varepsilon'\mathrm{d}q\Big] -$$

$$N\sqrt{\frac{2e}{m}}\int_0^{\varepsilon}\varepsilon'^{1/2}Q_{\mathrm{at}}n(\varepsilon', x)\mathrm{d}\varepsilon' \tag{3-78}$$

$$R_E = -E_i(\varepsilon, x) \tag{3-79}$$

$$R_x = -\frac{\partial}{\partial x}\int_0^{\varepsilon}i(\varepsilon', x)\mathrm{d}\varepsilon' \tag{3-80}$$

$$i(\varepsilon, x) = -\frac{\varepsilon^{1/2}}{3NQ_{\mathrm{T}}(\varepsilon)}\sqrt{\frac{2e}{m}}\Big\{E\varepsilon^{1/2}\frac{\partial}{\partial\varepsilon}[n(\varepsilon, x)\varepsilon^{-1/2}] + \frac{\partial}{\partial x}n(\varepsilon, x)\Big\}$$

$$\tag{3-81}$$

$$Q_{\mathrm{t}}(\varepsilon) = Q_{\mathrm{m}}(\varepsilon) + Q_{\mathrm{ion}}(\varepsilon) + \sum Q_{\mathrm{ex}}(\varepsilon) + Q_{\mathrm{at}}(\varepsilon) \tag{3-82}$$

式中,ε 为电子能量;N 为气体分子数密度;m 为电子质量,等于 9.10939×10^{-31} kg;M 为气体分子质量;e 为电子电量,1.6×10^{-19} C;$\varepsilon_{\mathrm{ex}}$ 为激发初始能,等于 11.5 eV 或 12.0 eV;ε_i 为电离初始能,等于 15.69 eV;q 为碰撞电离后,投射电子和新生电子能量比;$P(q, \varepsilon)$ 为碰撞电离后,产生的两个电子按 $q/(1-q)$ 分配剩余能量($\varepsilon - \varepsilon_i$)的概率;$Q_{\mathrm{m}}$ 为动量转换截面;Q_{ion} 为电离截面;Q_{ex} 为激发截面;Q_{at} 为吸附截面;Q_{t} 为总的截面。

由式(3-78)可以看出,玻耳兹曼方程很复杂,因而到目前为止还无法以解析解的方式求出电子能量分布,比较典型的解法是数值解,而数值解又分为两种:数值微分法和积分变换法,下面将对这两种求解方法逐一介绍。

1) 数值微分法

在稳定汤逊实验 SST 中,对于电负性气体,平板电极间存在动态平衡区域,即 $n(\varepsilon, x)$ 满足以下方程:

$$\frac{\partial n(\varepsilon, x)}{\partial x} = \bar{a}n(\varepsilon, x)$$

式中,$\bar{a}$ 为有效电离系数($\bar{a} = \alpha - \eta$)。

由上式可以看出 $n(\varepsilon, x)$ 与空间位置 x 无关,则用 $F(\varepsilon)$ 替代 $n(\varepsilon, x)$,且

$F(\varepsilon)$满足

$$\int_0^\infty F(\varepsilon)\mathrm{d}\varepsilon = 1$$

由于 SST 实验中 $\dfrac{\partial}{\partial t}\displaystyle\int_0^\infty n(\varepsilon, x)\mathrm{d}\varepsilon = 0$，式(3 - 78)可化为

$$0 = \sqrt{\frac{2e}{M}}\left\{\frac{2m}{M}NQ_{\mathrm{m}}(\varepsilon)\varepsilon^{3/2}F(\varepsilon) + \frac{E^2\varepsilon}{3NQ_{\mathrm{m}}(\varepsilon)}\cdot\frac{\partial}{\partial\varepsilon}(F(\varepsilon)\varepsilon^{-1/2}) + \right.$$

$$\sum N\int_\varepsilon^{\varepsilon+\varepsilon_{\mathrm{ex}}}\varepsilon'^{1/2}Q_{\mathrm{ex}}(\varepsilon')F(\varepsilon')\mathrm{d}\varepsilon' +$$

$$\left. N\left(\int_\varepsilon^{[\varepsilon/(1-q)]+\varepsilon_{\mathrm{i}}} + \int_0^{(\varepsilon/q)+\varepsilon_{\mathrm{i}}}\right)\varepsilon'^{1/2}\cdot Q_{\mathrm{ion}}(\varepsilon')F(\varepsilon')\mathrm{d}\varepsilon'\right\} \qquad (3 - 83)$$

由于式(3 - 83)含有积分项,同时含有微分项,因而很难求解,对 ε 求一次导则可得到一个关于 $F(\varepsilon)$ 的两阶微分方程。然后将微分方程离散化则求解就容易多了。由电子能量分布函数 $F(\varepsilon)$ 的物理意义可知,当 ε 大于某一 $\varepsilon_{\max}$ 时,$F(\varepsilon)\to 0$。我们把 $0\sim\varepsilon_{\max}$ 分成 M 个等分点,每点以 I 表示,并将 $F(\varepsilon)$ 的微分用下式展开:

$$\begin{cases}\dfrac{\partial^2 F(\varepsilon)}{\partial\varepsilon^2} = \dfrac{F(I+1) + F(I-1) - 2F(I)}{\Delta\varepsilon^2} \\[3mm] \dfrac{\partial F(\varepsilon)}{\partial\varepsilon} = \dfrac{F(I+1) - F(I-1)}{2\Delta\varepsilon}\end{cases} \qquad (3 - 84)$$

式中,$\Delta\varepsilon$ 为等分步长。

将式(3 - 84)代入求导后的方程,经化简可得到下列递推方程:

$$C_1(I)F(I) + \frac{C_2(I)}{2\Delta\varepsilon}\cdot F(I+1) + \frac{C_3(I)}{\Delta\varepsilon^2}\cdot$$

$$F(I-1) = \frac{[F(I+1) - 2F(I)] + C_4(I+k)F(I+k) + C_5(I)}{C_2(I)/2\Delta\varepsilon - C_3(I)/\Delta\varepsilon^2}$$

$$(3 - 85)$$

其中:

$$C_1(I) = \frac{2m}{M}V_1 N\frac{\partial}{\partial\varepsilon}(Q_{\mathrm{m}}(I)\varepsilon(I)^{3/2}) - \frac{E^2}{6N}V_1\cdot\frac{\partial}{\partial\varepsilon}\left(\frac{\varepsilon(I)^{-1/2}}{Q_{\mathrm{t}}(I)}\right) + \frac{\alpha_{\mathrm{i}}EV_1\varepsilon(I)^{1/2}}{3N}\cdot$$

$$\frac{\partial}{\partial\varepsilon}\left(\frac{1}{Q_{\mathrm{t}}(\varepsilon)}\right) - V_1 N\varepsilon(I)^{1/2}[Q_{\mathrm{ex}}(I) + Q_{\mathrm{ion}}(I)] + \frac{\alpha_{\mathrm{i}}^2 V_1\varepsilon(I)^{1/2}}{3NQ_{\mathrm{t}}(I)}$$

$$C_2(I) = \frac{2m}{M}V_1 N\varepsilon\ (I)^{3/2}Q_m(I) + \frac{E^2}{3N}V_1\varepsilon\ (I)^{1/2} \cdot \frac{\partial}{\partial\varepsilon}(1/Q_t(I)) + \frac{2\alpha_i EV_1\varepsilon\ (I)^{1/2}}{3NQ_t(I)}$$

$$C_3(I) = \frac{E^2}{3N}V_1 \cdot \frac{\varepsilon(I)^{1/2}}{Q_t(I)}$$

$$C_4(k+I) = V_1 N\varepsilon\ (I+k)^{1/2}Q_{ex}(I+k)$$

$$C_5(I) = V_1 N\left[\frac{1}{1-q}\varepsilon\ (Iq_1)^{1/2} \cdot Q_{ion}(Iq_1)F(Iq_1) + \frac{1}{q}\varepsilon\ (Iq_2)^{1/2} \cdot Q_{ion}(Iq_2) \cdot F(Iq_2)\right]$$

$$k = \left[\frac{\varepsilon_{ex}}{\Delta\varepsilon}\right]$$

$$Iq_1 = \left[\frac{\varepsilon/(1-q) + \varepsilon_i}{\Delta\varepsilon}\right]$$

$$Iq_2 = \left[\frac{\varepsilon/q + \varepsilon_i}{\Delta\varepsilon}\right]$$

由上述的一系列递推公式可见,若假设两个初始值 $F(M)$、$F(M-1)$ 以及 α_i 值,则可求出 $F(\varepsilon)$。该方法的主要思想是迭代和递推。在求出 $F(\varepsilon)$ 后,便可求出新的 α_i,然后又求出新的 $F(\varepsilon)$,这样反复迭代直至收敛。

2) 积分变换法

用傅里叶积分法解玻耳兹曼方程,它的解可表示为一种傅里叶积分式,积分项可表示为

$$nf_0(\varepsilon,\ x,\ t) = \exp(isx) \cdot \exp[-w(s)t] \cdot H_0(\varepsilon,\ s) \qquad (3-86)$$

式中,S 是代表傅里叶分量的参数,$w(s)$ 和 $H_0(\varepsilon,\ s)$ 分别表示为

$$W(s) = -W_0 + W_1(is) - W_2\ (is)^2 + W_3\ (is)^3 + \cdots \qquad (3-87)$$

$$H_0(\varepsilon,\ s) = F_0(\varepsilon) + F_1(\varepsilon)is + F_2(\varepsilon)\ (is)^2 + \cdots \qquad (3-88)$$

式中,$W_n(n = 0,\ 1,\ 2,\ \cdots)$ 是常数。

将式(3-88)代入玻耳兹曼方程(3-78)并对 ε 求导可得:

$$\Phi(\varepsilon)H_0 + V(\varepsilon)H_0 + \xi(\varepsilon)H_0(is) + G(\varepsilon)H_0\ (is)^2 + W(s)H_0 = 0$$

$$(3-89)$$

式中,$H_0 = H_0(\varepsilon,\ s)$,并有

$$\Phi(\varepsilon)H_0 = \left[\frac{2m}{M}V_1 N\frac{\partial}{\partial\varepsilon}(Q_m\varepsilon^{3/2}) - \frac{E^2}{6N}V_1\frac{\partial}{\partial\varepsilon}(\varepsilon^{-1/2})\right]H_0 +$$

$$\left[\frac{2m}{M}V_1 N\varepsilon^{3/2}Q_m + \frac{E^2}{3N}V_1\varepsilon^{1/2} \cdot \frac{\partial}{\partial\varepsilon}\left(\frac{1}{Q_t}\right)\right]\frac{\partial H_0}{\partial\varepsilon} + \frac{E^2}{3N}V_1\frac{\varepsilon^{1/2}}{Q_t} \cdot \frac{\partial^2 H_0}{\partial\varepsilon^2}$$

$$V(\varepsilon)H_0 = V_1 N \Big\{ \big[(\varepsilon + \varepsilon_{ex})^{1/2} \cdot Q_{ex}(\varepsilon + \varepsilon_{ex}) H_0(\varepsilon + \varepsilon_{ex}, s) - \varepsilon^{1/2} Q_{ex} H_0 \big] +$$

$$\frac{1}{1-q} \Big(\frac{\varepsilon}{1-q} + \varepsilon_i \Big)^{1/2} \cdot Q_l \Big(\frac{\varepsilon}{1-q} + \varepsilon_i \Big) \cdot H_0 \Big(\frac{\varepsilon}{1-q} + \varepsilon_i, s \Big) +$$

$$\frac{1}{q} \Big(\frac{\varepsilon}{q} + \varepsilon_i \Big)^{1/2} Q_{ion} \Big(\frac{\varepsilon}{q} + \varepsilon_i \Big) \cdot H_0 \Big(\frac{\varepsilon}{q} + \varepsilon_i, s \Big) - \varepsilon^{1/2} Q_{ion} H_0 \Big\}$$

$$\xi(\varepsilon)H_0 = \frac{EV_1}{3N} \Big[\varepsilon^{1/2} \cdot \frac{\partial}{\partial \varepsilon} \Big(\frac{1}{Q_t} \Big) H_0 + 2 \cdot \frac{\varepsilon^{1/2}}{Q_t} \frac{\partial H_0}{\partial \varepsilon} \Big]$$

$$G(\varepsilon)H_0 = \frac{V_1}{3N} \cdot \frac{\varepsilon^{1/2}}{Q_t} \cdot H_0$$

由于 S 是个自由分量,式(3-89)仅在 $(is)^n (n=0, 1, 2, \cdots)$ 的系数为零时成立。这样便可得到一系列的公式。

$$\left.\begin{array}{l} \Phi(\varepsilon)F_0 + V(\varepsilon)F_0 - \omega_0 F_0 = 0 \\ \Phi(\varepsilon)F_1 + V(\varepsilon)F_1 + \xi(\varepsilon)F_0 - \omega_0 F_1 + \omega_1 F_0 = 0 \\ \Phi(\varepsilon)F_2 + V(\varepsilon)F_2 + \xi(\varepsilon)F_1 + G(\varepsilon)F_0 - \omega_0 F_2 + \omega_1 F_2 = 0 \\ \Phi(\varepsilon)F_3 + V(\varepsilon)F_3 + \xi(\varepsilon)F_2 + G(\varepsilon)F_1 - \omega_0 F_3 + \omega_1 F_2 - \omega_2 F_1 + \omega_3 F_0 = 0 \\ \cdots\cdots \end{array}\right\}$$

$$(3-90)$$

其中 ω_n 和 F_n 分别是本征值以及不同阶的电子能量分布函数。它们的关系可由下式求出:

$$\left.\begin{array}{l} \omega_0 = V_1 N \int_0^\infty \varepsilon^{1/2} Q_{ion} F_0 \,\mathrm{d}\varepsilon - V_1 N \int_0^\infty \varepsilon^{1/2} Q_{at} F_0 \,\mathrm{d}\varepsilon \\ \omega_1 = -\frac{E}{3N} V_1 \int_0^\infty \frac{\varepsilon}{Q_t} \frac{\partial}{\partial \varepsilon} (F_0 \varepsilon^{-1/2}) \,\mathrm{d}\varepsilon + (\omega_0 A_1 - \omega_{01}) \\ \omega_2 = \frac{V_1}{3N} \int_0^\infty \frac{\varepsilon^{1/2}}{Q_t} F_0 \,\mathrm{d}\varepsilon + \frac{E}{3N} V_1 \int_0^\infty \frac{\varepsilon}{Q_t} \frac{\partial}{\partial \varepsilon} (F_1 \varepsilon^{-1/2}) \,\mathrm{d}\varepsilon - (\omega_0 A_2 - \omega_1 A_1 - \omega_{02}) \\ \omega_3 = -\frac{V_1}{3N} \int_0^\infty \frac{\varepsilon^{1/2}}{Q_t} F_1 \,\mathrm{d}\varepsilon - \frac{E}{3N} V_1 \int_0^\infty \frac{\varepsilon}{Q_t} \frac{\partial}{\partial \varepsilon} (F_2 \varepsilon^{-1/2}) \,\mathrm{d}\varepsilon + (\omega_0 A_3 - \omega_1 A_2 + \omega_2 A_1 - \omega_{03}) \end{array}\right\}$$

$$(3-91)$$

式中, $\omega_{0n} = NV_1 \int_{\varepsilon_i}^\infty \varepsilon^{1/2} (Q_{ion} - Q_{at}) F_n \,\mathrm{d}\varepsilon$, $n = 0, 1, 2, \cdots$ $\qquad(3-92)$

$$A_n = \begin{cases} 1 & (n=0) \\ \int_0^\infty F_n \,\mathrm{d}\varepsilon & (n=1, 2, 3) \end{cases} \qquad (3-93)$$

和数值微分法类似,我们把 $0\sim\varepsilon_{\max}$ 分成 M 个等分点,每点以 I 表示,并将 $F(\varepsilon)$ 的微分用下式展开:

$$\begin{cases} \dfrac{\partial^2 F(\varepsilon)}{\partial \varepsilon^2} = \dfrac{F(I+1) + F(I-1) - 2F(I)}{\Delta\varepsilon^2} \\ \dfrac{\partial F(\varepsilon)}{\partial \varepsilon} = \dfrac{F(I+1) - F(I-1)}{2\Delta\varepsilon} \end{cases} \tag{3-94}$$

其中 $\Delta\varepsilon$ 为等分步长。

利用上面的一阶两点和二阶三点差分公式,采用松弛法和有限差分法求解式(3-90),因为当 $\varepsilon \geqslant \varepsilon_{\max}$ 时 $F_n(\varepsilon) = 0$,所以将能量区间 $(0, \varepsilon_{\max})$ 等分为 M 段,$M = [\varepsilon_{\max}/\Delta\varepsilon]$。求解过程如下:首先把假定的 ω_n、ω_{0n} 和 A_n 代入式(3-90),然后用有限差分公式求出电子能量分布,再由式(3-91)、式(3-92) 和式(3-93)求出新的 ω_n、ω_{0n} 和 A_n,并代入式(3-90),直到迭代的第 m 次和第 $(m+1)$ 次的 ω_n 之间的相对误差小于 0.1%,所得的电子能量分布函数就是所求的解。由式(3-90)解出的 F_n 和 ω_n,很容易求出气体放电参数。

SST 实验条件下的归一化后的电子能量分布函数为

$$F(\varepsilon) = \frac{F_0(\varepsilon) + \bar{\alpha}F_1(\varepsilon) + \bar{\alpha}^2 F_2(\varepsilon) + \bar{\alpha}^3 F_3(\varepsilon) + \cdots}{1 + \bar{\alpha}A_1 + \bar{\alpha}^2 A_2 + \bar{\alpha}^3 A_3 + \cdots}$$

式中,有效电离系数 $\bar{\alpha}$ 是下列方程的解:

$$\omega_0 - \omega_1 s + \omega_2 s^2 - \omega_3 s^3 + \cdots = 0$$

SST 实验条件下气体的放电参数如下:

吸附率 $\qquad R_{\mathrm{a}} = N\sqrt{\dfrac{2e}{m}} \displaystyle\int_0^\infty \varepsilon^{1/2} Q_{\mathrm{at}} F(\varepsilon)\,\mathrm{d}\varepsilon;$

电离率 $\qquad R_{\mathrm{i}} = N\sqrt{\dfrac{2e}{m}} \displaystyle\int_0^\infty \varepsilon^{1/2} Q_{\mathrm{ion}} F(\varepsilon)\,\mathrm{d}\varepsilon;$

漂移速度 $\qquad V_{\mathrm{e}} = -\dfrac{E}{3N} \displaystyle\int_0^\infty \dfrac{\varepsilon}{Q_{\mathrm{t}}} \dfrac{\partial}{\partial\varepsilon}[F(\varepsilon)\varepsilon^{-1/2}]\,\mathrm{d}\varepsilon;$

扩散系数 $\qquad D = \dfrac{1}{3N}\sqrt{\dfrac{2e}{m}} \displaystyle\int_0^\infty \dfrac{\varepsilon^{1/2}}{Q_{\mathrm{t}}} F(\varepsilon)\,\mathrm{d}\varepsilon;$

电离系数 $\qquad \alpha = R_{\mathrm{i}}/W;$

吸附系数 $\qquad \eta = R_{\mathrm{a}}/W。$

$F_0(\varepsilon)$ 是归一化后的 PT 电子能量分布函数,PT 实验条件下气体的放电参数如下:

电离率

$$R_p = \omega_0 ;$$

漂移速度

$$W_p = -\frac{E}{3N} \int_0^\infty \frac{\varepsilon}{Q_t} \frac{\partial}{\partial \varepsilon} \left[F_0(\varepsilon) \varepsilon^{-1/2} \, \mathrm{d}\varepsilon \right] ;$$

电离系数

$$\alpha_p = R_p / W_p ;$$

扩散系数

$$D_p = \frac{1}{3N} \sqrt{\frac{2e}{m}} \int_0^\infty \frac{\varepsilon^{1/2}}{Q_t} F_0(\varepsilon) \, \mathrm{d}\varepsilon 。$$

计算电负性气体时,考虑到电子附着作用的影响,应做如下改进:

吸附率

$$R_a = N \sqrt{\frac{2e}{m}} \int_0^\infty \varepsilon^{1/2} Q_{at} F_0(\varepsilon) \, \mathrm{d}\varepsilon ;$$

电离率

$$R_i = N \sqrt{\frac{2e}{m}} \int_0^\infty \varepsilon^{1/2} Q_{ion} F_0(\varepsilon) \, \mathrm{d}\varepsilon ;$$

电离系数

$$\alpha = R_i / W ;$$

吸附系数

$$\eta = R_a / W ;$$

有效电离系数

$$\bar{\alpha} = \frac{R_i - R_a}{W} 。$$

积分变换法计算过程的流程图如图 3-5 所示。

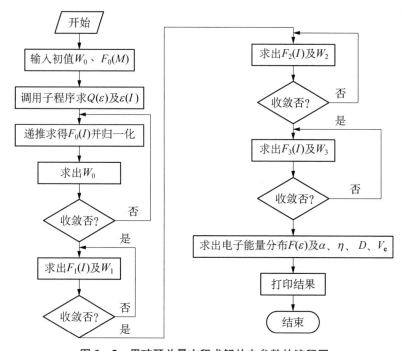

图 3-5　用玻耳兹曼方程求解放电参数的流程图

总之,将数值微分法和积分变换法两种求解方法相比较,前者简单,计算量小,而后者则适用范围广,无论对电负性气体抑或是非电负性气体都可以使用,因此这里选用积分变换法求解气体的放电参数。

3.2.2 常见气体放电参数的玻耳兹曼方程求解

这里取 SF_6、CO_2 的气体截面积,用积分变换法计算 SF_6 与 $50\%SF_6/50\%CO_2$ 混合气体的放电参数,计算结果和 PT 法实验数据相比较,来验证玻耳兹曼方程求解气体放电参数的可行性。

3.2.2.1 SF_6、CO_2 的碰撞截面

气体碰撞截面与电子能量有关,数量巨大、种类繁多且非常复杂,碰撞截面积一般由实验测得,大多数研究者只是测出了某种或几种截面,系统性较差并且采用的实验方法各异,因此玻耳兹曼方程分析中截面数据的分析处理是非常重要的。以前用玻耳兹曼方程求解气体的放电参数时,都需要对实验测得的截面积进行反复修正,直到仿真得到的截面积和实验测的气体放电参数一致。随着计算机技术的发展,许多研究人员已经通过神经网络、遗传算法和数值优化算法等方法导出了大部分气体的截面积,为未来研究者提供了极大方便。

在这里,SF_6 的截面选择 H. Itoh 等人整理出来的截面。该碰撞截面包括动量转化、振动激发、附着、电离和电子激发截面。这套截面在不同的能量下给出了各个截面的能量函数(见图 3 - 6)。

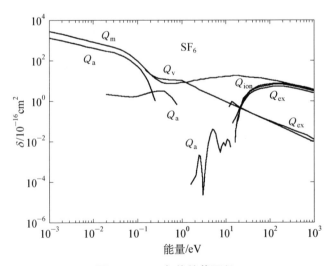

图 3 - 6　SF_6 气体的截面积

对于CO_2气体来说,由于该气体应用广泛,早在1979年,H. N. Kücükarpaci等科学家就已经用蒙特卡罗法仿真该气体中的电子崩运动,整理出了一套弹性和非弹性碰撞截面,并且通过计算得出的电子崩参数在整个电场范围内都显示出极好的一致性(见图3-7)。

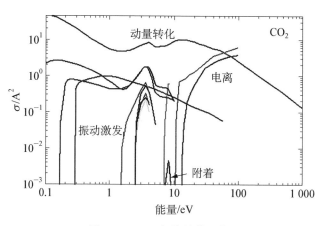

图3-7 CO_2气体的截面积

3.2.2.2 SF_6以及50%SF_6/50%CO_2放电参数的计算值与实验值的比较

SF_6与50%SF_6/50%CO_2混合气体的有效电离系数如图3-8所示,从图中可以看出,50%SF_6/50%CO_2混合气体的有效电离系数大于SF_6的,因此用($\alpha-$

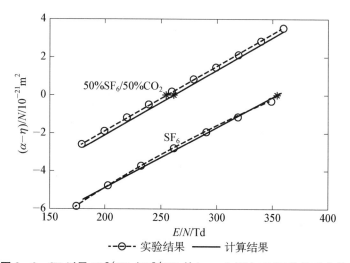

图3-8 SF_6以及50%SF_6/50%CO_2的($\alpha-\eta$)/N与E/N的关系曲线

$\eta)/N\sim E/N$ 函数曲线求出的 $50\%SF_6/50\%CO_2$ 混合气体的耐电强度低于 SF_6 的,耐电强度值也在图 3-8 中用 * 标出。图 3-8 中此方法的 SF_6 与 $50\%SF_6/50\%CO_2$ 的 $(\alpha-\eta)/N$ 计算结果与 D. M. Xiao 的 PT 实验结果进行了比较,两种方法求得的 SF_6 与 $50\%SF_6/50\%CO_2$ 有效电离系数与耐电强度值吻合较好。

图 3-9 是 SF_6 与 $50\%SF_6/50\%CO_2$ 混合气体的漂移速度,从图中可以看出,$50\%SF_6/50\%CO_2$ 混合气体的漂移速度大于 SF_6 气体的,这可能是由于 CO_2 气体加入 SF_6 气体中后,混合气体绝缘强度降低的缘故。图 3-9 中此方法的 SF_6 与 $50\%SF_6/50\%CO_2$ 计算结果与 D. M. Xiao 的 PT 实验结果进行了比较,两种方法求得的 SF_6 与 $50\%SF_6/50\%CO_2$ 漂移速度也吻合较好。

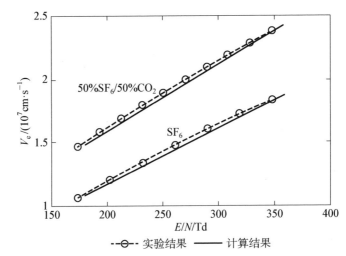

图 3-9　SF_6 以及 $50\%SF_6/50\%CO_2$ 的 V_e 与 E/N 的关系曲线

图 3-10 是 SF_6 与 $50\%SF_6/50\%CO_2$ 混合气体的扩散系数,从图中可以看出,$50\%SF_6/50\%CO_2$ 混合气体的扩散系数比 SF_6 的大得多。图 3-10 中此方法的 SF_6 与 $50\%SF_6/50\%CO_2$ 计算结果与 D. M. Xiao 的 PT 实验结果进行了比较,两种方法求得的 SF_6 与 $50\%SF_6/50\%CO_2$ 漂移速度也吻合较好。

用玻耳兹曼方程积分变换法计算求解的 SF_6 与 $50\%SF_6/50\%CO_2$ 混合气体的 $(\alpha-\eta)/N$、$(E/N)_{lim}$、V_e 以及 D 与 PT 实验方法测量的相应实验结果有较好的一致性,表明了玻耳兹曼方程求解气体放电参数的可行性。

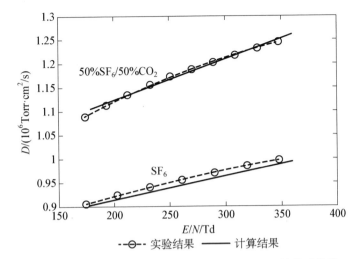

图 3 - 10 SF₆ 以及 50%SF₆/50%CO₂ 的 D 与 E/N 的关系曲线

(1 Torr＝1 mmHg＝1. 333 22×10² Pa)

4

SF₆气体的绝缘特性

SF₆气体发现于1900年,30年代后开始工业生产。由于它具有优良的理化特性、高耐电强度和灭弧性能,40年代开始应用于电气设备。60年代以后制成大容量的SF₆断路器。70年代以后又出现用SF₆绝缘的全封闭组合电器,它是把整个变电站的设备,除变压器以外,全部封闭在一个接地的金属外壳以内,壳内充以3~4个大气压(约0.3~0.4 MPa)的SF₆,以保证相间和对地的绝缘。和常规的敞开式变电所相比,它具有体积小,占地面积小(以110 kV电压等级为例,全封闭组合电器占地面积约为敞开式变电所的20%左右,而空间体积仅为15%左右,随着电压等级的提高,缩小的倍数越来越大),运行安全可靠(不受环境条件的影响),维修方便且检修期可长达数年至十年等优点,为大城市、人口稠密地区的变电站建设以及建设地下电厂、地下变电站提供了有利条件,具有重要的国防、政治和经济意义。

4.1 SF₆的基本物理性质

SF₆的物理性能参数如表4-1所示。

表4-1 SF₆的物理性能参数

项目	SF₆
相对分子质量 m	146
气态密度 $\gamma/(\text{kg/m}^3)(20℃, 0.1\text{ MPa})$	6.07
导热率 $\lambda/[\text{W}/(\text{m}\cdot\text{K})](20℃)$	0.130
比定压热容 $c_p/[\text{J}/(\text{kg}\cdot\text{K})](20℃, 0.1\text{ MPa})$	0.66×10^3
绝对指数 $K(20℃)$	1.08
游离温度 $\theta_Y/℃$	2 000

（续表）

项目	SF₆
声速 c/(m/s)(20℃)	134
熔点 θ_r/℃(0.23 MPa 时凝点)	−50.8
沸点 θ_f/℃(0.1 MPa 时液化点)	−63.8
临界温度 θ_1/℃	45.6
临界压力 p_1/MPa	3.77
相对介电系数 ε_r(20℃，0.1 MPa 气态)	1.002 1
气体常数/[J/(kg·K)]	56.2
临界压力比 $p_0/p_k=[2/(k+1)]^{k/(k+1)}$	0.59

4.1.1　SF₆的分子结构

　　SF₆的分子结构是对称的八面体(见图 4-1)，硫 (S)原子居其中，六个角上是氟(F)原子，S 与 F 原子间以共价键连接。SF₆等效直径为 4.58Å(Å 为非法定计量单位，1Å＝0.1 nm)，比水分子的等效直径 (3.2Å)要大，同容积同气压的 SF₆比空气重 5.1 倍，S 和 F 的间距为 1.58Å。

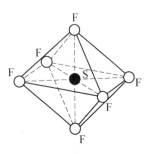

图 4-1　SF₆分子结构

　　SF₆分子直径比空气中的氧、氮分子的要大，使得电子在 SF₆气体中的平均自由程缩短，而不易在电场中积累能量，从而减小了它碰撞电离的能力。另外，SF₆的分子量是空气的 5 倍，因此 SF₆离子的迁移率比空气中氧、氮离子的迁移率更小，更容易发生复合使气体中带电质点减少。因此 SF₆是一种高电气强度的气体介质，在均匀电场下，其电气强度约为同一气压下空气的 2.5～3 倍，3 个大气压下其电气强度和变压器油相当。

4.1.2　SF₆的气体状态参数

　　在标准状态下，SF₆化学性质不活泼，无毒、不易燃烧和爆炸，具有热稳定性(温度低于 500℃时，SF₆气体不会分解)。SF₆呈现许多优良性能，这些特性特别适合应用到电力传输和配电设备中。SF₆是一种电负性气体，这就决定其绝缘强度高和灭弧性能好。在大气压下，SF₆气体的击穿电压几乎是空气击穿电压的 3 倍。况且，SF₆具有良好的热传导性；在高气压条件下发生电气设备放电或者电弧后，分解的气体产物能够重新生成 SF₆气体(例如，SF₆气体能够快速恢复绝缘性能并且有自恢复性能)。SF₆分解稳定的产物可以通过滤出而去掉,这些产物对其绝缘强度影响很小。在发生电弧时,SF₆不会产生聚合物、碳和其他导电的沉积物。化学特性方面,温度达到 200℃时,SF₆不会与固体绝缘、导电材料发生化学反应。

SF₆除了优良的绝缘、热传导性能外,在室温下储存还需要较高的气压。SF₆在 21℃液化,要求气压达到 2.1 MPa。SF₆的沸点是 −63.8℃,沸点低且合理,允许气压在 0.4~0.6 MPa(4~6 个标准大气压)下,SF₆绝缘设备照常工作。在气体圆筒中允许压缩存储,因此在室温气压下,SF₆很容易液化。电力工业中广泛应用 SF₆于电气设备中。

SF₆气体在工程应用的气压范围内已偏离了理想气体,因此在高气压、低温度下用理想气体的状态方程会带来较大的误差,必须加以修正。

理想气体的状态方程为

$$pV = \frac{M}{\mu}RT \tag{4-1}$$

式中,p 为气压(MPa);V 为气体体积;M 为气体的质量;μ 为气体的摩尔质量;R 为气体常数(J/(kg·K)),其中 SF₆为 56.2 J/(kg·K);T 为气体的热力学温度(K)。

SF₆气体分子质量大,分子间相互吸力较大,尤其是当气体压力达到 0.3 MPa 以上时,由于分子间距离被压缩、密度增大而使分子间吸力进一步增大(分子与容器壁间的碰撞力减弱),导致气体压力不再符合理想气体状态方程式(4-1),随着密度的增加,实际压力的增长要比理想值低。

比较准确而实用的 SF₆气体状态参数计算式可用 Beattie-Bridgman 公式表达

$$\begin{aligned} p &= 56.2\gamma T(1+B) - \gamma^2 A \\ A &= 74.9(1 - 0.727 \times 10^{-3}\gamma) \\ B &= 2.51 \times 10^{-3}\gamma(1 - 0.846 \times 10^{-3}\gamma) \end{aligned} \tag{4-2}$$

式中,p 为压力(Pa);γ 为气体密度(kg/m);T 为气体的热力学温度(K)。

根据式(4-2),当气体密度 γ 不同时,可得到 SF₆气体压力与温度按不同的斜率成线性变化的关系,算出的气体压力-温度曲线图如图 4-2 所示。SF₆气体的临界温度(即可能被液化的最高温度)为 45.60℃,在常温时有足够的压力就可液化。

　　SF₆气体压力等于或高于其饱和蒸气压时,SF₆气体就液化。不同温度下,SF₆饱和蒸气压也不同(见表4-2)。

表4-2　SF₆气体的饱和蒸气压 p_b(绝对气压值)

温度/℃	−70	−60	−50	−40	−35	−30	−20	−10	0	10	20	30
饱和蒸气压 p_b/MPa	0.07	0.11	0.23	0.34	0.40	0.49	0.68	0.93	1.24	1.61	2.06	2.59

　　SF₆是分子量较大的重气体,容易液化,必须在使用中加以注意。从图4-2

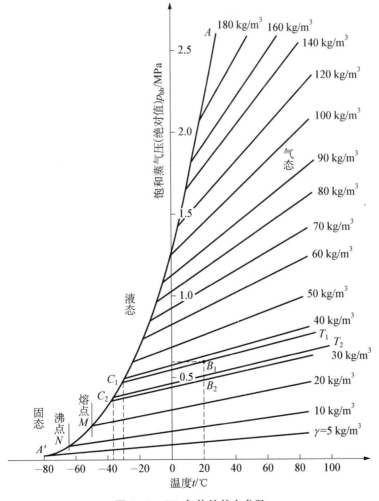

图4-2　SF₆气体的状态参数

和表 4-2 可得到 SF_6 电器在不同气压下允许的最低工作温度及 SF_6 气压随温度的变化关系。其中 AM 段表示由气态转变为液态的蒸气压,也就是液化曲线;$A'M$ 段表示由气态转变为固态的升华蒸气压,也就是固化曲线。因此从图 4-2 可以方便地查出对应于各种工作压力 p、温度 t 下的密度 γ 以及对应于各种工作压力下 SF_6 的液化温度或固化温度。例如,在 1 个大气压条件下其升华温度为 $-63.8℃$;当使用的压力为 5.5 个大气压时液化温度为 $-25℃$。因此 SF_6 的使用压力不宜过高,一般都在 15 个大气压以下。若使用压力超过 5.5 个大气压(或者压力未超过,但环境温度低),则在低温下使用 SF_6 时需加热装置。

实际生产中,如果某产品在 $20℃$ 时的操作闭锁压力(即开关允许的最低工作气压)为 0.5 MPa(或 0.4 MPa)(表计压力)。从图 4-2 上 t 轴 $+20℃$ 处向上作垂直虚线,对应产品最低工作绝对气压 0.6 MPa(或 0.5 MPa)处两点 B_1(或 B_2),过 B_1(或 B_2)点参考相邻密度 40 kg/m³(或 30 kg/m³)线作斜线 $T_1B_1C_1$(或 $T_2B_2C_2$),从饱和蒸气压曲线 AA' 上的交点 C_1(或 C_2)向下作垂直虚线与 t 轴交于 $-30℃$(或 $-37℃$)。得到:开关 SF_6 操作闭锁表计气压为 0.5 MPa(或 0.4 MPa)($20℃$ 时),对应的最低工作温度为 $-30℃$(或 $-37℃$)。$-40℃$ 时对应的最低允许工作表计气压为 0.34 MPa($20℃$ 时)。

4.1.3　SF_6 的电负性和热性能

SF_6 气体绝缘强度高的主要原因是在于它是强电负性气体,电子和气体分子碰撞时不但会发生碰撞电离,也会发生电子附着的过程。

SF_6 分子正八面体结构的 6 个顶向上的 F 原子是非常活泼的卤族元素的原子,在原子核外,内层电子数为 2,外层电子数为 7,仅缺一个电子便达到稳定的电子层分布,如图 4-3 所示。它易于吸附电子形成负离子同时释放出能量,放出的能量叫电子亲和能,亲和能越大则电负性越强。原子核最外层电子数超过 4 时,便有吸附外部电子的能力,随外层电子数增加,其吸附电子的能力也增加,外层电子数为 7 的氟原子在卤族元素中具有最大的电子亲和能(4.1 eV),因此,具有很强的吸附电子的能力,容易和电子结合形成负离子,从而阻碍放电的形成和发展。SF_6 特有的强力吸附电子的能力,称为电负性。SF_6 的电负性比空气高几十倍,极强的电负性使 SF_6 气体具有优良的绝缘性能,电极间在一定的场强下发生电子发射时,极间自由电子很快被 SF_6 吸附,大大阻碍了碰撞电离过程的发展,使极间电离度下降而耐受电压能力增强。这

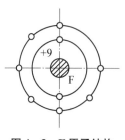

图 4-3　F 原子结构

一电负性对于开断电弧电流过零后触头间的绝缘恢复也十分有利。因此,SF₆气体被用于高压开关设备作为绝缘和熄弧介质,而使开关性能大大提高。

电负性气体中的有效碰撞电离系数 $\bar{\alpha}$ 为:

$$\bar{\alpha} = \alpha - \eta \tag{4-3}$$

电子亲和能可用来衡量原子获得一个电子的难易程度:

$$A(g) + e \rightarrow A^-(g) + EA$$

电负性越大,原子在分子中吸引电子的能力越强,而氟是所有元素中电负性数值最大的元素。

SF₆气体另一个特性是较低温时的高导热性。电弧弧套(弧心外围区)的平均温度常在 1 000~3 000 K,SF₆气体在 2 000~2 500 K 时就急剧分解,4 000 K 附近全分解成 F 和 S 的单原子。SF₆在弧套区分解时,要从电弧吸取大量的热能,因此 SF₆在 2 000 K 附近其比定压热容 c_p 就急剧增长,出现导热尖峰,如图 4-4 所示。而空气在弧套温度区没有热游离过程,因此 c_p 变化很小,N₂ 的游离温度为 7 000 K,只有很接近弧心的少数空气才会产生游离。由此可知,在电弧弧套温度区内,SF₆比空气具有高得多的导热能力。

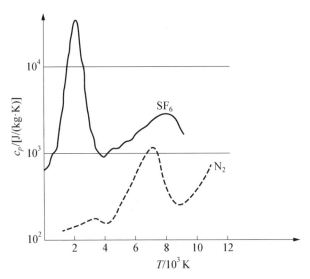

图 4-4 SF₆ 和 N₂ 在高温时的比定压热容的对比

对流换热是气体流过热体表面时对流和导热同时起作用的热量传递过程。气体绝缘的电力变压器是一个对流换热的例子,按散热要求可用自然对流或强制对流冷却方式。气体的对流换热系数 h 与多种因素有关,如气体的流速、密度、黏度、导热系数及比定压热容等。与空气相比,SF_6 气体的密度大,但黏度却小。因此在气压、温度相同的情况下,SF_6 气体的对流换热系数大于空气。

从能量平衡观点看,熄弧过程是电弧的电能转换成热能被熄弧介质吸收带走的过程。利用 SF_6 作熄弧介质,不仅靠气吹的作用从弧区排除能量,而且还利用 SF_6 分解过程中发生的能量转换从弧区吸收大量热能,因此使 SF_6 气体具有优良的熄弧能力。

气体绝缘设备的特殊机能由气体的特性决定。对于 SF_6 断路器而言,伴随快速导热和绝缘强度恢复,SF_6 的热传导率和绝缘强度是断路器灭弧的主要原因。在导电状态(电弧等离子体)和弧隙绝缘状态,这些特性使得气体能够快速恢复原状态,并且能够承受恢复电压的迅速上升。SF_6 断路器在性能上完全优于压缩空气断路器和真空断路器。

4.1.4　SF_6 的分解及分解产物

单纯的 SF_6 气体,热稳定性高,加热至 500℃时不会分解。SF_6 与某些绝缘物(如硅树脂层压板)接触时,加热到 160～200℃就分解,水分存在时,能加速分解。因此国际电工委员会(IEC)推荐 SF_6 产品最高使用温度为 180℃。

使 SF_6 分解的原因有三种,即电子碰撞引起的分解、热分解和光辐射分解,但在高压电气设备中主要是前两种。GIS 中的放电形式有三种,均能引起 SF_6 气体分解:①大功率电弧。如断路器开断过程中的电弧,或 GIS 内部短路故障电弧。这种电弧的放电特点是,电流一般在数千安以上,电流持续时间约为数十至数百毫秒,能量约 $10^5 \sim 10^7$ J,电弧温度极高,可达 20 000 K,所以同时发生热分解。高温下 SF_6 和气体分解物还会与金属发生反应,且 SF_6 中的杂质对某些气体分解物的产生有很大影响。②火花放电。如高压实验时的击穿,或隔离开关操作时的火花。这种情况下每次放电能量约为 $10^{-1} \sim 10^2$ J,分解气体的量与放电次数有关。③电晕或局部放电。如电极表面缺陷引起的电场局部集中、存在导电微粒或固体绝缘中有空穴的情况。这种放电的电流仅为微安级,但长时间放电会产生大量分解物。

SF_6 气体在开断电弧高温作用下,800～1 000 K 时就开始分解出 SF_4 和 F,在 3 000 K 附近就分解成带电离子 S^+、F^+、S^-、F^-,7 500 K 时产生原子或离子态的 S 和 F,还有自由电子,构成高温带电的等离子体,完成 SF_6 被电弧加热分解的反应过程。这些被电弧加热分解出的 S 和 F 的单原子、正负离子和电子,其大部分很快（10^{-5} s 之内）复合再生成 SF₆，只有少数与金属蒸气、喷嘴材料蒸气和可能被电弧灼伤的灭弧室绝缘件蒸气发生化学反应。因而 SF₆具有优异的灭弧性能。在交流电弧电流过零时，SF₆气体从导体向绝缘体的转化速度非常快，即弧隙的介质强度恢复很快。SF₆气体在 $T>1\,000$ K 下发生分解需要大能量，因而对弧道产生强烈的冷却作用，SF₆及其分解气体均具有很高的绝缘强度。SF₆气体的灭弧能力为空气的 100 倍。另一方面，SF₆不含碳，因此不会分解出影响绝缘性能的碳粒子；且大部分气态分解物的绝缘性能与 SF₆相当，所以不会使气体绝缘性能下降。

在开断电弧高温条件下，SF₆气体与开关灭弧室内的绝缘材料 $C_K H_Y$、石墨 C、聚四氟乙烯 $(CF_2 - CF_2)_n$、触头材料铜 Cu 和钨 W 以及灭弧室结构体材料铝 Al 等都会发生化学反应，主要反应如下：

$$SF_6 + Cu \longrightarrow SF_4 + CuF_2$$
$$2SF_6 + W + Cu \longrightarrow 2SF_2 + WF_6 + CuF_2$$
$$3SF_6 + W \longrightarrow 3SF_4 + WF_6$$
$$4SF_6 + W + Cu \longrightarrow 4SF_4 + WF_6 + CuF_2$$
$$4SF_6 + 3W + Cu \longrightarrow 2S_2F_2 + 3WF_6 + CuF_2$$
$$Al + 3F \longrightarrow AlF_3$$
$$2CF_2 + SF_6 \longrightarrow 2CF_4 + SF_2$$

以上有些反应生成物（如 CF_4、AlF_3、CuF_2）将以稳定的气态或固体粉末存在于开关灭弧室内，其他生成物如遇到化学性能活泼的水或氧还会继续新的化学反应。

SF₆气体在制造过程中不可避免地存在水分和氧气等杂质。化学性能活泼的 H_2O 和 O_2 遇到活动性强的 SF_4 和 WF_6 很容易发生新的化学反应，而产生酸性有害物质，如

$$2SF_4 + O_2 \longrightarrow 2SOF_4$$
$$SOF_4 + H_2O \longrightarrow SO_2F_2 + 2HF$$
$$SF_4 + H_2O \longrightarrow SOF_2 + 2HF$$
$$SOF_2 + H_2O \longrightarrow SO_2 + 2HF$$
$$SO_2 + H_2O \longrightarrow H_2SO_3$$
$$WF_6 + H_2O \longrightarrow WOF_4 + 2HF$$
$$WOF_4 + 2H_2O \longrightarrow WO_3 + 4HF$$

HF 与水结合生成腐蚀性极强的氢氟酸,加上 H_2SO_3,对开关灭弧室零部件都会产生侵蚀破坏,尤其是对含硅(Si)物质的侵蚀最严重,如:

$$SiO_2 + 4HF \longrightarrow SiF_4 + 2H_2O$$
$$SiO_2 + SF_4 \longrightarrow SiF_4 + SO_2$$
$$SiO_2 + 2SOF_2 \longrightarrow SiF_4 + 2SO_2$$

因此在有电弧存在的 SF_6 电器的气室不能使用含硅的绝缘件,如填充玻璃丝纤维的环氧树脂绝缘材料、硅橡胶、硅玻璃、含石英砂(SiO_2)的环氧树脂浇注绝缘件等。

此外,这些酸性电弧分解物对镀锌件有腐蚀作用,使镀锌层发毛、起皮、脱落。因此,在 SF_6 断路器灭弧室内使用镀锌件是不合适的。

常用耐 SF_6 电弧分解腐蚀的材料有:填充 Al_2O_3 的环氧树脂、聚四氟乙烯、聚乙烯、聚丙烯、上釉氧化铝陶瓷、涤纶纤维环氧树脂、填充石墨的聚四氟乙烯、填充二硫化铂的聚四氟乙烯等绝缘材料;此外还有不锈钢、铸铁、脱锌铝合金、铝及铝铸件、铜及铜合金、铬及镉镀层。

从上面分析可见:水分促成电弧分解的低氟化物转为酸性物质,对人体对产品都有不良影响;水分也会使电弧分解出的 F 和 S 原子(离子)再结合 (S + 6F $\longrightarrow SF_6$) 反应受阻,会影响产品性能。

SF_6 发生放电时,分解物中含有剧毒和腐蚀性的化合物(譬如 S_2F_{10}、SOF_2);非极性污染物(譬如空气、CF_4)很难从 SF_6 气体中去除。SF_6 的击穿电压对于水蒸气、导电颗粒及导体表面的粗糙度较为敏感;恰好环境温度很低时,SF_6 呈现非理想的气体特性。例如,在寒冷的气候条件下(大约在 $-50℃$),在正常工作气压下($0.4 \sim 0.5$ MPa),SF_6 气体会发生部分液化。

使用吸附剂是一种很好的消除 SF_6 分解物的方法,其目的是双重的,即吸附分解气体和水分。GIS 中常用的吸附剂有活性氧化铝和分子筛。分子筛的工作温度高,吸附能力比活性氧化铝强。分子筛是一种合成沸石,它具有微孔,比微孔直径小的分子可以被吸入分子筛内部孔穴,从而使分子直径大小不同的物质分开。

4.2 SF_6 的气隙击穿特性

随着电力系统的发展,对电力设备绝缘提出了更高的要求。由于传统的空气绝缘变电站、架空线路占地面积大,易受尘埃、温度和污染等环境影响,严重地影响到电力系统的可靠性。为此，近年来出现了全封闭的 SF₆气体绝缘变电站和管道充气电缆出线的供电系统。与传统的敞开式电气装置相比，以压缩的 SF₆气体为绝缘的组合电器(GIS)的空间占有率可大大缩小。如 500 kV 的 GIS 的体积只有敞开式的 1/50 左右。

气体装置体积的缩小，即绝缘结构、绝缘距离的缩小，因此对高耐电强度绝缘气体的研究，成为电力工业中的一个重要课题。在众多的高耐电强度电负性绝缘气体中，SF₆气体是迄今为止唯一得到工程上应用的绝缘气体。

4.2.1 均匀电场中的放电特性

在均匀电场中，SF₆气体的绝缘性能十分优良，气体间隙 d 的增大、气体压力 p 的增加都能显著地提高间隙的绝缘能力，在一定的 p 值范围内，SF₆气体间隙的放电特性符合巴申定律，如图 4-5 所示。实验表明，SF₆气体在 $p \leqslant$ 0.2 MPa时遵循巴申曲线，巴申曲线的最小击穿电压(直流电压或交流电压峰值)约为 500 V，出现在 pd 值约为 3.5×10^{-5} MPa·cm 附近。当气压增大时，出现偏离巴申曲线的现象。图中对每一间隙距离 d，击穿电压开始随 pd 值按巴申曲线增大，然后当 p 增大到一定值时就偏离巴申曲线。因此 d 越大，则偏离巴申曲线时的 pd 值就越大。通常认为，这种偏离巴申曲线的现象和电极表面状态有关，如果电极表面光洁度极高且气体极为洁净，则 $p=1$ MPa 时仍能复合巴申曲线。

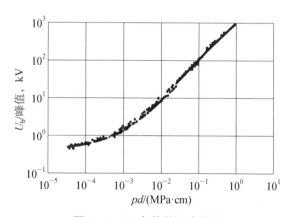

图 4-5 SF₆气体的巴申曲线

在均匀电场中，SF₆间隙的击穿场强大约是同等空气间隙的三倍，从图 4-6 中可以看出这一关系，图 4-6 中给出了气隙击穿时的场强 E 与气压 p 的临界比

值 E/p，SF_6 中为 884 kV/(cm·MPa)，空气中为 294 kV/(cm·MPa)。

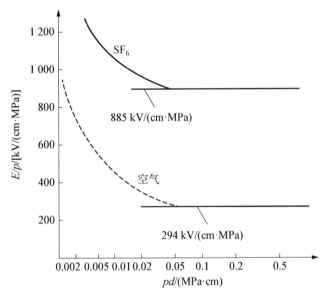

图 4-6 均匀电场中的绝缘破坏强度

4.2.2 稍不均匀电场中的放电特性

在稍不均匀电场中，随着电场距离的增大，击穿电压增长逐步变慢而出现电压增长饱和现象，如图 4-7 所示。因此，SF_6 电器的绝缘结构设计更多地强调结构电场分布的均匀性，而不能单靠增加间隙来提高耐受电压。

另外，稍不均匀场中放电有明显的极性效应和冲击系数的特点。电极极性对 SF_6 气体击穿电压的影响和空气相似，即稍不均匀电场情况和极不均匀电场情况是相反的。在稍不均匀电场中，负极性电压加在曲率半径较小的电极上时，气体击穿电压比正极性时略低；稍不均匀电场中 SF_6 的冲击系数视电极结构形状而有所不同。对 GIS 中使用最普遍的同轴圆柱电极，雷电冲击波系数在 1.25 左右，操作冲击波的冲击系数约为 1.05~1.1。因此，气体绝缘的组合电器和输电管道的绝缘尺寸是由雷电基本冲击水平值决定的。

4.2.3 极不均匀电场中的放电特性

和空气相似，SF_6 气体在极不均匀电场中的击穿现象是异常的，即击穿电压随气压升高先上升至极大值，然后下降到极小值，再继续上升。空气尖-板间隙出现击穿电压驼峰的气压比较高，一般在 1 MPa 左右，负极性电压时出现击穿

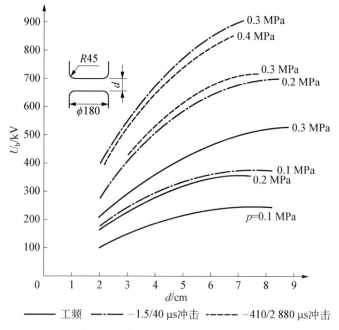

图4-7　稍不均匀电场中SF₆间隙的三种电压放电特性

电压驼峰的气压还要高得多。但SF₆气体则不同,放电的异常现象发生在工程应用的气压范围内,因此掌握这种异常放电的规律是有实际意义的。

SF₆气体在极不均匀电场中放电的特点之一是存在一个临界气压p_c,$p<p_c$时间隙击穿前发生电晕,而$p\geqslant p_c$时间隙击穿前无电晕阶段。对于正极性电压p_c约为0.2 MPa,而对负极性则为0.5 MPa左右。

极不均匀电场中的放电起始电压($p<p_c$时为电晕起始电压,$p\geqslant p_c$时即为击穿电压)的规律与稍不均匀电场中相似。这是因为在放电起始之前,间隙中尚无大量的空间电荷造成对外施电场畸变的缘故。所以在极不均匀电场中仍然是负极性的工频放电起始电压低于正极性时的值。

极不均匀电场中的击穿异常现象与间隙中的空间电荷有关。实验表明,当气压很小时,尖电极处的电晕具有辉光放电形式,这种情况下电晕对尖电极起到好的屏蔽作用,通常将这一情况下的击穿称为电晕稳定化的击穿,属于流注放电性质。当气压很大时,除稳定电晕外还可观察到一些明亮的线状放电,由于这种放电形式与长距离间隙冲击放电时记录到的相似,因而称为先导放电。在这两个气压中间时,稳定电晕和先导放电都存在,电晕对击穿仍起一定稳定化作用。

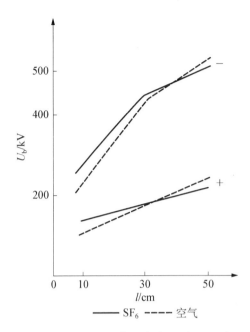

图 4-8 极不均匀电场中 ±1.5/40 μs 冲击放电特性

在极不均匀电场下,甚至出现 SF_6 间隙 50% 放电电压低于空气间隙的现象,如图 4-8 所示。在极不均匀电场中,SF_6 气体绝缘的优势不复存在。

SF_6 具有捕捉自由电子的电负性,当电场中自由电子密度不太高时,SF_6 确能使间隙的碰撞游离处于抑制状态,从而提高了局部放电的起始电压(与同等空气间隙相比)。但是当电场达到产生局部放电值时,一方面因 SF_6 气体分子直径大、相对分子质量大,使得电离产生的离子运动速度不高,迁移率低,棒端空间电荷密集不易向外扩散,局部放电产生的电晕层对电极起到屏蔽作用,比空气中差得多,局部放电很容易发展成间隙贯穿性放电。

另一方面,在电场产生局部放电时,空间自由电子在电场中已获得足够的能量,SF_6 分子对电子的亲和力不足以吸住高能自由电子,反而会被高能电子撞击而电离,使中性的 SF_6 释放自己的电子。已吸附了电子的负离子 SF_6 也会被迫释放出吸附的电子和自己自由电子轨道上的电子,形成电子崩,迅速导致间隙击穿。SF_6 间隙的局部放电起始电压与间隙击穿电压很接近的这一特点,与空气中极不均匀电场电极的击穿电压比局部放电起始电压高很多的特点,将导致在极不均匀电场中 SF_6 间隙的绝缘性能与空气相近,甚至更低,如图 4-8 所示。

在进行电气设备的绝缘设计时,原则上应尽量避免极不均匀电场的情况,然而它还有可能出现。例如电气绝缘变压器中和气体绝缘开关柜中都有极不均匀场的情况,但这两者的充气压力较低,设计场强取得较低,所以问题都不突出。封闭组合电器和输电管道电缆在正常情况下不会出现极不均匀电场。但如设备内有导电微粒存在,则会使电场畸变而出现放电异常的现象。因而要采取措施去除导电微粒,以提高设计场强,达到缩小电气设备尺寸的目的。

4.3 SF₆气体中固体绝缘子的沿面放电特性

在实际工作中,设计高电压设备的绝缘结构时,不但要考虑气体中的击穿,也常常要考虑沿气体-固体分界面上的放电问题。如果沿着绝缘子表面上的电压高到一定程度,也会发生沿着绝缘子表面"击穿"的现象,也就是闪络。一般认为,压缩 SF₆ 气体中支撑绝缘子的闪络机理是由于绝缘子-电极交界面的微观放电,或是由于绝缘子表面缺陷或绝缘子被杂质污染引起的。这些原因实际上是形成局部高场区的作用,并引起强烈的电离及发射。这样产生的电荷被附着在绝缘子表面,并进而加强了局部放电,从而开始更强的电离过程直到沿其表面出现闪络。

目前国内外对 SF₆ 气体的各种放电特性及绝缘子沿面放电特性已经有较多研究成果,主要集中于电压波形、电场分布、气压温度等因素作用下绝缘缺陷(污秽、电极表面粗糙度、表面电荷积聚及附着金属微粒等)对绝缘子沿面闪络的影响。

4.3.1 电场分布及其对固体绝缘子沿面放电特性的影响

SF₆ 中绝缘件表面闪络电压的大小当然与沿面闪络距离有关,但是在同等 SF₆ 气压下,更多地受制于绝缘件的电场分布的均匀程度。如果电场极不均匀,沿面闪络电压随距离的增加很快饱和,如图 4-9 所示。与 SF₆ 气体间隙放电特性一样,负极性冲击闪络电压高于正极性。在稍不均匀电场中,电极间距达到较大值时,也会出现闪络电压饱和的现象,不过此时负极性冲击闪络电压低于正极性。

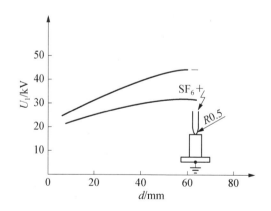

图 4-9 极不均匀电场中的沿面放电

表 4-3 和表 4-4 的数据表明,对于 SF₆ 电器产品中常见的绝缘杆件,再增大距离,闪络电压已趋于饱和;适当提高 SF₆ 气压,还可提高闪络电压。

表 4 - 3 绝缘棒工频耐压实验/kV

p_{SF_6}/MPa \ d/mm	230	260	300	330
0.10	284	285	296	309
0.15	407	416	425	
0.20	503	523		

表 4 - 4 绝缘棒冲击耐压实验/kV

p_{SF_6}/MPa \ d/mm	230	300
0.15	−546 +773	−588 +805
0.20	−760 +912	−770
0.25	−911	

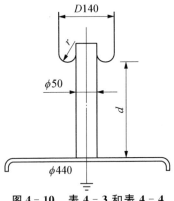

图 4 - 10 表 4 - 3 和表 4 - 4
实验用试品结构
（单位：mm）

提高 SF_6 气压的效果和可能性是有限的，为了大幅度提高闪络电压，最有效的办法是改善绝缘棒的电场分布，降低最高工作场强。如图 4 - 10 所示结构，闪络是从上电极 r 处的局部放电开始的，增大 r 及直径 D，上电极 r 处场强将下降，绝缘棒电场分布更趋于均匀，绝缘棒最大表面场强将下降，因此在距离 d 相同条件下，上电极局部放电电压会提高，试件闪络电压也随之提高。

在均匀或稍不均匀场中，通过改变绝缘子、电极结构对 SF_6 气体沿面放电产生的影响，分析在不同电场分布下闪络电压的变化。

通过分析图 4 - 11 可知，在均匀场或稍不均匀场中，SF_6 气体沿面闪络电压在一定气压范围内基本上是随着气压的升高而线性上升的，图(a)中可看出，电场由均匀平板电场 a 变为稍不均匀场 b，在一定气压下气体闪络电压有所降低；图(b)中也充分说明了这一问题；并且实验值和理论值基本相一致，能充分说明这一问题。通过对比图(a)和图(b)，可以看出，平板电场 a 和 c，将绝缘间隙增大

2 倍,也可以实现绝缘子沿面闪络电压有效提高 2 倍左右。但当气体压强较大时,气体闪络电压的变化出现逆转,分析其原因主要是由于电极与绝缘子间存在的小间隙所致。

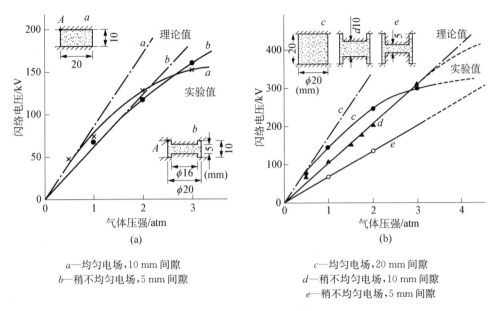

a—均匀电场,10 mm 间隙
b—稍不均匀电场,5 mm 间隙

c—均匀电场,20 mm 间隙
d—稍不均匀电场,10 mm 间隙
e—稍不均匀电场,5 mm 间隙

图 4-11　SF₆气体中圆柱形绝缘子沿面闪络特性

一般而言,由于绝缘子介电常数较大,裙边对电场有较大的畸变作用,冲击、工频闪络电压均不如光面绝缘子,工频闪络电压至少降低 20%～30%,虽然在污染的情况下,裙边式绝缘子有较长的泄露距离,但 SF₆气体绝缘设备中,对 SF₆气体质量管理和清洁度的要求都很高,不允许有严重的污染存在,又如管道中设有微粒陷阱,及采用电压老炼等方法消除污染,所以带裙边的绝缘子似乎更适合高压直流的情况。目前,除少数厂家外,一般都不用带裙边的绝缘子,不过可以利用裙边来调整电场,使对微粒杂质敏感的部位的电场较低。

4.3.2　影响 SF₆气体中气-固绝缘特性的因素

绝缘子沿面闪络进程可分为闪络的起始、闪络的步进发展和最终闪络三个阶段。在闪络的起始阶段,由于绝缘子表面缺陷、金属微粒附着、气体-金属-绝缘子三重连接点处的局部电场集中、绝缘子与金属电极间存在小气隙等原因,会引起绝缘子表面在气体侧的微观放电。放电产生的大量带电粒子在电场的作用下漂移到绝缘子表面,引起绝缘子表面电荷积聚,这些表面电荷对于绝缘子表面的闪络起始是有影响的。

GIS 中有局部放电及固体绝缘子与气体界面上电场存在法向分量时,都会造成绝缘子表面电荷积聚。特别是 GIS 中不可避免存在的各种金属微粒在电场作用下运动并附着于绝缘子表面,导致大量表面电荷的形成,改变了表面电场分布并大大降低沿面闪络电压。影响沿面放电的因素有很多,如绝缘材料的性能、电极的形状及布置、工作的环境、所加电压的种类等。气-固交界处发生沿面放电主要是由于绝缘子表面的电场集中引起的,沿面放电的发展进程与绝缘子的切向场强有关。由于绝缘子表面积聚电荷引起局部电场增强,从而进一步影响表面放电的发展。

气压对气-固绝缘特性有影响。对实际中所用的环氧树脂的支撑绝缘子所进行的研究结果表明,沿面闪络电压并不随气压正比例增加。由固体-气体绝缘组合的复合绝缘与单独气体绝缘相比,其绝缘强度随气体增加而增加得较少。它有这样的规律,在较高气压下的绝缘强度受绝缘子的影响比受气体的影响要大得多;而在低气压下,绝缘强度受绝缘子的影响较小。这表明,在低气压下,闪络路径更多地在气体中进行。支撑绝缘子侧面表面上的缺陷及存在的尘埃和水汽都会引起闪络电压明显下降,气压增加会使下降的程度增加。

嵌件间隙对气-固绝缘特性有影响。绝缘件两端有电极,电极有可能直接被浇注在绝缘件上,更多的是在绝缘件两端浇注金属嵌件,通过嵌件再与电极相连。电极或嵌件与绝缘件接触部位,可能由于尺寸配合关系,或两种材料热膨胀系数不同,或浇注工艺控制不当都可能出现间隙(或空穴),如图 4-12 中的试件 B。间隙中进入 SF_6、空气(也可能是真空),形成介电常数比固体绝缘材料小的气隙,导致气隙中电场强度增高,降低了电晕起始电压,随电晕的发展,闪络电压也下降。从图 4-12 还可看出,嵌件间隙的存在,提高 SF_6 气压对提高闪络电压的效果也降低了(随间隙的出现和间隙占值的增大,曲线斜率渐低,且有饱和趋势)。消除气隙的措施主要有两种:①电极形状尺寸设计合理,保证在两种材料接触处不存在间隙;②在嵌件外表面涂一层半导电液体橡胶,利用其弹性来避免在接触处因热胀冷缩而出现空穴。

绝缘件表面浇注质量对气-固绝缘特性有影响。绝缘件表面状况的缺陷一是表面粗糙度,二是气孔。环氧树脂浇注件的模具表面是很光洁的,因此绝缘件表面粗糙度不可能出现影响表面闪络电压的严重缺陷。绝缘件制造者和使用者所关心的是表面气孔,气孔的存在不仅会使绝缘件表面局部场强增大,而且会藏

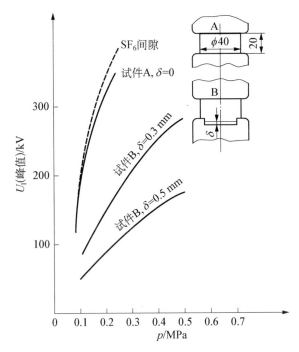

图4-12 嵌件间隙、SF₆气压对绝缘件沿面工频闪络电压的影响

污纳垢,破坏表面清洁度,诱导碰撞游离,形成局部放电而发展成沿面闪络。绝缘件表面浇注缺陷如果存在于电极附近,其降低闪络电压的影响最大;存在于其他承受高电压的部位时,其影响较小;存在于屏蔽罩内和其他不承受高压的部位时,无影响。

表面污染及水分对气-固绝缘特性有影响。绝缘件表面装配时附着污物油迹,运行时附着金属粉粒都会使沿面闪络电压显著下降,严重污染时可下降50%左右,如果导电粉粒或金属线条、电镀层沿绝缘件电场方向分布成线,其对沿面绝缘的破坏作用更严重。SF₆被电弧分解出的SF₄,将和含SiO₂填充剂的绝缘材料产生化学反应,使SiO₂变成粉状的SiF₄;如果SF₆中有水分,SF₄与水反应生成腐蚀性更强的HF,HF与SiO₂反应不仅强烈地侵蚀了绝缘材料,而且又析出水分,形成一个"酸—腐蚀—水"的恶性循环。

由于GIS大多安置在户外,长期受到日晒雨淋,夏季温升增高,冬季冰雪严寒;对GIS绝缘性能造成一定影响,所以研究SF₆气体在气温、湿度变化下气体沿面闪络电压的变化,对于了解绝缘子沿面放电特性,降低GIS沿面闪络事故,保证GIS绝缘性能具有重要意义。

从图 4-13 中可以看出,在温度极低时,绝缘子表面挂水已凝结成冰,气体的闪络电压与干燥情况下相同,与绝缘子所处湿度无关;但随着温度的升高,冰凌开始融化,气体闪络电压开始降低,湿度越大,闪络电压降低也越严重;随着温度的进一步升高,当温度到达 0℃ 以上,随着水分的蒸发,气体沿面闪络电压开始升高。并且,我们可以对比图(a)和图(b),也可以清楚地看出,气体沿面闪络电压增长会更加迅速。

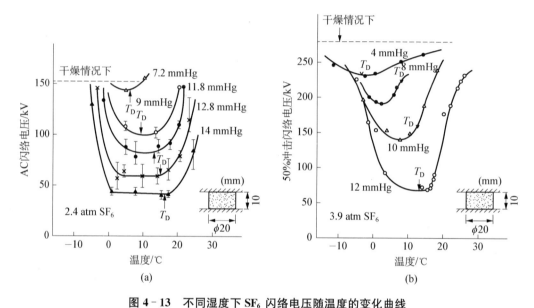

图 4-13　不同湿度下 SF₆ 闪络电压随温度的变化曲线

(a)交流电压随温度的变化曲线;(b)冲击电压随温度的变化曲线

导电微粒对气-固绝缘特性有影响。充 SF₆ 气体的同轴电极系统的支撑绝缘子的闪络特性常常由于绝缘子表面上存在导电微粒而下降。在高气压下,微粒的影响会更大。微粒陷阱和覆盖层等方式是减小微粒影响的有效方法。通过改善支撑绝缘子设计(即选择较低的介电常数和合适的绝缘子形状)亦可减小微粒的影响,而且更为经济。减小绝缘子的介电系数不仅对不带导电微粒的绝缘子闪络特性有利,而且对带导电微粒的绝缘子闪络特性的改善效果亦很明显。

表面电荷对沿面放电起始有影响。图 4-14 为气-固交界面处电场示意简图。其中 ε_0、ε_d 分别是气体及绝缘子的介电常数;γ_0、γ_d 分别是气体及绝缘子的电导率;假定 L 是电极系统中与绝缘子表面相交于 P_1 点的任意一条电力线。通过分析可知当绝缘子沿面放电起始时,气体-金属-绝缘子三重连接点的气体侧

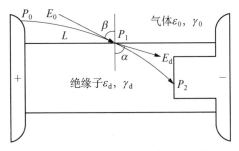

图4-14 气-固交界面处的电场示意图

出现电场集中,引起局部放电,使绝缘子表面积聚大量电荷。

表面电荷的积聚可分为三个阶段:

(1)气体侧有一定的微弱放电,但不强烈。由于电压作用时间较短,因此微观放电产生的正电荷来不及在外界电场的作用下运动到绝缘子的整个表面被绝缘子所吸附,因此在绝缘子局部区域产生了少量的负电荷。

(2)随着电压作用时间的增加,正电荷逐渐增多。正电荷产生的电场削弱了上电极气体-金属-绝缘子三重连接点处的电场,使负电荷减少。

(3)电压持续作用,负电荷逐渐增加,并扩散到绝缘子表面的大部分区域。

逐渐增加的负电荷增强了上电极气体-金属-绝缘子三重连接点处的电场,使已减弱的微放电又重新增强,绝缘子表面的正电荷又逐渐增加,回到(1),开始了新的循环。

由此可知,绝缘子表面电荷可以使绝缘子沿面放电的起始电压降低,使得有效初始电子的产生概率增加。

绝缘子沿面放电与初始电子崩的形成有很大关系,而初始电子崩的形成过程可通过对预放电电流的测量进行研究分析。有表面电荷积聚时,其产生的电场会影响电晕内部正负电荷的分离速度,并且该电场会影响空间电荷束末端的电场,进而影响下一步放电的发展。尖端电极产生的电荷主要分布在电极与对面电极之间连线的附近。当尖端电极与对面电极之间连线上的电荷极性与外施电压的极性相反时,表面电荷产生的电场与外施电压产生的电场方向相同,空间电荷束末端电场增大,绝缘子沿面放电由流注向先导的转变速度变快,其闪络电压降低。反之,空间电荷束末端电场减小,由流注向先导的转变速度减慢,闪络电压增加。

4.4 各种因素对 SF$_6$绝缘性能的影响

4.4.1 气体压力对 SF$_6$击穿电压的影响

为提高 SF$_6$气体的电气强度,提高其工作压力也是一个有效途径(注意不能过高,以防液化)。但和空气一样,SF$_6$中也有击穿电压随气压提高而趋于饱和的现象,如图 4-15 和图 4-16 所示。极间距越大即电场越不均匀,出现饱和趋势的气压越低。因此只有在保证电场相当均匀的条件下提高气压才最为有效。

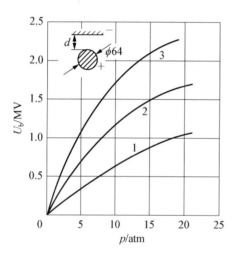

图 4-15 SF$_6$ 的击穿电压和气压的关系

1—$d=13$ mm; 2—$d=25$ mm; 3—$d=51$ mm

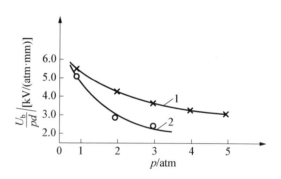

图 4-16 SF$_6$ 工频击穿电压与 pd 的比值和气压的关系

1—$d=20$ mm; 2—$d=65$ mm

将 15 mm 锥尖棒-平板间隙(简称尖-板间隙)置于金属容器中做放电实验。锥尖端部曲率半径为 0.5 mm,锥尖角为 30°,棒体直径为 6 mm。接地电极是直径为 80 mm 的罗戈夫斯基平板电极。两电极均用黄铜制成。50%概率击穿电压用升降法实验程序确定。直流电晕起始电压由伏安曲线外延法确定。

图 4-17 是 SF$_6$气体在雷电冲击和直流电压下的击穿电压和直流起晕电压与绝对气压的关系。由图可见:负极性直流的击穿电压高于正极性直流的击穿电压,但电晕起始电压的极性效应则相反;对于雷电冲击,负极性的冲击系数大于 1,正极性的冲击系数在 0.1~0.2 MPa 气压内小于 1。这种极性效应一般认为是由放电时延和电晕稳定化作用两类不同因素的影响造成的。

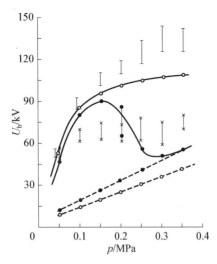

图 4‐17 击穿电压和电晕起始电压与气压的关系
·─●─· 正直流击穿电压；·-●-· 正直流起晕电压；
─○─ 负直流击穿电压；·-○-· 负直流起晕电压；
×─ 正雷电击穿电压；─ 负雷电击穿电压

在电晕稳定化气压区域，SF₆气体的冲击击穿水平对绝缘设计最有意义。因此，选择气压在 0.12 MPa 下，测试叠加波形下的击穿特性。为了观察叠加波形下预加直流电压的时间对复合击穿电压 U_b 的影响，在直流偏压 U_{dc} ＝ ±23 kV（超过起晕电压）时，改变预加直流偏压的时间，测试 U_b 的变化。图 4‐17 的典型结果表明：在 $\Delta t < 1\,\mathrm{min}$ 时，负极性直流叠加正雷电冲击的 U_b 随 Δt 的增加而下降；正极性直流叠加正雷电冲击的 U_b 随 Δt 的增加而上升；在 $\Delta t \geqslant 1\,\mathrm{min}$ 后，U_b 基本趋于平稳，直到预加直流电压到 6 min 未见 U_b 再有明显变化。据此，实验中取相邻两次冲击时间间隔为 1 min。

4.4.2 电场均匀度对 SF₆ 击穿电压的影响

电场的不均匀程度对 SF₆ 气体间隙击穿电压的影响要比空气大得多。随电场不均匀程度的提高，SF₆ 间隙击穿电压与空气间隙击穿电压的差值逐渐缩小，如图 4‐18 所示。

平板电极、同轴圆柱电极和球‐球电极的电场不均匀系数分别为 $f=1$，$f=1.05$ 和 $f=1.07$，属于均匀电场；同心球电极和球‐板电极电场不均匀系数分别为 $f=1.20$ 和 $f=1.22$，属于稍不均匀电场，电极距离 $d=5\,\mathrm{mm}$；尖‐板电极电场不均匀系数 $f=4.27$，属于不均匀场。电极距离 $d=5\,\mathrm{mm}$，SF₆ 气体分别施加工频电压和冲击电压在不同电场不均匀度下的击穿特性如图 4‐19 所示。

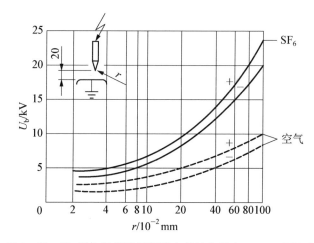

图 4‑18 尖‑板电极间的局部放电起始电压 ($p = 0.1\,\text{MPa}$)

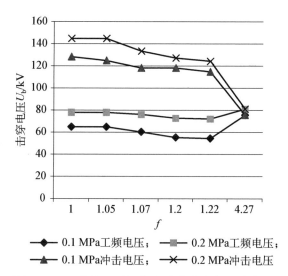

图 4‑19 不同气压时工频和冲击击穿电压随电场不均匀度变化曲线

实验数据也表明了在不同的不均匀度下，施加工频和冲击电压时，击穿电压随气压的变化趋势，如图 4‑20 所示。

4.4.3 极性对 SF_6 击穿电压的影响

在 SF_6 均匀电场中，因两电极电场分布完全对称而无极性效应，即施加正极性或负极性电压时其击穿电压相同。

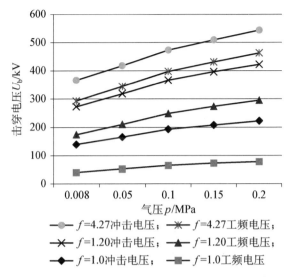

图 4 - 20 不同电场不均匀度时工频和冲击击穿电压随气压变化曲线

在不均匀和极不均匀电场中,负极性击穿电压高于正极性。

在我们所关注的稍不均匀电场中,负极性击穿电压一般低于正极性击穿电压,如图 4 - 21 所示,因此 SF₆电器中冲击绝缘水平通常都决定于负极性实验电压值。

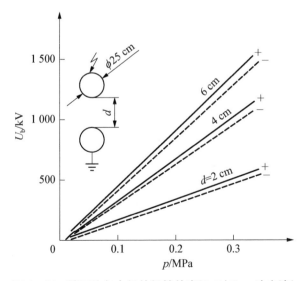

图 4 - 21 稍不均匀电场的极性效应(1.5/40 μs 冲击波)

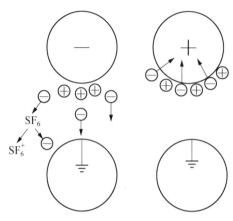

图 4-22　极性效应与空间电荷的运动

放电间隙空间电荷的运动造成了 SF_6 放电的极性效应,如图 4-22 所示。当上电极为负极性、上球表面附近电场达到一定值时,上球最低点附近空间最先电离,电子将远离上电极向下运动,运动过程中将使间隙的 SF_6 气体游离放出电子;而上电极附近留下来的空间正电荷在上球表面产生更高的电位梯度,导致上球表面发射更多的电子,从而加速了间隙的游离,降低了负极性击穿电压。当上球为正极性时,最先游离的电子直接进入上电极,不会进入球隙空间去诱发空间 SF_6 释放电子;而上球附近留下的正电荷也只能进一步削弱正极性上电极附近的电场,抑制上球发射电子,而使间隙的游离比负极性时小,因此正极性击穿电压高于负极性。

再如,采用同轴圆柱电极进行 SF_6 稍不均匀场放电实验。选择参数内圆直径 $d=60$ mm,外圆直径 $D=163$ mm,柱高 $L=320$ mm 的同轴圆柱实验电极,不均匀度为 $f=1.72$,实验时先将气体压力充至 0.1 MPa,然后进行负极性直流击穿电压实验,重复 5 次,对于击穿电压离散性较大的击穿点,重复 5~10 次;同一气压下负极性击穿电压实验完毕后再进行正极性击穿电压实验。分别在 0.1 MPa、0.2 MPa、0.3 MPa、0.4 MPa、0.5 MPa 的气体压力下进行正负极性的直流击穿电压实验,实验所得的正、负极性直流击穿电压值与理论击穿电压值

如图 4-23 所示,理论击穿电压值为同轴圆柱电极基于经典流注放电理论的推导值。

由图 4-23 可以看出:在 0.1~0.5 MPa 的气体压力范围,正负极性击穿电压随着气体压力的增大而增大,且在 0.4 MPa 后开始出现饱和趋势;负极性直流击穿电压在气体压力大于 0.1 MPa 时开始偏离理论击穿电压值;正极性直流击穿电压在气体压力大于 0.2 MPa 时开始偏离理论击穿

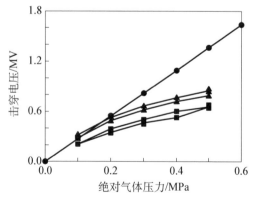

■ 负极性直流击穿电压;　▲ 正极性直流击穿电压;
● 理论击穿电压

图 4-23　击穿电压随气体压力的关系曲线

电压值；在气体压力大于 0.1 MPa 时具有明显的极性效应；在 0.4～0.5 MPa 气体压力范围内，负极性击穿电压值（平均值）约为正极性击穿电压值（平均值）的 70%～80%，为理论击穿电压值的 50%。

对于同轴圆柱这种典型的稍不均匀电场，负极性击穿电压明显低于正极性击穿电压的原因是放电间隙中空间电荷运动造成的，类似于球-球稍不均匀电极不同极性直流电压下空间电荷的运动规律，同轴圆柱电极直流电压下空间电荷运动如图 4-24 所示。

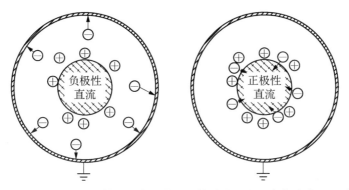

图 4-24　同轴圆柱电极直流极性效应和空间电荷移动

当中间导体电极为负极性时，其表面附近电场达到一定值时，中间导体表面附近空间最先电离，电子将远离中间导体向外壳电极附近运动，运动过程中将使间隙的 SF₆ 气体电离释放出电子，而中间导体电极附近留下来的空间电荷将加强中间导体表面的电场，导致发射更多的电子，加速了间隙的电离速度，从而降低了负极性击穿电压。当中间导体电极为正极性时，最先电离的电子直接进入中间导体电极，不会进入间隙空间去诱发空间中 SF₆ 释放电子；而中间导体附近留下的正电荷也只能进一步削弱正极性上球附近的电场，抑制上球发射电子，使间隙的电离作用比负极性时小，因此正极性击穿电压高于负极性。

在直流输变电系统中，直流 SF₆ 气体绝缘设备存在正极性或负极性的运行状态，而设备一般运行压力为 0.4～0.5 MPa，此时负极性直流击穿电压仅为正极性击穿电压的 70%～80%，约为理论击穿电压值的一半。因此进行绝缘设计和绝缘性能研究时，主要考虑施加负极性直流电压的条件，理论击穿电压值的指导意义不大。

4.4.4　电极表面粗糙度对 SF₆ 击穿电压的影响

SF₆ 中电极电晕起始电压主要受电极表面状态（形状和表面粗糙度）的影响，

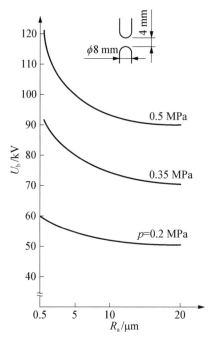

图 4 - 25　表面粗糙度 R_a 对 SF₆ 间隙放电的影响

受电极距离的影响次之。

电极表面是凹凸不平的,凸起部分,场强集中,电晕起始电压低。因此,间隙击穿电压随表面粗糙度 R_a 的增大而下降。

从图 4 - 25 还可看出,随 SF₆ 气压的增大,表面粗糙度 R_a 对 U_b 的影响越突出,由图可知,0.2 MPa 时 R_a 由 0.5 μm 上升到 20 μm 时,U_b 下降 8 kV,0.5 MPa 时相应下降 28 kV。

SF₆ 放电中电极表面形状(是否光滑、有无尖角)对电晕起始电压也有很大的影响。

图 4 - 26(a)和图 4 - 26(b)表明,尖角使间隙击穿电压下降,同样间距 d 及相同气压 p 条件下,尖角曲率半径 r 越小,击穿电压 U_b 越低。气压越高,尖角对放电的不利影响也越大。比较 $d=50$ mm 的气体放

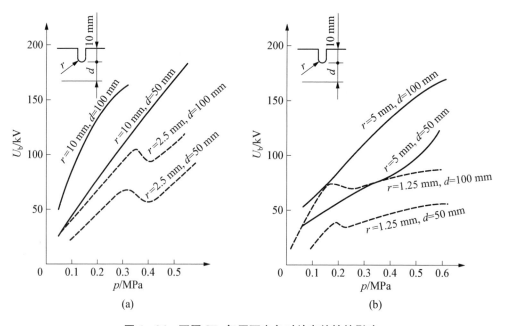

(a)　　　　　　　　　　　　　　(b)

图 4 - 26　不同 SF₆ 气压下尖角对放电特性的影响

(a)$r=2.5$ mm 和 10 mm;(b)$r=5$ mm 和 1.25 mm

电间隙,在 $p=0.1$ MPa 时,尖角 $r=10$ mm 的击穿电压与 $r=2.5$ mm 相比要高 25 kV;在 $p=0.3$ MPa 时,$r=10$ mm 的击穿电压比 $r=2.5$ mm 时要高 46 kV。间隙越大,电场分布不均匀性越大,尖角对击穿电压的影响也越大,例如,在 $p=0.3$ MPa,$d=100$ mm 时,$r=5$ mm 的击穿电压比 $r=1.25$ mm 时的击穿电压高 39 kV;$d=50$ mm 时,$r=5$ mm 的击穿电压比 $r=1.25$ mm 时高 23 kV;d 越大(电场越不均匀),尖角变小使击穿电压下降的现象越显著。

再如,在同轴圆柱电极放电过程中,分析表面粗糙度对放电击穿电压的影响。电极表面粗糙度大时,表面突起的局部电场强度要比气隙的平均电场强度大得多,因而可在宏观上平均场强尚未达到临界值时就诱发击穿。

当接地外壳电极表面粗糙度 R_a 保持 2.6 μm 不变时,在 $0.96 \sim 12.3$ μm 范围内改变高压中间导体的表面粗糙度时,$d=20$ mm,$D=54.4$ mm 的同轴圆柱电极间隙在 0.4 MPa 气体压力下的负极性直流击穿电压如图 4-27 所示。

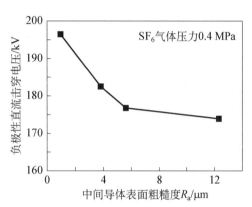

图 4-27 负极性击穿电压与高压导体电极表面粗糙度的关系

当高压中间导体电极表面粗糙度 R_a 保持 0.96 μm 不变时,在 $0.5 \sim 4.6$ μm 范围内改变接地外壳的表面粗糙度时,$d=20$ mm,$D=54.4$ mm 的同轴圆柱电极间隙在 0.4 MPa 气体压力下的负极性直流击穿电压如图 4-28 所示。图 4-29 为该电极组合下改变接地外壳电极表面粗糙度时负极性直流击穿电压与气压的关系。

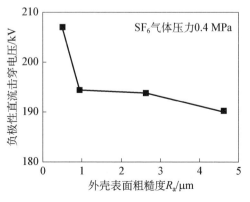

图 4-28 负极性击穿电压与接地外壳电极表面粗糙度的关系

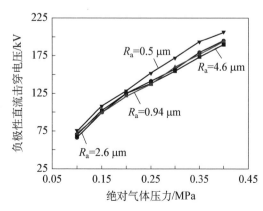

图 4-29 接地外壳粗糙度改变时击穿电压与气体压力的关系

SF$_6$混合气体的绝缘特性

　　SF$_6$ 气体在应用中也存在一些不足之处,SF$_6$ 是相对分子质量较大的重气体,液化温度较一般普通气体高,不能应用于高寒地区;此外 SF$_6$ 气体价格昂贵,不适用于用气量大的电气设备;再者,SF$_6$ 气体的耐电强度受非均匀电场、导电微粒和电极表面粗糙度的影响而急剧下降。已有的研究表明,在 SF$_6$ 中加入 N$_2$、CO$_2$ 等缓冲气体构成二元混合气体显示出多方面的优越性,这是因为电负性气体吸附作用的存在和成分之间的影响使混合气体产生了协同效应。SF$_6$/N$_2$ 混合气体已经在工业中获得初步应用,它既可用于高压绝缘也可用于灭弧,混合气体中,SF$_6$ 占 40%～50%。

5.1　混合气体对 SF$_6$ 缺陷的改善

　　迄今为止尚未发现性能优于 SF$_6$ 的单一绝缘气体。虽然有些气体的绝缘性能与 SF$_6$ 气体相当甚至优于 SF$_6$ 气体,但是有的液化温度过高,有的在放电时会析出固体颗粒,有的具有毒性,有的温室效应较高,因而仍需作进一步研究。有可能在近期内部分取代 SF$_6$ 气体的是混合气体绝缘。SF$_6$ 混合气体作为绝缘介质的研究早在 20 世纪 70 年代就开始了。国内外学者对 SF$_6$ 混合气体的研究结果表明,混合气体在很多方面具有优于 SF$_6$ 气体的性质,能够在一定程度上改善 SF$_6$ 气体的缺陷。混合气体的一个重要参数是混合比,即指气体成分的体积比。

5.1.1　液化温度

　　GIS 的单压式 SF$_6$ 断路器在 20℃时的充气压力通常为 0.7 MPa 左右,从图 5-1 的 SF$_6$ 气体状态图可知此时 SF$_6$ 气体的液化温度为 -30℃,即当环境温度

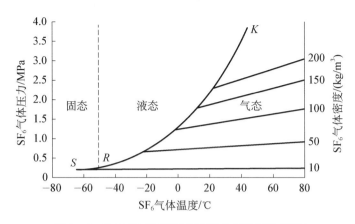

图 5 - 1 SF₆气体状态图（斜直线为气体等密度线）

K—临界点；R—三态点（熔点）；S—升华点

下降到－30℃时 SF₆就会液化。当 SF₆与液化温度极低的常用气体（如 N₂）混合时，只有当 SF₆气体的分压大于或等于图 5 - 1 所示的最低环境温度下的饱和蒸气压时，才会发生液化。因此在相同的气体总压力情况下，SF₆混合气体的液化温度比纯 SF₆气体低。这类 SF₆混合气体的液化温度可根据 SF₆气体的三态图计算得到。图 5 - 2 给出了两种不同混合比的 SF₆/N₂的液化温度曲线。由图可见，同一气压下的混合气体的液化温度随 N₂含量的增加而下降。因此对于高寒地区的断路器，可采用 SF₆混合气体来替代纯 SF₆气体，以防止气体在低温下发生液化。

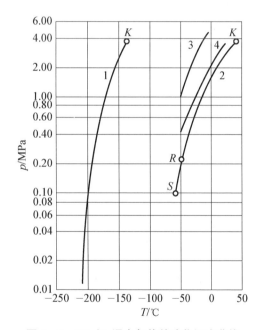

图 5 - 2 SF₆/N₂混合气体的液化温度曲线

1—N₂；2—SF₆；3—混合比为 20/80 的 SF₆/N₂混合气体；4—混合比为 60/40 的 SF₆/N₂混合气体

在断路器中，气体既是绝缘介质又是灭弧介质，所以用于断路器的混合气体应能同时满足这两方面的要求。研究表明 SF₆/N₂混合气体是用于断路器的较理想的混合气体，国外于 20 世纪 80 年代已研制成这种混合气体的断路器，SF_6/N_2 的混合比选取为 60%/40% 或 50%/50%。由于 SF_6/N_2 混合气体的耐电强度略低于 SF_6 气体，因此使用 SF_6/N_2 替代 SF_6 时，将断路器气压提高 0.1 MPa，以保持同样的开断能力，而此时这种混合气体断路器可用于 −40℃ 的寒冷地区。

5.1.2 绝缘性能

5.1.2.1 相对耐电强度（RES）

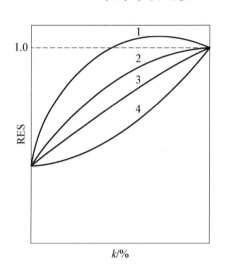

图 5 - 3 二元混合气体相对耐电强度（RES）的四种不同类型

混合气体的耐电强度不仅与其气体成分的耐电强度有关，而且还和气体成分之间是否有协同效应有关。图 5 - 3 给出二元混合气体相对耐电强度（RES）的四种不同类型，其中 1 型为具有正协同作用；2 型为具有协同效应；3 型为线性作用，可认为无相互作用；4 型为具有负协同作用。图中混合比 k 指耐电强度较高的气体成分在混合气体中所占的体积比，并以这一气体成分作为混合气体相对耐电强度的基准值。对于 SF_6 二元混合气体，1 型的例子如 SF_6/CF_2Cl_2 和 SF_6/C_3F_6 混合气体；2 型的例子如 SF_6/N_2 和 SF_6/CO_2 混合气体；3 型的例子如 SF_6/He 混合气体；4 型的例子如 $SF_6/C_2F_3Cl_3$ 混合气体。

关于不同混合气体的耐电强度将会在后文中分别进行具体的讨论，在这里只对已有工业应用的 SF_6/N_2 混合气体作一简单介绍，来说明混合气体的耐电强度优势。SF_6/N_2 混合气体是典型的具有协同效应的混合气体，也就是说，混合气体的碰撞电离与电子附着过程中并不存在协同效应，但是其相对耐电强度远高于线性的相对耐电强度。当 SF_6/N_2 混合气体中 SF_6 含量为 50% 时，其在均匀电场中的耐电强度为纯 SF_6 气体的 85% 以上。

混合气体在均匀电场中的绝缘强度可通过击穿实验求得，也可以通过测量混合气体的电子碰撞电离系数和附着系数，求取有效电离系数为零时的临界场强值。针对图 5 - 3 所示的混合气体 RES 的四种类型，分别讨论如下：

1) 气体组分间无相互作用的情况

由相关理论可知，气体的电离系数 α 和吸附系数 η 不仅与其电离碰撞截面 Q_i 和 Q_{att} 有关，而且还和电子的漂移速度 V_e 和速度分布函数 $f(v)$ 有关。若两种

气体组分的 V_e 和 $f(v)$ 相近,则气体组分之间无相互作用。此时,可写出二元混合气体的碰撞电离系数 α_m 和电子附着系数 η_m

$$\alpha_m / p = k(\alpha_1 / p) + (1-k)(\alpha_2 / p) \tag{5-1}$$

$$\eta_m / p = k(\eta_1 / p) + (1-k)(\eta_2 / p) \tag{5-2}$$

其中

$$k = p_1 / p$$

式中,α_1、α_2、η_1、η_2 为两种气体成分的碰撞电离系数和电子附着系数。

由式(5-1)和式(5-2)可以写出二元混合气体的有效电离系数 $\bar{\alpha}_m$ 为

$$\bar{\alpha}_m / p = k(\bar{\alpha}_1 / p) + (1-k)(\bar{\alpha}_2 / p) \tag{5-3}$$

SF_6 / N_2 和 SF_6 / CO_2 都属于这一类混合气体,因此混合气体的 $\bar{\alpha}_m$ 可用式(5-3)进行估算,即将各气体组分的有效电离系数按分压比加权求和,从而来确定混合气体的临界击穿场强。由此算得的 SF_6 / N_2 混合气体的 RES 与实验值吻合良好,当 $k \geqslant 0.05$ 时,可用如下经验算式表示

$$\text{RES} = k^{0.18} \tag{5-4}$$

由于式(5-4)所给出的 SF_6 / N_2 相对耐电强度远高于线性的耐电强度,如图5-3中的3型 RES,所以将此类混合气体称为有协同效应的混合气体,即图5-3中的2型 RES。但式(5-1)和式(5-2)仍表明,实际上这类混合气体的碰撞电离与电子附着过程中并不存在协同效应,其气体组分间没有相互作用。

2) 具有正协同作用的情况

假设 $\bar{\eta}$ 是有效电子附着系数,即

$$\bar{\eta} = \eta - \alpha = -\bar{\alpha} \tag{5-5}$$

正协同效应的定义是混合气体的 $\bar{\eta}_m$ 大于由式(5-2)计算的值,因此这种情况下混合气体的 RES 不能用式(5-3)进行估算。产生正协同效应的原因要根据混合气体的情况进行具体分析,但是有一点可以肯定,即气体混合后可以产生更多稳定的负离子。出现正协同效应时,混合气体的 RES 将高于按式(5-3)计算所得的值,这种情况下会出现图5-3中曲线1的情况。

3) 具有负协同效应的情况

出现负的协同效应时,混合气体的 RES 将低于按式(5-3)算得的值,因为这种情况下混合气体的 $\bar{\eta}_m$ 小于由式(5-2)算得的值。SF_6 / He 是具有负协同效应的一个例子,由于两种气体成分之间会出现潘宁效应,使得混合气体的 $\bar{\eta}_m$ 比

按分压力加权求和的值要小。这种情况下混合气体的 RES 可能像图 5-3 中的曲线 3 或曲线 4 所示。实际上 3 型曲线只是近似于直线，而不是一种必然的结果。

5.1.2.2 电场均匀性的影响

电场均匀性是影响纯 SF_6 气体间隙绝缘特性的最主要因素。在均匀电场中，SF_6 气体的绝缘性能十分优良，随着气体间隙的增大和压力增加都能明显地提高气体的绝缘能力，击穿场强约为空气间隙的 3 倍。但在极不均匀电场下，SF_6 气体间隙击穿电压将达不到空气击穿电压的 3 倍，随着电场不均匀程度提高，SF_6 气体间隙击穿电压将越来越小。故若将 SF_6 气体与缓冲气体（如 N_2）混合，可以极大地降低 SF_6 气体对电场不均匀程度的敏感性。

电极表面粗糙时和电极表面有刮伤、电极安装错位或粘有导电微粒等，均属于电极表面有缺陷的情况，其特点是电极表面会出现局部强电场，引起击穿电压的降低。但对于不同的气体和混合气体，粗糙度系数 ξ 是不同的，即对电极表面缺陷的敏感程度是不同的。

对于电极表面上任意形状的旋转对称的单个突起物，其粗糙度系数 ξ 为气体压力 p 和突起物高度 h 乘积 ph 的函数，此函数存在一个临界的 ph 值，记为 $(ph)_c$，ph 低于该值时，$\xi = 1$，即粗糙度对击穿没有影响，击穿电压等于由宏观电场确定的数值；而高于该值时，击穿电压则会受到粗糙度 ξ 的影响。

表 5-1 给出空气、SF_6 和 SF_6/N_2、SF_6/CO_2 混合气体（混合比均为 50/50）的 $(ph)_c$ 值。

表 5-1　空气、SF_6 和 SF_6/N_2、SF_6/CO_2 混合气体的 $(ph)_c$ 值

	空气	SF_6	SF_6/N_2	SF_6/CO_2
$(ph)_c/(MPa \cdot \mu m)$	40 左右	4.0	5.3	8.5

从表 5-1 可知，不同气体和混合气体对电极表面缺陷的敏感程度是不同的，在 SF_6 气体中掺入普通气体如 N_2、CO_2 等，可以减小电极表面的粗糙度效应。在电极表面有缺陷或有导电微粒的情况下，SF_6/N_2 的绝缘性能有可能高于纯 SF_6 气体。此外，虽然 SF_6/CO_2 混合气体在均匀电场中的耐电强度低于 SF_6/N_2 混合气体，但由于 SF_6/CO_2 混合气体的协同效应大于 SF_6/N_2 混合气体，因此在有局部强电场的情况下，SF_6/CO_2 混合气体的绝缘强度有可能优于 SF_6/N_2 混合气体和纯 SF_6 气体。

5.1.2.3 GIS 中的快速暂态过电压(VFTO)问题

采用纯 SF$_6$ 气体绝缘的 GIS 中,隔离开关操作会在 GIS 中产生波头极陡并伴有高频振荡的快速暂态过电压(VFTO)。这种过电压无论对于 GIS 本身以及与其相关联的大型电力设备绝缘的威胁都比较大。国内外均有关于 VFTO 引起的重大电力事故的报道。有研究学者对不同混合比的 SF$_6$/N$_2$ 混合气体的 VFTO 波的特性进行了研究。发现不同 SF$_6$ 气体的含量下,VFTO 的波形很相似。这可能是由于 VFTO 波在 GIS 中的传播主要由 GIS 的结构决定。但是随着 SF$_6$ 气体含量和气体压力的减小,VFTO 波的幅值逐渐减小,且其上升沿有逐渐变缓的趋势,因此采用 SF$_6$/N$_2$ 混合气体可以有效缓解 VFTO 对 GIS 的影响。

5.1.3 气体成本

使用 SF$_6$ 与常见气体如 N$_2$、CO$_2$ 或空气构成的二元混合气体,可使气体成本大幅度降低。例如,使用混合比为 50/50 的 SF$_6$/N$_2$ 混合气体作为绝缘介质时,即使只是将气体压力提高 0.1 MPa,仍可使费用减少约 40%,这对气体用量大的装置,如 GIL,会带来可观的经济效益。从工程应用方面来看,当系统最高电压从 145 kV 增大至 800 kV 时,气体费用在整个材料成本中的比例从 9% 增加至 21%,因此在超高压和特高压气体绝缘设备中,采用混合气体的经济效益将会特别明显。

5.1.4 环境保护

SF$_6$ 气体是一种强温室效应气体,其全球变暖潜能值(GWP)是 CO$_2$ 的 24 000 倍(每单位质量),并且由于 SF$_6$ 的化学性质极为稳定,在大气中的存在时间可长达 3 200 年之久,一旦泄漏到大气中基本不会自然分解。1997 年,在防止全球气候变暖的《京都议定书》中,SF$_6$ 被列为全球管制使用的温室气体。气体绝缘型电气设备中绝缘气体需用量大,采用 SF$_6$ 混合气体可有效降低 SF$_6$ 气体用量,可减少 SF$_6$ 气体的排放量,减小温室效应对环境的影响。例如,对于 420 kV 的 GIL,采用 0.55 MPa 的 SF$_6$ 气体,SF$_6$ 气体用量约为 13.9 t/km;采用 0.8 MPa 的混合比为 20/80 的 SF$_6$/N$_2$ 混合气体,SF$_6$ 气体用量约为 4.0 t/km,可节约 SF$_6$ 气体高达 71.2%。

5.2 SF$_6$混合气体的混合特性

5.2.1 混合比

在工程应用范围内,各气体组分均可看作理想气体,因此对两种气体组分可

写出

$$P_A = \frac{n_A RT}{V}; \; P_B = \frac{n_B RT}{V} \tag{5-6}$$

式中，n_A、n_B 为两种气体组分的物质的量。

故可得到

$$P = \frac{nRT}{V} = (n_A + n_B)\frac{RT}{V} = P_A + P_B \tag{5-7}$$

式(5-7)即为道尔顿分压定律，它说明在混合气体中有

$$\frac{n_A}{n_B} = \frac{P_A}{P_B} \tag{5-8}$$

或

$$P_A = \frac{n_A}{n} \times P \tag{5-9}$$

因此气体的混合比可看作是这两种气体的分压力之比。控制混合气体的混合比的方法也很简单，只需控制气体组分的分压力即可。在对设备进行充气时，为提高混合比的准确度，应该先充入含量较少的气体组分。

国内外早期研究 SF_6/N_2 混合气体一般都集中在 50% 以上的 SF_6 气体中添加 N_2，而且一般采用小电极，关于低含量 SF_6 混合气体研究的报道相对较少。近年来随着环保要求的提高，低含量 SF_6 混合气体的研究逐渐增多。

研究表明，当 SF_6 气体含量达到 10%～20% 时，就可达到一定的绝缘强度，虽然由于 SF_6 含量较低，混合气体的灭弧能力和开断性能较差，但如果绝缘气体只应用于需要保持绝缘强度，而对灭弧性能没有特殊要求的环境中（如 GIL），采用低含量 SF_6 混合气体（如混合比为 20/80 的 SF_6/N_2 的混合气体），从其绝缘性、经济性和环保性等方面考虑，都是很好的选择。

5.2.2 混合比随高度的变化

大气中任意高度上各种气体组分的比率取决于两种相反物理过程的竞争，即分子扩散和湍流混合过程。分子扩散使不同相对分子质量的气体成分随高度有不同的分布，而湍流混合则趋向于使大气的组成与高度无关。当气体绝缘型电气设备的高度不大时，可以认为设备中气体压强处处相等。但如充气设备的高度很大时，则要考虑气体压强 p 随高度 h 增加而略有减小的现象。

作用于单位横截面积、厚度为 dh 的薄层气体的向上的力为 $F = - dp$，而该层气体的重力为 $g\rho dh$，所以可以得到

$$- dp = g\rho dh \text{ 或} \frac{dp}{dh} = - g\rho \qquad (5-10)$$

式中，g 为重力加速度，ρ 为高度 h 处的气体密度。

对于理想气体，则可根据状态方程写出

$$\rho = \frac{p\mu}{RT} \qquad (5-11)$$

式中，μ 为气体的摩尔质量。

由式(5-10)和式(5-11)可得

$$\frac{dp}{p} = - \frac{\mu g}{RT} dh \qquad (5-12)$$

即

$$p/p_0 = e^{\left[-\int_{h_0}^{h} dh/H\right]} \qquad (5-13)$$

其中

$$H = \frac{RT}{\mu g}$$

式中，h_0、p_0 为参考点的高度和该处的气压。

对于理想气体，可以忽略 g 随 h 的变化，则式(5-13)可以写为

$$p/p_0 = N/N_0 = e^{\left[-(h-h_0)/H\right]} \qquad (5-14)$$

式中，N、N_0 为高度 h 和 h_0 处的气体分子数密度。

对于用作绝缘介质的混合气体中无湍流混合过程，由分子扩散引起的轻重气体成分之间的分离现象可用气体静力学方程进行计算。按照道尔顿分压定律，每一种气体成分均是按照它单独存在时那样分布的，A、B 两种气体的混合比实际上就是这两种气体的分压力之比，也就是两种气体的分子数密度之比。因而对于理想气体，可先算得每种气体成分的分子数密度随高度的变化，从而求得混合比随高度的变化。设高度为 h 和 h_0 处的混合比分别为 N_A/N_B 和 N_{A0}/N_{B0}，则可写出

$$\frac{N_A/N_B}{N_{A0}/N_{B0}} = \frac{N_A/N_{A0}}{N_B/N_{B0}} = e^{-\left[(h-h_0)\left(\frac{1}{H_A} - \frac{1}{H_B}\right)\right]} \qquad (5-15)$$

经计算,在 $T = 20℃$ 时,对于混合比为 20/80 的 SF_6/N_2 混合气体,高度 h_0 处与 $h = h_0 + 100$ m 处的混合比相差不大。事实上,高度相差 100 m 的情况是很少见的,近年来虽然出现了落差高达 200 m 以上的完全垂直敷设的 SF_6/N_2 绝缘 GIL,但是整个线路是分成若干密封段的。因此,在工业应用的范围内混合比随高度的变化是很微小的,因此这不会成为 SF_6 混合气体在气体绝缘电气设备中应用的一个问题。

5.2.3 混合过程

气体组分是依靠扩散来达到均匀混合状态的,因此,不管先充哪一种气体组分,最终都会达到均匀混合状态。一维情况下的扩散过程可用下式表示

$$\frac{\partial N}{\partial t} = D \frac{\partial^2 N}{\partial x^2} \tag{5-16}$$

式中,N 为某一气体组分在 x 处的浓度,D 为混合气体的扩散系数。

气体扩散与温度和气压有关。在低温和高气压状态下,由于气体分子运动速度降低和平均自由行程减小,因此扩散率减小。在同一温度和气压下,气体的扩散率反比于其相对分子质量 M 的平方根,对于二元混合气体可写出

$$D \propto \sqrt{\frac{1}{M_A} + \frac{1}{M_B}} \tag{5-17}$$

对于 SF_6 混合气体而言,$M_A = 146$,因此由式(5-17)可知,M_B 越小则气体混合过程越短。当扩散的距离减小时,混合均匀所需的时间也大大减小。

根据工程实践经验可知,充入设备的混合气体不需预先混合好,只要将各气体成分按照预定的分压力分别充入设备,经过一定时间就会达到混合均匀的状态。

5.2.4 混合气体的回收

由于 SF_6 气体环保性能很差,放电之后可能会生成有毒分解物,因此不能将 SF_6 气体直接排放到大气中,故在气体回收时应该将 SF_6 气体从混合气体中分离出来,回收之后再利用。目前的气体分离方法主要有三种,即液化法、PSA (pressure swing adsorption)法和聚合物薄膜法。

1) 液化法

分离 SF_6 气体最简单的方法就是液化法。一个大气压下,SF_6 气体的沸点是 $-63.8℃$,比 N_2 的沸点($-196℃$)要高得多,因此 SF_6 气体比较容易液化。但是

对于 SF_6/N_2 混合气体,尤其是 SF_6 低混合比的混合气体来说,由于 SF_6 气体含量少,SF_6 的分压较低,所以要使它在室温下液化,则需要非常高的压力,这对压力容器的要求太高,而且也不经济,因此实际上很难采用液化法分离低含量 SF_6 的 SF_6 混合气体。

2) PSA 法

PSA 法中采用人造沸石作为吸附气体的材料,它是一种分子筛,可以使得某些气体分子不能通过,而另一些气体分子可以通过。

PSA 法的原理是在气压比较高时,人造沸石吸附某种气体;而在气压较低时,又将已经吸附的气体释放出来。也就是说,当气压由高到低循环变化时,人造沸石可以循环使用。目前 PSA 法应用于从空气中分离氧气已经实现商业化,因此寻找一种合适的人造沸石就可以实现从 SF_6 混合气体中分离 SF_6 气体。PSA 法的缺点是回收得到的气体中 SF_6 含量不够高。

3) 聚合物薄膜法

聚合物薄膜法的主要原理是:气体种类和聚合物薄膜的温度不同,其渗透率也不同,相同条件下渗透率高的气体穿透薄膜要快一些。

研究表明,当薄膜温度相同时,SF_6 气体的渗透率较其他气体小得多,而且随着温度的升高,N_2 等气体的渗透率都变大,只有 SF_6 气体的渗透率变小。利用这一特性,就可以实现从 SF_6/N_2 以及其他混合气体中分离出 SF_6 气体。实际应用中可以选择碳分子筛薄膜、聚酰亚胺薄膜或聚碳酸酯作为分离薄膜。目前聚合物薄膜法仍然处于研究阶段,如何实现工程中的应用还需要进一步研究和探索。

在实际工程应用中,不一定只使用单一的方法分离混合气体,可以将两种或两种以上的方法结合起来使用。比如先用 PSA 法进行初步分离,得到较高体积浓度的 SF_6 混合气体,然后再使用液化法,就可以得到液态的纯 SF_6 气体,这样可以解决 PSA 法回收气体中 SF_6 浓度不高的问题,同时可以解决液化法回收低含量 SF_6 混合气体需要极高压力的问题。

5.3　常见 SF₆ 二元混合气体的绝缘特性

为了预测绝缘气体的放电特性和绝缘性能,需要从微观上研究其放电机理。通过测量绝缘气体的电离系数、吸附系数、电子漂移速度和扩散系数等参数,不仅可得出绝缘气体的耐电强度,还可以了解到气体的基本放电过程和机理,为实际应用时正确选择绝缘气体及其混合比提供依据。

我们运用多种方法,如稳态汤逊法(SST 法)、脉冲汤逊法(PT 法)、蒙特卡罗计算方法、玻耳兹曼计算方法等,对多种 SF_6 二元混合气体的基本放电过程和绝缘特性进行了分析和对比。

5.3.1 SF_6/N_2 混合气体的绝缘特性及其应用

如前所述,由于 SF_6 气体存在诸如放电特性不够理想等问题,近年来已有用 SF_6 混合气体取代 SF_6 气体的应用范例,其中 SF_6/N_2 混合气体已在工程实践中获得初步应用。然而对 SF_6/N_2 混合气体的放电机理和绝缘特性还需进一步研究。

5.3.1.1 均匀电场

1) 稳态汤逊法(SST 法)

我们在 E/p 值为 $26.3 \sim 94.0$ kV/(mm·MPa)的范围内,用 SST 法测量了 SF_6/N_2 混合气体,求出了 α/p、η/p 和 $\bar{\alpha}/p$ 与 E/p 值的变化规律。N_2 气体的纯度为 99.999%,杂质含量: $O_2 < 5$ mg/L, $H_2O \leqslant 5$ mg/L, $Ar < 1$ mg/L。

SF_6/N_2 混合气体的电离系数 α/p、吸附系数 η/p 与 E/p 的关系如图 5-4 所示。从图中可知,α/p、η/p 随着 E/p 值近似线性变化,在同一 E/p 值下,α 和 η 都随着 SF_6 含量的增加而增大。图 5-5 给出了 $\bar{\alpha}/p$ 与 E/p 值的关系曲线。由于 N_2 为中性气体,$\eta = 0$,则 $\alpha = \bar{\alpha}$。从图中可知,在 $\bar{\alpha} = 0$ 附近,除了纯 N_2 外,其他混合比的 $\bar{\alpha}/p$ 均呈线性关系。然而其关系曲线斜率随 SF_6 含量的减小而减小,即放电发展随 SF_6 含量的减少而变缓。用 SST 法测得的不同混合比 SF_6/N_2

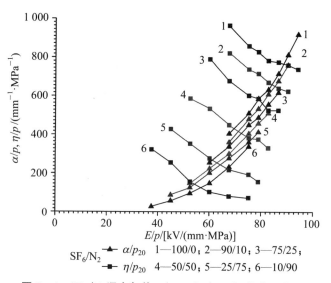

SF_6/N_2 α/p_{20} 1——100/0;2——90/10;3——75/25;
           η/p_{20} 4——50/50;5——25/75;6——10/90

图 5-4 SF_6/N_2 混合气体 α/p、η/p 与 E/p 的关系曲线

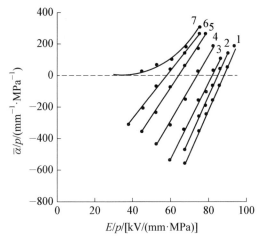

图 5 - 5 SF₆/N₂混合气体的 $\overline{\alpha}/p$ 与 E/p 值的关系曲线

1—100/0；2—90/10；3—75/25；4—50/50；5—25/75；
6—10/90；7—0/100

混合气体的临界击穿场强 $(E/p)_{\text{lim}}$ 如表 5 - 2 所示。

表 5 - 2 SST 法测得不同混合比 SF₆/N₂混合气体的临界击穿场强 $(E/p)_{\text{lim}}$[单位：kV/(mm・MPa)]

混合比	100/0	90/10	75/25	50/50	25/75	10/90
$(E/p)_{\text{lim}}$	88.4	85.7	82.0	74.4	64.7	56.4

SF₆/N₂混合气体的相对耐电强度 RES 与 SF₆含量 $k(\%)$的关系如下式

$$\text{RES} = 0.582\,7 + 0.621k - 0.208k^2 \qquad (5-18)$$

从 RES 的变化趋势可判定 SF₆/N₂为协同效应型混合气体。虽然其耐电强度随 SF₆气体含量的减小而下降，但在混合比大于 50/50 时，RES 下降不多，如混合比为 75/25 时，SF₆/N₂的 RES = 0.928。可见 SF₆/N₂混合气体在电力工业中具有良好的应用前景。

2）脉冲汤逊法（PT 方法）

上文中采用 SST 方法测量了 SF₆/N₂混合气体的放电过程，得出了 SF₆/N₂是协同效应型混合气体的结论，并说明 N₂可作为缓冲气体，使 SF₆的放电发展过程变得相对平缓，从而改变 SF₆的放电特性。然而，SST 法不能对于更复杂的放电过程进行研究，故需要采用 PT 法对 SF₆/N₂混合气体的电子漂移速度 V_e 和扩散系数 D 进行测量，以获得 SF₆/N₂的电子输运特性。

  我们运用 PT 法对 SF_6/N_2 在混合比为 100/0、90/10、75/25、50/50、25/75、10/90、0/100，E/p 值从 15.0～97.7 kV/(mm·MPa) 的范围内进行了实验。

  图 5-6 给出了 SF_6/N_2 在不同混合比下的 $\bar{\alpha}/p$ 与 E/p 值的变化曲线。图中的曲线可由下式表示

$$\bar{\alpha}/p = C[E/p - (E/p)_{\lim}] \tag{5-19}$$

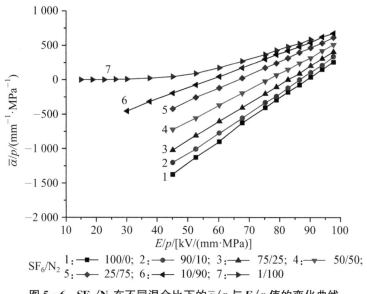

$$\begin{array}{ll} SF_6/N_2 & 1:\ \blacksquare\ 100/0;\quad 2:\ \bullet\ 90/10;\quad 3:\ \blacktriangle\ 75/25;\quad 4:\ \blacktriangledown\ 50/50; \\ & 5:\ \blacklozenge\ 25/75;\quad 6:\ \blacktriangleleft\ 10/90;\quad 7:\ \blacktriangleright\ 1/100 \end{array}$$

图 5-6　SF_6/N_2 在不同混合比下的 $\bar{\alpha}/p$ 与 E/p 值的变化曲线

式中，C 为不同混合比下曲线的斜率。由图 5-6 可知，随着混合比中 SF_6 气体含量的减小，$(E/p)_{\lim}$ 也随之减小，说明耐电程度下降；而曲线的斜率 C 也随之减小，表明 N_2 与 SF_6 混合之后，可使 SF_6 的放电发展变得相对缓慢。而 N_2 可作为 SF_6 的缓冲气体，使 SF_6 的高能电子数减少。

  图 5-7 给出了 $\bar{\alpha}/p$ 在不同 E/p 值下，随 SF_6 含量 $k(\%)$ 的变化曲线。从图中可看出，$\bar{\alpha}/p$ 随 k 呈线性下降，且下降较为平缓，即当 k 值减少时，$\bar{\alpha}/p$ 的增长不大，说明添加 N_2 后，SF_6/N_2 混合气体的 $\bar{\alpha}$ 增加不多，即电离发展提高不大。

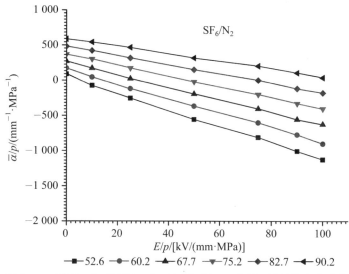

图 5 - 7　不同 E/p 值下 SF₆/N₂ 的 $\bar{\alpha}/p$ 随 SF₆含量 $k(\%)$ 的变化曲线

电子漂移速度 V_e 与 E/p 值的关系曲线如图 5 - 8 所示。此图表明,在 SF₆中添加了 N₂ 之后,电子漂移速度将有所增大,即电子崩发展较为激烈,这也有可能是 SF₆/N₂ 混合气体随着 SF₆含量的减小,临界耐电强度值 $(E/p)_{\text{lim}}$ 有所下降的原因之一。

电子扩散系数 D 对抑制放电的发展较为重要。为了避免阴极的二次电子发射,故 PT 实验一般都在较低气压下进行,因此扩散对电子崩发展的影响就显

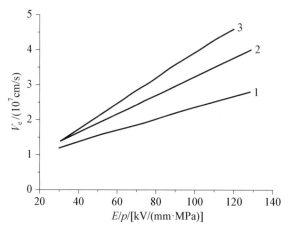

图 5 - 8　SF₆/N₂混合气体的 V_e 与 E/p 值的关系曲线

1—SF₆；2—50％SF₆/50％N₂；3—N₂

得较为突出。探讨混合气体的扩散机理,对认识缓冲气体的作用是有帮助的。图 5-9 给出了 Dp 与 E/p 值的关系曲线。从图中可知,N_2 的扩散系数比 SF_6 气体大,即在电子崩放电过程中,N_2 的扩散作用比 SF_6 强。混合比为 50/50 的 SF_6/N_2 的 Dp 曲线介于 N_2 和 SF_6 之间,但比 SF_6 气体的曲线稍高,特别是在 E/p 大于 $60\ kV/(mm \cdot MPa)$ 后,曲线 2 和曲线 3 增长更快,说明扩散作用增强。因此,从扩散的观点来看,添加了 N_2 后,可使 SF_6 气体的放电特性得到改善。

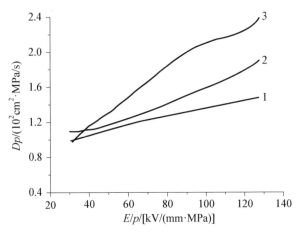

图 5-9 SF_6/N_2 的 Dp 与 E/p 的关系曲线

1—SF_6;2—50%SF_6/50%N_2;3—N_2

由图 5-6 的曲线和式(5-19),令 $\bar{\alpha} = 0$ 可得到 SF_6/N_2 在不同混合比下的临界耐电强度值 $(E/p)_{lim}$,如表 5-3 所示。

表 5-3 PT 法测得不同混合比 SF_6/N_2 混合气体的临界击穿场强$(E/p)_{lim}$[单位: $kV/(mm \cdot MPa)$]

混合比	100/0	90/10	75/25	50/50	25/75	10/90
$(E/p)_{lim}$	88.9	86.5	82.7	75.9	66.2	57.1

5.3.1.2 不均匀电场

1) 由光滑电极形成的稍不均匀电场

根据流注放电判据可知,在不均匀电场中,$E_{max}/p > (E/p)_{lim}$,其中 E_{max} 为最大击穿场强。且 E_{max}/p 和 $(E/p)_{lim}$ 两者的比值与电极曲率半径有关,因此引入曲率系数 h 为两者的比值。

纯 SF_6 气体和混合比为 50/50 的 SF_6/N_2 混合气体在同轴圆柱电极中的击

穿场强公式为

$$E_{max}/p = 88.5\left[1+\frac{0.092}{\sqrt{pr}}\right]$$

$$E_{max}/p = 79\left[1+\frac{0.103}{\sqrt{pr}}\right] \qquad (5-20)$$

式中,p 为气体压力,r 为内电极的曲率半径,pr 的单位是 MPa·mm,E_{max}/p 的单位为 kV/(mm·MPa)。

同理,对于同心球电极,纯 SF$_6$ 气体和混合比为 50/50 的 SF$_6$/N$_2$ 混合气体的击穿场强公式为

$$E_{max}/p = 88.5\left[1+\frac{0.13}{\sqrt{pr}}\right]$$

$$E_{max}/p = 79\left[1+\frac{0.146}{\sqrt{pr}}\right] \qquad (5-21)$$

则可知混合比为 50/50 的 SF$_6$/N$_2$ 混合气体的曲率系数大于纯 SF$_6$ 气体的情况。这说明 SF$_6$/N$_2$ 混合气体在稍不均匀电场中的相对耐电强度略高于均匀电场中的相应值。

2)极不均匀电场

在 SF$_6$ 气体中添加某些气体,可使极不均匀电场中正极性击穿电压提高。图 5-10 为极不均匀电场间隙中 SF$_6$ 和混合比为 75/25 的 SF$_6$/N$_2$ 混合气体的交流电晕起始电压及击穿电压的比较,由图可见,混合气体的击穿电压驼峰比纯 SF$_6$ 气体高,且其临界气压也比纯 SF$_6$ 时大。

对于这一现象,通常都用电晕稳定化作用来解释,即在 SF$_6$ 中添加低耐电强度气体,使混合气体的电晕起始电压降低,因而混合气体中电晕稳定化作用得到加强。

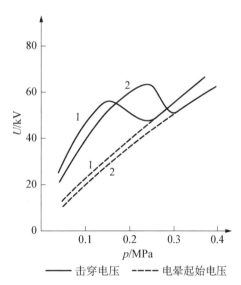

图 5-10 极不均匀电场间隙中 SF$_6$ 和混合比为 75/25 的 SF$_6$/N$_2$ 混合气体的交流电晕起始电压及击穿电压的比较

1—SF$_6$;2—混合比为 75/25 的 SF$_6$/N$_2$ 混合气体

5.3.1.3　实际应用

采用低含量 SF_6/N_2 混合气体,不但能够降低气体介质的成本,减小 SF_6 气体对局部电场畸变的敏感程度,解决 SF_6 气体的液化问题,而且更重要的是可以减少 SF_6 气体的使用量和排放量,减小温室效应对环境的影响。

鉴于环保和经济性的要求,国内外各大制造厂家已纷纷采取措施,开发采用 SF_6/N_2 混合气体绝缘的电气设备。2001 年,世界第一条 SF_6/N_2 混合气体绝缘高压线路(GIL)在日内瓦建成,其采用混合比为 20/80 的 SF_6/N_2 混合气体作为气体绝缘介质,额定电压为 220 kV,额定电流为 2 000 A,混合气体额定压力为 0.7 MPa;2004 年投运的英国 Hams Hall 工程的 GIL,也采用混合比为 20/80 的 SF_6/N_2 混合气体绝缘。同时,ABB 公司开发了 LTB 72.5~145 kV 气体绝缘断路器(GCB)和 HPL72.5‐300E 1 型 GCB,既可以采用纯净的 SF_6 气体,也可以采用 SF_6/N_2 混合气体。当采用 SF_6/N_2 混合气体时,在 20℃、绝对额定气压 0.7 MPa 下,可以用于 -50℃ 的环境中,而在纯净的 SF_6 气体、绝对气压 0.5 MPa 时,只能用于 -40℃ 的环境。东芝公司也对 SF_6/N_2 混合气体断路器进行了研究。

5.3.2　SF_6/CO_2 混合气体的绝缘特性及其应用

5.3.2.1　均匀电场

1) SST 方法

我们在 E/p 值为 26.3~94.0 kV/(mm·MPa)范围内,用 SST 方法测量了 SF_6/CO_2 混合气体,求出了 α/p、η/p 和 $\bar{\alpha}/p$ 与 E/p 值的变化规律。CO_2 气体的纯度为 99.95%,杂质含量: $O_2 < 40$ mg/L, $N_2 < 60$ mg/L, $H_2O \leqslant 5$ mg/L, Ar $\leqslant$ 3 mg/L。

由实验得到的 SF_6/CO_2 混合气体的 $(E/p)_{lim}$ 列于表 5‐4 中。图 5‐11 给出了 SF_6/CO_2 混合气体的 α/p、η/p 与 E/p 的关系曲线。从图中可知,α/p、η/p 均随 E/p 值近似线性变化。与 N_2 不同,SF_6/CO_2 混合气体在同一 E/p 值下,α 随着 SF_6 含量的增加而减小,η 随 SF_6 含量的增加而增大。图 5‐12 给出了 $\bar{\alpha}/p$ 与 E/p 的关系曲线。因为 CO_2 为弱电负性气体,η 很小,在 SST 实验中很难测出,故可以用 CO_2 的 α 近似代替 $\bar{\alpha}$(见图 5‐12 中的曲线)。在 $\bar{\alpha} = 0$ 的附近范围内,除了纯 CO_2 外,在其他混合比的情况下,$\bar{\alpha}/p$ 与 E/p 值呈线性关系。与 N_2 相同,其关系曲线斜率随 SF_6 含量的减小而减小,即放电发展也随 SF_6 含量的减少而变缓。

表 5-4 SST 法测得不同混合比 SF₆/CO₂ 混合气体的临界
击穿场强 $(E/p)_{lim}$[单位：kV/(mm·MPa)]

混合比	100/0	90/10	75/25	50/50	25/75	10/90
$(E/p)_{lim}$	88.4	84.2	77.4	69.2	57.9	43.6

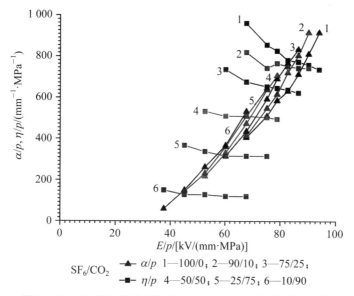

图 5-11 SF₆/CO₂ 混合气体的 α/p、η/p 与 E/p 的关系曲线

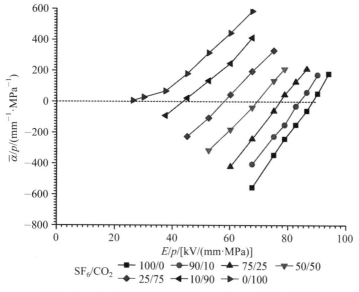

图 5-12 SF₆/CO₂ 混合气体的 $\bar{\alpha}/p$ 与 E/p 的关系曲线

SF_6/CO_2 混合气体的相对耐电强度 RES 与 SF_6 含量 $k(\%)$ 的关系如下

$$RES = 0.433\,9 + 0.828\,6k - 0.276\,4k^2 \qquad (5-22)$$

从 RES 的变化趋势可判定 SF_6/CO_2 为协同效应型混合气体。

2) PT 法

相对于 SF_6/N_2 混合气体而言,对 SF_6/CO_2 的研究较少,在工程实践中鲜有应用。但 SF_6/CO_2 混合气体的放电特性不容忽视,某些特性可能优于 SF_6/N_2 混合气体。因此对 SF_6/CO_2 的研究日益受到重视。采用 SST 实验方法可以测量 SF_6/CO_2 混合气体的 α 和 η 等放电参数,而要了解其放电机理,还应知道它的输运特性,因此需要采用 PT 法对 SF_6/CO_2 混合气体进行实验,进一步了解它的电子崩放电特性。

我们用 PT 法对 SF_6/CO_2 进行实验,参数 E/p 值从 $15.0 \sim 97.7$ kV/(mm·MPa),混合比为 100/0、90/10、75/25、50/50、25/75、10/90、0/100。图 5-13 给出了 SF_6/CO_2 在不同混合比下的 $\bar{\alpha}/p$ 与 E/p 的关系曲线。实验测得当 CO_2 气体在较低的 E/p 值下,它的 $\bar{\alpha}$ 为负值,证实了 CO_2 为弱电负性气体,而由于受到测量精度的限制,SST 法无法测出这些数据。从图中曲线的变化可以看出在 $\bar{\alpha} = 0$ 的 E/p 值附近范围内,$\bar{\alpha}/p$ 与 E/p 呈线性关系。对照式(5-19),可知曲线的斜率 C 和 $(E/p)_{\lim}$ 值都随 SF_6 含量的减少而有所减小。说明 SF_6 与 CO_2 混合之后,耐电强度有所下降,但 C 的减小可使混合气体的放电发展有所减慢,即 CO_2

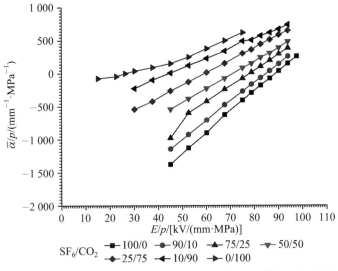

图 5-13　SF_6/CO_2 在不同混合比下的 $\bar{\alpha}/p$ 与 E/p 值的变化曲线

也和 N$_2$ 一样,可作为缓冲气体,通过对电子的非弹性散射使高能电子减速,从而改变 SF$_6$ 的放电特性。

图 5-14 给出了 SF$_6$/CO$_2$ 混合气体在不同 E/p 值时,$\bar{\alpha}/p$ 随 SF$_6$ 含量 $k(\%)$ 的变化规律。与 SF$_6$/N$_2$ 相似,$\bar{\alpha}/p$ 也是随着 SF$_6$ 含量 $k(\%)$ 的增加而较平缓地下降。

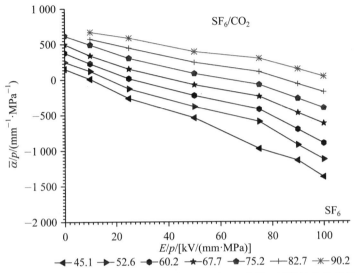

图 5-14 不同 E/p 值下 SF$_6$/CO$_2$ 的 $\bar{\alpha}/p$ 随 SF$_6$ 含量 $k(\%)$ 的变化曲线

SF$_6$/CO$_2$ 混合气体的电子漂移速度 V_e 与 E/p 值的关系曲线如图 5-15 所示。从图中可以看出,CO$_2$ 的 V_e 比 SF$_6$ 的 V_e 要大,即 CO$_2$ 的放电发展比 SF$_6$ 强烈,故 SF$_6$ 耐电强度比 CO$_2$ 高。而 CO$_2$ 与 SF$_6$ 混合后,从图 5-15 中曲线 2(混合比为 50/50)可看出,SF$_6$/CO$_2$ 混合气体的 V_e 比纯 SF$_6$ 气体大,从这一点看,SF$_6$/CO$_2$ 的 $(E/p)_{lim}$ 值较 SF$_6$ 的 $(E/p)_{lim}$ 值小的原因之一。由 SST 实验得到结论,SF$_6$/CO$_2$ 和 SF$_6$/N$_2$ 均为协同效应型混合气体,故虽然 V_e 增大,但在 SF$_6$ 含量大于 50% 时,$(E/p)_{lim}$ 下降不多,所以 CO$_2$ 和 N$_2$ 都可作为 SF$_6$ 较理想的缓冲气体。

图 5-16 给出了 CO$_2$、SF$_6$ 和混合比为 50/50 时的 Dp 与 E/p 关系曲线。从图中可以得到,在 E/p 值小于 50 kV/(mm · MPa)时,CO$_2$ 的扩散作用比 SF$_6$ 低。这说明在低 E/p 值时,SF$_6$ 的附着作用较小,扩散作用就相对较大;而 CO$_2$ 近似于中性气体(弱电负性),在低 E/p 值下放电时产生的带电质点较少,故扩散作用也就较弱。在高 E/p 值时,因为 SF$_6$ 的强电负性,故附着作用增强,扩散

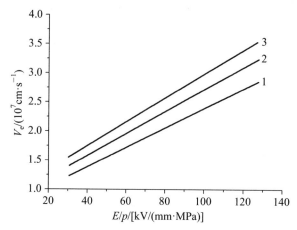

图 5 - 15　SF₆/CO₂混合气体的 V_e 与 E/p 值的关系曲线

1—SF₆；2—50％SF₆/50％CO₂；3—CO₂

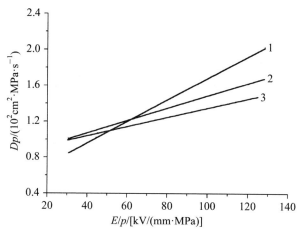

图 5 - 16　SF₆/CO₂的 Dp 与 E/p 的关系曲线

1—CO₂；2—50％SF₆/50％CO₂；3—SF₆

作用就相对减小；而这时 CO_2 的电子崩中电离加强，气体中带电质点密度增加，故扩散作用也就相对增大。图 5 - 16 中曲线 2 为混合比为 50/50 的 SF₆/CO₂混合气体的 Dp 曲线，可见比 SF₆的 Dp 值大，即 SF₆/CO₂的扩散作用比 SF₆大。这与 SF₆/N₂的结论类似，即添加 CO_2 后，SF₆的放电特性在扩散方面得到改善。

由式（5 - 19），令 $\bar{\alpha} = 0$，即可得到 SF₆/CO₂在不同混合比下的临界耐电强度值 $(E/p)_{\text{lim}}$，如表 5 - 5 所示。

表 5‑5 PT 法测得不同混合比 SF_6/CO_2 混合气体的临界
击穿场强 $(E/p)_{lim}$ [单位: kV/(mm·MPa)]

混合比	100/0	90/10	75/25	50/50	25/75	10/90	0/100
$(E/p)_{lim}$	88.9	85.0	78.2	71.4	59.4	44.4	26.3

5.3.2.2　不均匀电场

在由光滑电极形成的稍不均匀电场中,其气隙击穿情况与 SF_6/N_2 混合气体类似。混合比为 50/50 的 SF_6/CO_2 混合气体在同轴圆柱电极中的击穿场强公式为

$$E_{max}/p = 70.3\left[1 + \frac{0.13}{\sqrt{pr}}\right] \qquad (5-23)$$

同理,对于同心球电极,混合比为 50/50 的 SF_6/CO_2 混合气体的击穿场强公式为

$$E_{max}/p = 70.3\left[1 + \frac{0.185}{\sqrt{pr}}\right] \qquad (5-24)$$

与式(5‑20)和式(5‑21)对比可知,SF_6/CO_2 混合气体中曲率系数比 SF_6/N_2 混合气体大,且均大于纯 SF_6 气体的情况。这说明 SF_6/CO_2 混合气体在稍不均匀电场中的相对耐电强度略高于均匀电场中的相应值。

5.3.3　SF_6/N_2 和 SF_6/CO_2 的对比

为了便于比较,由 SST 实验和 PT 实验所得到的 SF_6/N_2 和 SF_6/CO_2 混合气体的 $(E/p)_{lim}$ 值均列于表 5‑6 中。由 SST 实验测得 SF_6/N_2 和 SF_6/CO_2 的相对耐电强度 RES 与 SF_6 含量 k(%) 的关系曲线如图 5‑17 所示。从图中可以明显得知 SF_6/N_2 的耐电强度高于 SF_6/CO_2 的耐电强度。因为纯 N_2 的耐电强度高于纯 CO_2 的耐电强度,而 SF_6/N_2 和 SF_6/CO_2 均为协同效应型混合气体,所以 SF_6/N_2 的 $(E/p)_{lim}$ 值大于 SF_6/CO_2 的。CO_2 是弱电负性气体,与 SF_6 混合后对高能电子可能有减速作用,从图 5‑11 可知,在同一 E/p 值时,SF_6/CO_2 的 α 随着 SF_6 含量 k 的增加而减小。而如图 5‑4 所示,N_2 是中性气体,与 SF_6 混合后的 α 随 k 的增大而增大,其 η 值也加速增大,故从外特性看,SF_6/N_2 的耐电强度随 k 的增加而增强,亦即 $\bar{\alpha}$ 随 k 的增加而减小。所以在均匀电场的情况下,SF_6/N_2 的耐电强度要高于 SF_6/CO_2 的耐电强度。但是在有严重局部场强集中的情况下,SF_6/N_2 的 α 增长要比 SF_6/CO_2 的快,即若出现电极粗糙、导电微粒的影响,SF_6/N_2 的放

电发展可能比 SF_6/CO_2 的快,在这种情况下,SF_6/N_2 的绝缘性能可能比 SF_6/CO_2 的差。

表 5-6 两种方法测得不同混合比 SF_6/N_2 和 SF_6/CO_2 混合气体的临界击穿场强 $(E/p)_{lim}$

[单位:kV/(mm·MPa)]

混合气体	实验方法	100/0	90/10	75/25	50/50	25/75	10/90	0/100
SF_6/N_2	SST	88.4	85.7	82.0	74.4	64.7	56.4	—
	PT	88.9	86.5	82.7	75.9	66.2	57.1	—
SF_6/CO_2	SST	88.4	84.2	77.4	69.2	57.9	43.6	—
	PT	88.9	85.0	78.2	71.4	59.4	44.4	26.3

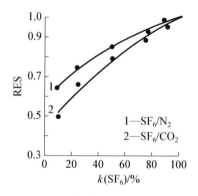

图 5-17 SST 法测得 SF_6/N_2 和 SF_6/CO_2 的 RES 与 SF_6 含量的关系曲线

5.4 其他 SF_6 多元混合气体

5.4.1 SF_6/He 和 SF_6/Ne 混合气体

近年来由于电力设备绝缘的需要,以及等离子体技术、激光技术的发展,SF_6 与一些稀有气体组成的混合气体得到越来越多的关注和应用。He 和 Ne 在许多方面均有相似之处,如两种气体的电离能分别为 24.5 eV 和 21.5 eV,电子的平均自由行程分别为 $1.86×10^{-7}$ m 和 $1.32×10^{-7}$ m。对 SF_6/He 和 SF_6/Ne 混合气体的研究已经引起国内外各研究学者的关注。

我们运用 SST 方法对 SF_6/He 和 SF_6/Ne 在 E/p 值较大的范围内[7.52～

90.0 kV/(mm・MPa)]进行了实验。He 的纯度为 99.99%，主要杂质含量为：Ne≤25 mg/L，(O_2＋Ar)≤5.0 mg/L，N_2≤20 mg/L，CO_2≤1 mg/L，CH_4≤1 mg/L，H_2≤1.5 mg/L。Ne 的纯度为 99.99%，主要杂质含量符合相关标准规定。

由实验得到的 SF_6/He 混合气体的各混合比下的临界耐电强度$(E/p)_{lim}$列于表 5-7 中。图 5-18 给出了 SF_6/He 混合气体的 α/p、η/p 与 E/p 值的关系曲线。从图中可以看出 α/p、η/p 随 E/p 值近似线性变化。在同一 E/p 值下，α 随着 SF_6 含量的增加而减小，η 随 SF_6 含量的增加而增大。图 5-19 给出了$\bar{\alpha}/p$ 与 E/p 值的关系曲线，在 $\bar{\alpha}=0$ 附近范围内，$\bar{\alpha}/p$ 与 E/p 值也近似线性变化。

表 5-7　不同混合比 SF_6/He 混合气体的临界击穿场强$(E/p)_{lim}$[单位：kV/(mm・MPa)]

混合比	100/0	90/10	75/25	50/50	25/75	10/90
$(E/p)_{lim}$	88.4	78.9	66.2	45.9	28.6	13.5

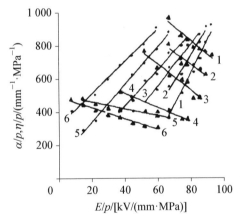

图 5-18　SF_6/He 混合气体 α/p、η/p 与 E/p 值的关系曲线

1—100/0；2—90/10；3—75/25；4—50/50；5—25/75；6—10/90

×—α；▲—η

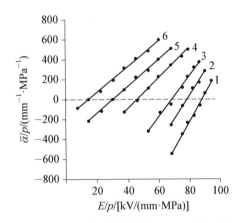

图 5-19　SF_6/He 混合气体$\bar{\alpha}/p$ 与 E/p 值的关系曲线

1—100/0；2—90/10；3—75/25；4—50/50；5—25/75；6—10/90

SF_6/Ne 混合气体各混合比下的$(E/p)_{lim}$值列于表 5-8 中。图 5-20 给出了 SF_6/Ne 混合气体的 α/p、η/p 与 E/p 值的关系曲线。与 SF_6/He 相似，α/p、η/p 也随 E/p 值近似线性变化，并且 α 随 SF_6 含量的增加而减小，η 随 SF_6 含量的增加而增大。这说明 He、Ne 分别与 SF_6 气体混合后的放电特性是相似的。图 5-21 给出了$\bar{\alpha}/p$ 与 E/p 值的关系曲线，可知在 $\bar{\alpha}=0$ 附近范围内，$\bar{\alpha}/p$ 与 E/p 值亦呈线性关系。

表 5-8   不同混合比 SF_6/Ne 混合气体的临界击穿场强$(E/p)_{lim}$[单位：$kV/(mm \cdot MPa)$]

混合比	100/0	90/10	75/25	50/50	25/75	10/90
$(E/p)_{lim}$	88.4	78.9	67.7	47.4	30.1	18.0

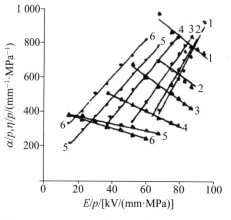

图 5-20 SF_6/Ne 混合气体 α/p、η/p 与 E/p 值的关系曲线

1—100/0；2—90/10；3—75/25；4—50/50；
5—25/75；6—10/90

$\times$—α；$\blacktriangle$—η

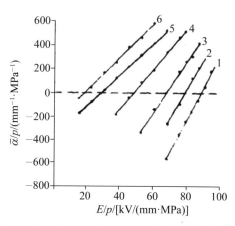

图 5-21 SF_6/Ne 混合气体 $\bar{\alpha}/p$ 与 E/p 值的关系曲线

1—100/0；2—90/10；3—75/25；4—50/50；
5—25/75；6—10/90

从图 5-19 和图 5-21 可以看出，SF_6/He、SF_6/Ne 的 $\bar{\alpha}/p$ 与 E/p 值的关系曲线的斜率随着 SF_6 含量的减小而减小，说明放电发展变缓，即 He 和 Ne 的分子结构稳定，电离能较高，与电子碰撞后自身不易碰撞出电子，却可以降低碰撞电子的动能，因此与 SF_6 混合后起到缓冲气体的作用。同时也可以看到，$(E/p)_{lim}$ 值也随 SF_6 含量的减小而减小，说明绝缘强度有所下降。

SF_6/He 和 SF_6/Ne 的相对耐电强度 RES 与 SF_6 含量 $k(\%)$ 的关系曲线如图 5-22 所示。从图中可知，SF_6/Ne 的耐电强度略高于 SF_6/He 的耐电强度。由相对耐电强度的变化趋势可判定这两种混合气体均为线性关系型混

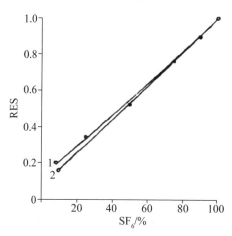

图 5-22 SF_6/He 和 SF_6/Ne 混合气体的 RES 与 SF_6 含量 k 的关系曲线

1—SF_6/Ne；2—SF_6/He

合气体,说明 He、Ne 分别与 SF₆ 混合后,在放电中是彼此独立的,不存在协同效应。由图 5-22 可拟合出 RES 与 k 的函数关系为

$$SF_6/He: RES = 0.038 + 0.962k \qquad (5-25)$$

$$SF_6/Ne: RES = 0.072 + 0.928k \qquad (5-26)$$

5.4.2 SF₆/Ar、SF₆/Kr 和 SF₆/Xe 混合气体

近年来,对于 SF₆/Ar 混合气体的激光器已有些研究,而对于 SF₆/Kr 和 SF₆/Xe 的放电特性研究甚少。Ar、Kr 和 Xe 的第一电离能相近,同时 SF₆/Ar 和 SF₆/Xe 混合气体可以作为一种灭弧介质用于气体断路器中,故研究它们的放电特性对于电力工业、激光技术、等离子体技术领域都具有一定应用价值。

图 5-23、图 5-24 和图 5-25 分别给出了 SF₆/Ar、SF₆/Kr 和 SF₆/Xe 的 α/p、η/p 与 E/p 值的关系曲线。从这三个图可看出,它们的 α/p、η/p 均随 E/p 值近似线性变化。在同一 E/p 值下,它们的 α 均随着 SF₆ 含量的增加而减小,η 均随着 SF₆ 含量的增加而增大,说明 SF₆/Ar、SF₆/Kr 和 SF₆/Xe 混合气体的放电特性是相似的。

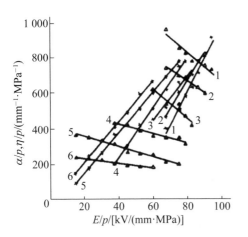

图 5-23 SF₆/Ar 混合气体 α/p、η/p 与 E/p 值的关系曲线

1—100/0;2—90/10;3—75/25;4—50/50;5—25/75;6—10/90
×—α; ▲—η

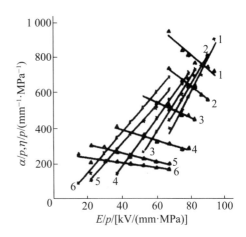

图 5-24 SF₆/Kr 混合气体 α/p、η/p 与 E/p 值的关系曲线

1—100/0;2—90/10;3—75/25;4—50/50;5—25/75;6—10/90
×—α; ▲—η

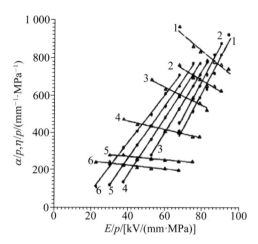

**图 5 - 25 SF₆/Xe 混合气体 α/p、η/p 与 E/p
值的关系曲线**

1—100/0；2—90/10；3—75/25；4—50/50；5—
25/75；6—10/90

×—α； ▲—η

图 5 - 26、图 5 - 27 和图 5 - 28 分别给出了 SF_6/Ar、SF_6/Kr 和 SF_6/Xe 的
$\bar{\alpha}/p$ 与 E/p 值的关系曲线。从这三个图可以看出，它们的 $\bar{\alpha}/p$ 与 E/p 值的关
系曲线的斜率均随 SF_6 含量的减小而减小，说明 Ar、Kr、Xe 与 SF_6 混合后，放电发
展变缓。由此可知，Ar、Kr 和 Xe 均可作为 SF_6 的缓冲气体而改变 SF_6 的放电特

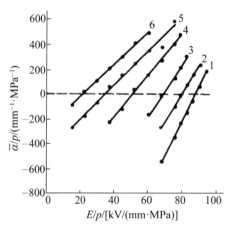

**图 5 - 26 SF₆/Ar 混合气体 $\bar{\alpha}/p$ 与 E/p 值
的关系曲线**

1—100/0；2—90/10；3—75/25；4—50/50；
5—25/75；6—10/90

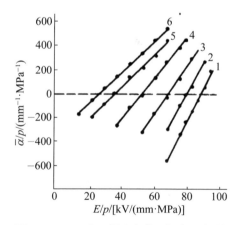

**图 5 - 27 SF₆/Kr 混合气体 $\bar{\alpha}/p$ 与 E/p 值
的关系曲线**

1—100/0；2—90/10；3—75/25；4—50/
50；5—25/75；6—10/90

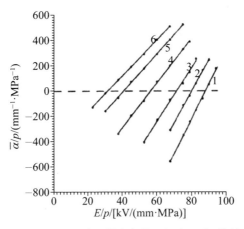

图 5 - 28 SF₆/Xe 混合气体 $\overline{\alpha}/p$ 与 E/p 值的关系曲线

1—100/0；2—90/10；3—75/25；4—50/50；
5—25/75；6—10/90

性。同时也可看出，$(E/p)_{lim}$ 值也随 SF₆ 含量的减小而减小，而耐电强度也随之有所下降。三种混合气体的临界击穿场强 $(E/p)_{lim}$ 列于表 5 - 9 中。

表 5 - 9 不同混合比 SF₆/Ar、SF₆/Kr 和 SF₆/Xe 混合气体的临界击穿场强 $(E/p)_{lim}$ [单位：kV/(mm・MPa)]

混合比	100/0	90/10	75/25	50/50	25/75	10/90
SF₆/Ar	88.4	79.7	69.2	51.1	32.3	22.6
SF₆/Kr	88.4	80.0	70.7	53.4	36.8	27.1
SF₆/Xe	88.4	80.5	71.4	57.1	40.6	30.8

SF₆/Ar、SF₆/Kr 和 SF₆/Xe 的相对耐电强度 RES 与 SF₆ 含量 k(%) 的关系曲线如图 5 - 29 所示，图中还给出了 SF₆/He 和 SF₆/Ne 的曲线以便比较。可以看出，SF₆/Ar、SF₆/Kr 和 SF₆/Xe 也为线性关系型混合气体，不存在协同效应。由图中曲线可拟合出 RES 与 k 的函数关系式

$$SF_6/Ar：RES = 0.173 + 0.827k \tag{5-27}$$

$$SF_6/Kr：RES = 0.23 + 0.77k \tag{5-28}$$

$$SF_6/Xe：RES = 0.276 + 0.724k \tag{5-29}$$

由图 5 - 29 可以看出，这几种混合气体的耐电强度按照 SF₆/Xe ＞ SF₆/Kr ＞

$SF_6/Ar > SF_6/Ne > SF_6/He$ 依次排列。这可由这几种稀有气体的相对分子质量、分子共价半径和电离能来解释。从表 5 - 10 可看出，从 He、Ne、Ar、Kr 和 Xe 的排列来看，分子共价半径和相对分子质量依次增大，而电离能依次减小。以 Kr 和 Xe 为例，尽管 Xe 的电离能比 Kr 的电离能低，但是一旦发生电离后，由于 Xe 的共价半径大于 Kr 的共价半径，故 Xe 的电子平均自由行程要比 Kr 的小，在电场中加速的距离就相对较小，故积累的碰撞能量亦相对较小；另外，Xe 的相对分子质量大于 Kr 的相对分子质量，故电子与 Xe 分

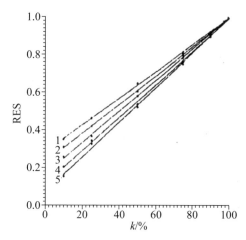

图 5 - 29 SF₆ 和几种稀有气体混合气体的 RES 与 SF₆ 含量 k 的关系曲线

1—SF_6/Xe；2—SF_6/Kr；3—SF_6/Ar；4—SF_6/Ne；5—SF_6/He

子碰撞后，漂移速度下降较多，即高能电子数减小量要比 Kr 的多。因此 Xe 的耐电强度要比 Kr 的耐电强度高。同理可解释其他稀有气体。即它们的耐电强度应按照 $Xe > Kr > Ar > Ne > He$ 顺序排列。因为这些混合气体均为线性型混合关系，亦即这些稀有气体分别与 SF₆ 混合后，在放电中是彼此独立的，不存在协同效应。故它们的耐电强度按照 $SF_6/Xe > SF_6/Kr > SF_6/Ar > SF_6/Ne > SF_6/He$ 依次排列是正常的。

表 5 - 10 稀有气体的电离能、共价半径和相对分子质量

稀有气体	He	Ne	Ar	Kr	Xe
电离能/eV	24.587	21.564	15.759	13.999	12.127
共价半径/Å	1.22	1.31	1.74	1.89	2.18
相对分子质量	4.003	20.17	39.94	83.8	131.3

5.4.3 SF₆ 与含卤族元素气体组成的混合气体

为了寻找比 SF₆ 介电强度更高的气体，对很多含卤族元素的气体进行了实验研究。表 5 - 11 列出了部分实验结果。表中比 SF₆ 的 $(E/p)_{lim}$ 高的那些气体中，C_3F_6 的 $(ph)_c$（电极表面粗糙度临界值）为 13 MPa·μm，远远超过 SF₆，这说明对于电极表面突出物的敏感程度，C_3F_6 比 SF₆ 要低得多。

表 5 - 11　含卤族元素气体的 $(E/p)_{lim}$ 和 $(ph)_c$

气体	$(E/p)_{lim}/$ $(E/p)_{lim\text{-}SF_6}$ (0.1 MPa)	$(ph)_c/$ /(MPa·μm)	气体	$(E/p)_{lim}/$ $(E/p)_{lim\text{-}SF_6}$ (0.1 MPa)	$(ph)_c/$ /(MPa·μm)
$C_2Cl_2F_4$	1.71	3	C_3F_8	0.97	7
$CBrClF_2$	1.52	5	C_2F_6	0.78	9
C_2ClF_5	1.17	7	$CBrF_3$	0.74	26
CCl_2F_2	1.04	10	$CClF_3$	0.53	43
C_3F_6	1.03	13	CF_4	0.40	26
SF_6	1.00	4			

5.4.3.1　全氟化碳（CF$_4$）

全氟化碳是一种优异的绝缘介质，被广泛地应用于粒子探测和脉冲功率开关中。由表 5 - 11 可知，其绝缘性能虽然只有 SF$_6$ 的 0.4 倍，但 $(ph)_c$ 却是 SF$_6$ 的 6 倍以上，它同样可以作为一种缓冲气体与 SF$_6$ 混合，我们通过 PT 法对不同混合比例 SF$_6$/CF$_4$ 混合气体的绝缘特性进行了实验研究。

图 5 - 30 给出了不同约化电场强度 E/N（单位为 Td，1 Td $= 10^{-17}$ V·cm^2；N 为粒子数密度）下，SF$_6$/CF$_4$ 混合气体的有效电离系数 $\bar{\alpha}/N$ 与 SF$_6$ 含量 k 的关

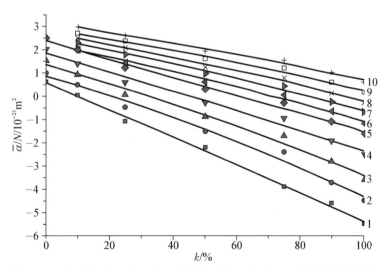

图 5 - 30　不同 E/N 下 SF$_6$/CF$_4$ 混合气体的 $\bar{\alpha}/N$ 与 SF$_6$ 含量的关系曲线

1—181.8；2—212；3—242.6；4—272.8；5—303；
6—318；7—333.3；8—348.6；9—363.5；10—378.9

系。由图可知, $\bar{\alpha}/N$ 随 SF$_6$ 含量的增加而减小。在低电场作用下, 这种减小的趋势更加明显; 随着电场的逐渐增大, 减小的趋势也变得缓和。从此图中可以推导出 SF$_6$/CF$_4$ 混合气体的相对绝缘强度 RES, 表示在图 5 - 31 中。可以看出 SF$_6$/CF$_4$ 混合气体具有一定的协同作用, 其 RES 随着 SF$_6$ 含量的增加并不是线性关系, 可以拟合出 SF$_6$/CF$_4$ 混合气体的 RES 与 k 的函数关系式如下

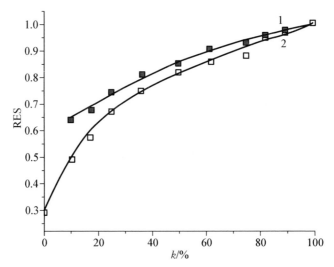

图 5 - 31 SF$_6$/CF$_4$ 混合气体的 RES 与 SF$_6$ 含量 k 的关系曲线
1—SF$_6$/N$_2$; 2—SF$_6$/CF$_4$

$$RES = 0.339\ 4 + 1.272\ 7k - 0.649\ 4k^2 \qquad (5-30)$$

SF$_6$/CF$_4$ 混合气体的电子漂移速度 V_e 与 E/N 的关系如图 5 - 32 所示。可知在 SF$_6$ 气体中添加 CF$_4$ 后, 电子漂移速度将有所增大。电子纵向扩散系数 DN 与 E/N 的关系表示在图 5 - 33 中。此图表明, CF$_4$ 气体的扩散作用比 SF$_6$ 气体强, 因此混合比为 50/50 的 SF$_6$/CF$_4$ 混合气体纵向扩散系数曲线位于 SF$_6$ 和 CF$_4$ 之间。故从扩散的观点来看, 添加 CF$_4$ 气体后, 可使 SF$_6$ 的放电特性得到改善。

5.4.3.2 八氟环丁烷(c-C$_4$F$_8$)

八氟环丁烷(c-C$_4$F$_8$)也是一种在绝缘性能上优于 SF$_6$ 的气体, 而在环保性能中, 其 GWP 为 8 700, 也远低于 SF$_6$ 气体。我们对不同比例 SF$_6$/c-C$_4$F$_8$ 混合气体的绝缘性能运用蒙特卡罗法进行了理论计算。其中粒子数密度 N 为 $3.32 \times 10^{-16}\ cm^{-3}$, 即气压为 133.3 Pa, 温度为 293 K。

在不同约化电场强度 E/N 下, SF$_6$/c-C$_4$F$_8$ 混合气体的有效电离系数 $\bar{\alpha}/N$

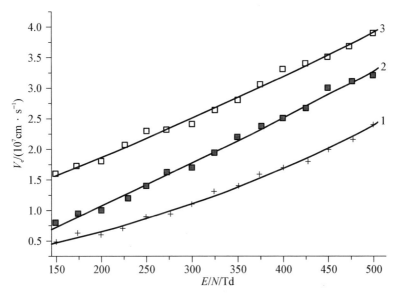

图 5 - 32 SF₆/CF₄混合气体的电子漂移速度 V_e 与 E/N 的关系曲线
1—SF₆；2—50％SF₆/50％N₂；3—CF₄

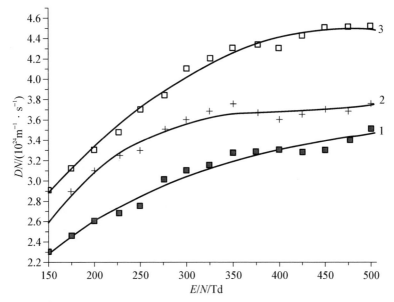

图 5 - 33 SF₆/CF₄混合气体的电子纵向扩散系数 DN 与 E/N 的关系曲线
1—SF₆；2—50％SF₆/50％N₂；3—CF₄

与 SF_6 含量 k 的关系如图 5-34 所示。结果表明 $\bar{\alpha}/N$ 先随着 SF_6 含量的增加而减小,在某一个含量时 $\bar{\alpha}/N$ 达到最小值,然后随着 SF_6 含量的增加而逐渐增大。从此图中可以推导出混合气体临界击穿场强 $(E/N)_{lim}$ 与 SF_6 含量 k 的关系,如图 5-35 所示。为了便于比较,SF_6/N_2 和 SF_6/CO_2 混合气体的相关数据也表示在图中。从图中可以看出,$SF_6/c-C_4F_8$ 混合气体的 RES 比较符合图 5-3 中的 1 型曲线,具有正协同作用,因此在 SF_6 中添加适量 $c-C_4F_8$ 气体可以显著提高其绝缘强度。

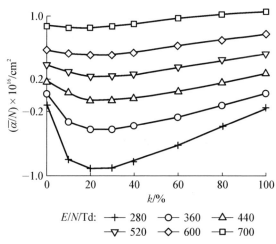

图 5-34 不同 E/N 下 $SF_6/c-C_4F_8$ 混合气体的 $\bar{\alpha}/N$
与 SF_6 含量的关系

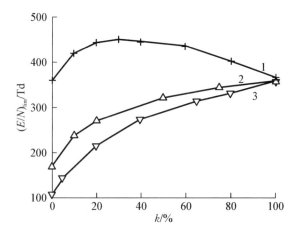

图 5-35 几种 SF_6 混合气体临界击穿场强 $(E/N)_{lim}$
与 SF_6 含量 k 的关系

1—$SF_6/c-C_4F_8$; 2—SF_6/N_2; 3—SF_6/CO_2

不同比例 $SF_6/c-C_4F_8$ 混合气体的电子漂移速度 V_e 与约化电场强度 E/N 的关系如图 5-36 所示。此图表明在 SF_6 中添加一定量的 $c-C_4F_8$ 气体会使电子漂移速度降低，这是因为 $c-C_4F_8$ 气体本身也具有一定的电负性，其吸附作用很强。在 SF_6 气体中加入 $c-C_4F_8$ 气体会使吸附作用进一步增强，从而使电子漂移速度下降。

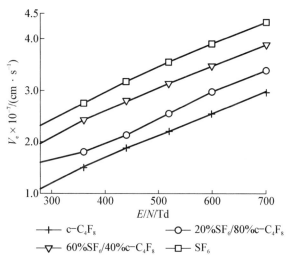

图 5-36　不同比例 $SF_6/c-C_4F_8$ 混合气体的 V_e 与 E/N 的关系

由于 $c-C_4F_8$ 气体的绝缘性能十分优良，它也被认为非常具有潜力成为 SF_6 的替代气体。我们对 $c-C_4F_8$ 及其混合气体的绝缘性能也进行了大量的研究，将在下一章中进行具体分析。

6

环保型气体绝缘发展前景

随着电力需求量的不断增长和环境保护日益受到人们的关注,迫切需要发展高电压、大容量和结构紧凑的高压电气设备,因而必须寻求不可燃、抗老化的优良绝缘材料。气体绝缘具有占用空间小,特别是在拥挤的城市中,对污染敏感度较低,运行维护成本低等优点。绝缘气体不但应具有高的耐电强度和灭弧性能,还要有良好的理化特性,以及环境友好的低全球变暖潜能值。

6.1 SF₆ 替代气体的研究进展

SF_6 以其良好的绝缘特性和灭弧性能被广泛应用于高压电力设备中,其排放量以每年约 8.9% 的速度增长。因为 SF_6 的温室效应对环境的危害极大,则寻找环境友好的 SF_6 替代气体成为近年来的热点研究课题。

6.1.1 气体绝缘发展的三个阶段

气体有着其他绝缘介质无法比拟的特性:不会老化,使用寿命几乎没有限制;气体绝缘设备体积小、不受外界环境影响、运行安全可靠、配置灵活和维护简单、检修周期长等,加之在技术上的先进性和经济上的优越性,已广泛应用于城市供电、发电厂、大型工矿企业、石油化工、冶金和铁道电气化等高压输变电系统中,如气体绝缘变压器、输电线路、断路器、电缆、气体组合电器等,工作电压包括从 35 kV 到 1 200 kV 的所有等级。

1)第一代绝缘气体——SF_6

SF_6 是强电负性气体,其分子具有很强的吸附自由电子而形成负离子的能力,因而其耐电强度很高,在较均匀的电场中约为空气耐电强度的 2.5 倍,SF_6 气体是目前最理想的绝缘和灭弧介质。

大约在 1940 年前后,SF_6 首先被用作核物理的高压装置绝缘气体,大约从

50 年代末起,它被用作断路器的内绝缘和灭弧介质。1965 年,金属封闭式 SF_6 全绝缘组合电器首次公开展出。目前,用 SF_6 绝缘的高压电器在电力系统成了必不可少的输电组合单元。在众多的高耐电强度电负性绝缘气体中,SF_6 气体是迄今为止唯一得到工业上应用的绝缘气体。SF_6 已经广泛应用于全封闭组合电器(GIS)和管道充气(CGIT)中,同时也在电力变压器、直流输电换向阀和断路器等设备中获得应用。近年来还出现了全封闭的 SF_6 气体绝缘变电站和管道充气电缆出线的供电系统。与传统的敞开式电气装置相比,以压缩的 SF_6 气体为绝缘的组合电器(GIS)的空间占有率可以大大缩小,如 500 kV 的 GIS 的体积只有敞开式的 1/50。

SF_6 气体在应用中也存在一些不足之处。SF_6 是相对分子质量较大的重气体,液化温度较一般普通气体高,但是在压力较大、温度过低环境下,容易液化,因此 SF_6 气体不适用于高寒地区;此外 SF_6 气体价格昂贵,不适用于用气量大的电气设备。另外,SF_6 气体的耐电强度受非均匀电场、导电微粒和电极表面粗糙度的影响而急剧下降。在 1997 年通过的全球变暖《京都议定书》中,SF_6 气体被列入受限制的 6 种温室气体之一。因此,针对 SF_6 气体的不足,寻找一种绝缘气体来替代 SF_6 成为国内外学者的研究热点。

2) 第二代绝缘气体——SF_6 混合气体

气体介质一般可以分为强电负性气体(α、η 的数值均比较大,如 SF_6、CCl_2F_2 等)、弱电负性气体($\alpha \gg \eta$,如 CO_2 等)和中性气体($\eta = 0$,如 N_2 等)三种类型。当这些类型的气体组成二元混合气体后,其耐电强度与其混合比之间呈现一定的变化规律。由变化规律可以把二元混合气体分为正协同效应型、协同效应型、线性关系型和负协同效应型(见图 5-3)。已有的研究表明,在 SF_6 中加入 N_2、CO_2 或空气等普通气体构成的二元混合气体显示出多方面的优越性,且其可行性已被国际上许多实验证明,这是因为电负性气体吸附作用的存在和成分之间的影响使混合气体产生了协同效应。因此,寻找具有协同效应的混合气体是代替 SF_6 的一种有效方法。其中,SF_6/N_2 混合气体已经在工业中获得初步应用,它既可用于高压绝缘也可用于灭弧,混合气体中,SF_6 占 40%~50%。主要原因是 SF_6/N_2 混合气体能有效地克服 SF_6 气体的弱点。首先,SF_6/N_2 能有效地解决 SF_6 在严寒地区的液化问题,如一般的 SF_6 开关在 -30℃ 时气体已液化,而混合比为 60/40 的 SF_6/N_2 的液化温度在 -40℃ 以下。其次,SF_6/N_2 对用气量大的 CGIT 能带来可观的经济效益,如混合比为 50/50 的 SF_6/N_2 可使 CGIT 的气体费用减少 40%。此外,SF_6/N_2 对电极表面粗糙度和导电微粒的敏感性比 SF_6 低,说明 SF_6/N_2 能提高电力设备的可靠性。而 SF_6/N_2 与 SF_6 的耐电强度相比,下降甚少,如混合比为 50/50 的 SF_6/N_2 的耐电强度仅比 SF_6 的耐电强度下降 11％左右。20 世纪 90 年代,西门子公司已研究出混合比为 60/40 的 SF_6/N_2 的 500 kV 的断路器,成功地开断了 6 kA 的短路电流。2003 年,阿尔斯通公司研制的 240 kV 的 GIL(混合比为 20/80 的 SF_6/N_2)已在瑞士机场获得了应用。

3) 第三代绝缘气体——SF_6 替代气体(环保型气体)

从长远的角度来看,用混合气体替代纯 SF_6 气体,无法从根本上解决 SF_6 气体对环境的危害。SF_6 的温室效应问题是一个不容忽视的全球问题,要彻底解决这一问题,则需要用温室效应较小而耐电强度与 SF_6 相当的气体替代 SF_6。

正如从 SF_6 气体分子结构分析,SF_6 气体具有高的绝缘能力是因为它是一种强电负性气体。电负性气体的耐电强度都很高,其主要原因是其在低能范围内的附着截面比较大,易于附着电子形成负离子,而负离子的运动速度远小于电子,很容易和正离子发生复合,使气体中带电质点减少,因而放电的形成和发展比较困难。其次是这些气体的相对分子质量和分子直径都较大,使电子在其中的自由程缩短,不易积聚能量,因而减少了电子碰撞电离的能力。

所以,在研究新的绝缘气体替代 SF_6 的工作中,应该选择电负性气体或卤化气体,实现高的绝缘能力,且具有较低的游离温度形成的高导热性能,以及复合截面大、低卤化成分的、环境友好的低全球变暖潜能值特性。表 6-1 给出了一些常见绝缘气体的物理性质和环保特性。

表 6-1　一些常见绝缘气体的物理性质和环保特性

气体名称	相对 SF_6 气体的绝缘强度	液化温度/℃	GWP	大气中的存在时间/年	备注
SF_6	1	—63	23 900	3 200	应用最广泛的绝缘气体
C_2F_6	0.78～0.79	—78	9 200	10 000	强电负性气体,尤其是在低平均电子能量范围内
$n-C_4F_{10}$	1.32～1.36	—2	7 000	2 600	
$c-C_4F_8$	1.25, 1.31	—6(—8)	8 700	3 200	
CF_3I	1.23	—22.5	1～5	<2 天	
C_3F_8	0.96～0.97	—37	7 000	2 600	
CF_4	0.39	—186.8	6 500	50 000	弱电负性气体,有些气体可有效降低电子速度
CHF_3	0.18	—78.2	11 700	264	
CO_2	0.3	—78.5	1	50～200	
N_2O	0.44	—88.5	310	120	
空气	0.3	<—183	0	—	

（续表）

气体名称	相对 SF_6 气体的绝缘强度	液化温度/℃	GWP	大气中的存在时间/年	备注
N_2	0.36	−196	0	无穷	不具有电负性,但可使电子减速
Ne	0.006	−248.6	0	无穷	不具有电负性,也不能使电子减速
Ar	0.07	−185.7	0	无穷	

在目前的研究中,选用的替代气体都属于 PFC(全氟烃类),其全球变暖潜能值约为 SF_6 的 $\frac{1}{4} \sim \frac{1}{3}$,因此,它们的使用能减少环境的温室效应。但它们的全球变暖潜能值还是较高(6 000~9 200),在环境中的寿命还较长(2 600~10 000年),最后能否作为 SF_6 的替代气体还需要进一步更深入的研究。人们真正期望的是环境友好的低全球变暖潜能值的 SF_6 替代气体。综上所述,寻找优良环境指标的 SF_6 替代绝缘气体的研究在国际上处于起步阶段。在全球环境问题极为严峻的形势下,寻找一种新的能够取代 SF_6 的低温室效应气体显得尤为迫切,具有十分重要的意义。

6.1.2 SF_6 替代气体的研究现状

6.1.2.1 国外的研究现状

近年来,国外对一些和 SF_6 一样含有 F 原子的电负性气体进行了研究,它们有和 SF_6 比较相近的电负性,但温室效应和 SF_6 相比要小得多。研究得比较多的是八氟环丁烷(c-C_4F_8)、全氟丙烷(C_3F_8)、六氟乙烷(C_2F_6)。

Kyoto 大学研究了应用 c-C_4F_8 作为高压设备绝缘介质的可行性。实验结果表明 c-C_4F_8 混合物的大部分性能和 SF_6/N_2 混合物的性能相近,指出 c-C_4F_8 是一种有可能取代 SF_6 的绝缘气体。德国学者用脉冲汤逊(PT)实验测试了在电场强度下,c-C_4F_8 的电子漂移速度、有效电离系数与压强的关系。日本 Keio 大学测试了纯 c-C_4F_8 和混合气体的电子漂移速度和电子纵向扩散系数。测试结果显示电子和 c-C_4F_8 分子间的非弹性碰撞过程比较强。J. L. Moruzzi 等计算了 C_3F_8 的碰撞电离和电子吸附系数。S. R. Hunter 等计算了脉冲汤逊实验条件下 CF_4、C_2F_6、C_3F_8 和 n-C_4F_{10} 的电子漂移速度,第一次在低电场下获得这些混合物的漂移速度。P. Pirgov 等测试了 C_2F_6 和 C_3F_8 以及它们和 Ar 混合气体的电子漂移速度和扩散运动率,并获得了整个振动非弹性和冲量传输弹性电子和 C_2F_6 及 C_3F_8 的碰撞截面。H. Okubo 等测量了 C_3F_8、C_2F_6 和 N_2

混合气体在交流电场作用下非均匀电场中的放电和击穿特性。J. de Urquijo 等用脉冲汤逊实验研究了 C_2F_6/Ar 和 C_2F_6/N_2 混合物的电子漂移速度、纵向扩散系数和有效电离系数。$c-C_4F_8$ 混合气体作为绝缘介质的应用已引起了国内外电力和环境相关专家的重视：1997 年美国国家标准和技术协会技术会议上把 $c-C_4F_8$ 混合气体列为未来应该长期研究的有潜力的绝缘气体；2001 年日本东京电力工业中心研究机构和东京大学提出了应用 $c-C_4F_8$ 气体及其混合气体作为绝缘介质。日本东京大学研究了 $2\sim10$ mm 间隙下 $c-C_4F_8$ 气体及其混合气体的交流击穿电压。

近些年来，国外有研究学者提出一种新的环保型绝缘气体——三氟碘甲烷（CF_3I）。这种气体的 GWP 值与 CO_2 气体相当，在环境中的寿命只有 $1\sim2$ 天。2007 年以来，国际上的研究人员不断在高水平国际刊物上发表关于 CF_3I 绝缘特性和灭弧性能的研究报道。理论仿真结果和实验数据都表明，CF_3I 绝缘强度大约为 SF_6 的 1.23 倍以上，综合考虑环境因素，CF_3I 极有可能在未来作为 SF_6 的替代气体投入实际应用。

墨西哥著名的等离子体专家 J. de Urquijo 采用脉冲汤逊放电实验对 CF_3I、CF_3I/N_2 和 CF_3I/SF_6 混合气体在 $100\sim850$ Td 范围内的电离系数 α、吸附系数 η、漂移速度 V_e 和纵向扩散系数 ND_L 进行了测量，并根据有效电离系数 $(\alpha-\eta)/N$ 随 E/N 的变化曲线获得气体临界击穿场强数据，并根据这些数据对 CF_3I 及其混合气体的绝缘性能进行了分析。PT 实验结果表明，CF_3I 的临界击穿场强为 437 Td，远大于 SF_6 的临界场强。这意味着 CF_3I 在绝缘性能上要优于 SF_6 气体。同时在与 N_2 混合比例达到 70% 的时候，CF_3I/N_2 混合气体的绝缘强度就能达到纯 SF_6 的水平。日本东京大学的研究人员 K. Hidaka 等采用 200 kV 阶跃脉冲对 CF_3I/N_2 和 CF_3I/Ar 混合气体的闪络电压和伏秒特性进行了研究。所得到的实验结果表明，CF_3I 的绝缘性能是纯 SF_6 的 1.2 倍，当与 N_2 混合比例达到 60% 时，混合气体的绝缘强度基本和 SF_6 相当。东京电机大学研究了应用 CF_3I 作为高压设备绝缘介质取代 SF_6 的可行性。2008 年，他们采用标准雷电冲击实验分析测量了 CF_3I、CF_3I/N_2 和 CF_3I/CO_2 混合气体的击穿电压特性以及电流开断能力。实验结果表明，纯 CF_3I 的击穿电压为 SF_6 的 1.2 倍以上，其中 60%$\sim$100% 比例的 CF_3I/CO_2 混合气体，其绝缘强度超过纯 SF_6 气体，且电流开断能力达到 SF_6 的 70% 左右。研究人员指出 30%$\sim$70% 比例的 CF_3I 混合气体能用于 GIS 中取代 SF_6。除了采用实验手段对 CF_3I 的绝缘性能和灭弧特性进行研究之外，东京电机大学的研究人员还从电子输运参数的角度对 CF_3I 的输运特性进行了计算分析。M. Kimura 等采用稳定汤逊放电（SST）实验对纯

CF_3I 在 $300 \sim 1\,000$ Td 范围内的电离系数和吸附系数进行了测量,指出 CF_3I 的有效电离系数随 E/N 线性变化,并导出其临界场强约为 440 Td,远大于 SF_6。

6.1.2.2 国内的研究现状

我国对于 SF_6 替代气体的研究也渐渐得到重视。上海交通大学肖登明课题组从 2006 年起已全面开展 SF_6 替代气体的研究工作,并在潜力替代气体 c-C_4F_8 和 CF_3I 的绝缘特性研究方面得到一定成果。我们对 c-C_4F_8 混合气体在均匀电场环境下进行了汤逊放电的试验和蒙特卡罗模拟,并在较小的间隙(25 mm)下进行了非均匀电场的放电试验,初步掌握了 c-C_4F_8 混合气体的放电特性。同时采用脉冲汤逊放电法测量 N_2、CO_2、CF_4、c-C_4F_8、N_2O 和 CHF_3 电子崩电流波形,分析了气体电子崩中可能发生的扩散、电离、附着、去附着和转化过程,并得出有效电离系数与分子数密度 N 的比值和漂移速度 V_e。2013 年起,我们采用基于稳态汤逊实验方法的玻耳兹曼方程对 CF_3I 及其与 N_2、CO_2、Ar、He、Ne 及 Xe 等混合气体的电子输运参数进行了计算,进而对其绝缘性能进行了分析。与此同时,我们对 CF_3I 及其混合气体在各种不同电场环境下的击穿特性进行了宏观试验研究。

此外,中国科学院电工研究所、西安交通大学和重庆大学也相继开展了 SF_6 替代气体的研究工作。2012 年,中国科学院电工研究所李康对 c-C_4F_8/N_2 混合气体的局部放电特性及在典型故障时的分解产物进行了试验研究,指出 c-C_4F_8 气体含量在 $15\% \sim 20\%$ 的 c-C_4F_8/N_2 混合气体的绝缘性能满足电气设备使用要求。2013 年,西安交通大学李兴文通过玻耳兹曼方程计算了 CF_3I 与 CF_4、CO_2、N_2、O_2 和空气二元混合气体的电子输运参数,分析了混合气体的绝缘性能。同年,重庆大学张晓星对 CF_3I 与 N_2、CO_2 混合气体的局部放电特性进行了试验研究,指出与混合气体的气压比值为 $20\% \sim 30\%$ 的 CF_3I/N_2 或 CF_3I/CO_2 混合气体有可能代替 SF_6 气体,用于气体绝缘设备。

综上所述,寻找优良环境指标的 SF_6 替代绝缘气体的研究在国内外仍处于起步阶段。而要真正将新型环保绝缘气体用于电气绝缘设备中取代 SF_6,仍有许多问题有待解决,尤其是绝缘气体在不同气体比例、复杂电气环境下的击穿特性及微观放电参数,目前仍缺乏相关的试验数据,不利于工程实践的开展。

6.2 SF_6 气体的应用现状和环保型气体的探索

寻找新的可替代 SF_6 的单一气体或气体混合物势在必行。长期以来,人们为寻找 SF_6 气体的替代气体,进行了大量的研究,但仍未获得成功。因此,短期

解决 SF_6 温室效应的办法是降低 SF_6 在电力系统中的使用量,如使用 SF_6 混合气体。长期解决的办法是寻找新的可替代 SF_6 的气体,即环保型绝缘气体。

6.2.1　SF_6 混合气体的应用与发展

目前,还未发现一种完全代替纯 SF_6 气体的单一替代气体,从环保方面考虑,唯一有可能的替代气体是纯 N_2 气体;但要使纯 N_2 气体的绝缘强度与纯 SF_6 气体的绝缘强度等同,须将纯 N_2 气体的压力提高到纯 SF_6 气体的 3～4 倍。因此,从安全角度考虑,电器设备的容器刚度、强度及其使用寿命有待提高。

国际上研究得比较多的是 SF_6/N_2、SF_6/CO_2 或 SF_6/CF_4 混合气体,其出发点是尽量减少 SF_6 气体的使用量。在 GIS 中使用 SF_6 的混合气体代替纯 SF_6 气体,研究表明,在 SF_6 中加入 N_2、CO_2 或空气等普通气体构成二元混合气体已显示出多方面的优越性。在相同的气体总压力情况下,SF_6 混合气体的液化温度比纯 SF_6 气体低。因此在高寒地区的断路器,可采用 SF_6 混合气体来代替纯 SF_6 气体,以防止气体在低温下液化。混合气体的耐电强度不仅与气体成分的耐电强度有关,而且还和气体成分之间是否有协同效应有关。实验表明,当 SF_6 含量为 50% 时,SF_6/N_2 混合气体在均匀电场中的耐电强度为纯 SF_6 的 85% 以上,且由于混合气体的优异值比纯 SF_6 大,因此在电极表面有缺陷或有导电微粒的情况下,SF_6/N_2 的绝缘强度有可能高于纯 SF_6。另外,使用 SF_6 与常见气体如 N_2、CO_2 或空气构成的二元混合气体,可使气体成本大幅度降低。例如,使用含 50% SF_6 的 SF_6/N_2 混合气体作绝缘介质时,即使将总气压提高 0.1 MPa,仍可使气体费用减少 40%,这对气体用量大的装置,会带来可观的经济效益。同时在 SF_6 中添加某些气体,可以减小电极表面的粗糙效应,对局部强电场的敏感度比纯 SF_6 要小,可使极不均匀电场中正极性击穿电压明显提高。

与过去研究不同的是,目前研究的混合气体中 SF_6 的含量很低,一般在 5%～30% 范围内(过去为 30%～50%,甚至更高)。特别是在 GIL 制造领域,混合气体绝缘的 GIL 已经得到实际应用。相对于架空线与高压电缆,GIL 具有电阻和电容损耗低、输送容量大、外部电磁效应低、可靠性高、有利于环境美观等许多优点。从而使得 GIL 能够在许多场合代替架空线和高压电缆来使用,具有广阔的应用前景,因此得到了各国学者和制造厂家的重视。美国国家标准研究院(NIST)也将寻找 SF_6 替代气体的研究工作作为国家最重要的科研任务。日本的东京大学、德国达姆施塔特大学、斯图加特大学、加拿大的曼尼托巴大学等国际知名高校近年来也在该方向展开专题研究,并取得了一定的进展。在产品开发方面,2001 年世界上第一条 SF_6/N_2 混合气体 GIL 在瑞士日内瓦国际机场正式投入运行。该 GIL 中 SF_6 含量仅为 20%,减少了对环境的影响并大幅度降低了 GIL 的造价。为了消除架空线对环境美观造成的负面影响,法国电力公司(EDF)正在与 ABB 公司合作开发长距离的 SF_6/N_2 混合气体 GIL,用以替代该国 420 kV 架空线,GIL 中 SF_6 的含量将小于 30%。

6.2.2　环保型绝缘气体的研究发展

然而,SF_6 的温室效应是一个不容忽视的全球问题,要彻底解决这一问题,则需要使用其他对环境没有危害的气体替代 SF_6。近年来,国内外已有一些关于 SF_6 替代气体的研究。由于 CO_2 的 GWP 比 SF_6 低很多,这样有学者认为 CO_2 有可能成为 SF_6 的替代气体;ABB 公司的研究人员也研究了高温空气作为高压断路器灭弧介质时的灭弧和绝缘性能;日本 Kyoto University 对 $c-C_4F_8$ 作为绝缘气体的可能性进行了试验研究,指出 $c-C_4F_8$ 无毒、无臭氧破坏,温室效应大约是 SF_6 气体的 $1/3$,$c-C_4F_8$ 和 N_2 混合气体的绝缘性能可达到 SF_6 混合气体的绝缘性能,指出 $c-C_4F_8$ 的耐压强度高于 SF_6 的 1.3 倍左右。通过比较 SF_6/N_2、$c-C_4F_8/N_2$、$c-C_4F_8/CO_2$、$c-C_4F_8/$空气四种混合气体的耐压强度在不同压强下(0.1 MPa,0.2 MPa,0.4 MPa)随混合率的变化,可以得知 $c-C_4F_8$ 的混合气体有和 SF_6/N_2 同样的绝缘能力。此外,当电极间隙大,气体压强高时,含 $c-C_4F_8$ 的混合气体优于 SF_6/N_2,这个结论是重要的,但 $c-C_4F_8$ 沸点较高,目前只能用于中低压电气设备的绝缘。

我们的研究将趋向于找到一种用于替代 SF_6 的类似 $c-C_4F_8$ 的绝缘气体,具有 SF_6 的绝缘和灭弧性能,无毒,不易燃,而且有很小的温室效应。同时,还应继续开展 SF_6 混合气体应用的研究工作,以期在短期内取代纯 SF_6 气体,减少对大气层温室效应的影响。

1) 绝缘气体的绝缘能力

目前使用最普遍的绝缘气体是 SF_6,但由于其严重的温室效应,因此它的使用已经受到了限制,需要找到它的替代气体。而一个寻找替代气体的重要方向就是碳氢化合物气体以及其通过其他基团替代所产生的衍生气体。J. C. Devins 曾在《Replacement Gases For SF_6》中对很多气体进行过绝缘性能的测试,他将实验过程中的 pd 值固定,并将不同气体得到的击穿电压与同等条件下氮气的强度进行对比。

有机气体中最基本的就是烷烃气体,J. C. Devins 在对这一类气体进行实验的过程中发现,烷烃类气体绝缘性质与氮气近似,随着分子中碳原子的增多,绝缘性质逐渐增强,但变化不甚明显,由于碳原子增多后,烷烃类气体的沸点显著上升,其中丁烷的沸点已经达到 0℃ 左右,不能满足低温地区的使用要求,因此烷烃类气体综合绝缘性质并不理想。

研究表明,避免放电或者灭弧阻断放电过程中一个很重要的方面是要选用高电负性气体,使气体在放电过程中能够吸收电子。因此使用带有卤族元素所形成的基团取代烷烃类气体中的有机基团是一种改进气体绝缘性质的办法,J. C. Devins 在实验中也对卤代气体进行了实验。由于溴元素、碘元素的相对原子质量较大会导致卤代烃的沸点显著上升,因此在碳原子较多的烷烃化合物中一般选用氟元素或氯元素的卤代烃,而碳原子较少的烷烃中可以采用溴元素或碘元素的取代基。实验也证明,氟氯代烷类的气体具有很好的绝缘性能,特别是将烷烃中的氢元素全部由氟元素替代后,沸点升高但依旧维持在较低的水平,而电气强度得到了很好的改善,随着氟元素进一步被氯元素替代,沸点和电气强度都逐渐升高,如 CF_2Cl_2 和 CF_2ClCF_3 的电气强度都已经超过了 SF_6。除了卤族元素所组成的基团,—SF_5 与 —CN 取代基也都表现出了作为取代基而提高化合物电气强度的效果。为了综合考虑不同气压下、具有不同沸点的气体的电气绝缘性质,J. C. Devins 利用经验公式

$$V_s = \frac{298}{T} k p\sigma + B \qquad (6-1)$$

考察气体在特定温度下的性质,其中 V_s 为火花放电击穿电压(sparking potential),T 表示温度,p 表示气压,σ 表示电极间距,k 是常数,可以通过该气体在 298 K 温度下的试验测得,其中当 $p\sigma$ 值大于 2 atm·cm 时,B 对于 V_s 的值影响较小,可忽略不计。

为了得到能够在实际使用中的最低温度,即 248 K 温度下的气体常数 k,可利用常温 298 K 条件下 k 值,通过下式计算得出

$$k = E_{SF_6}(p) \cdot \frac{248}{298} \cdot \exp\left[-\frac{A}{R}\left(1 - \frac{T_b}{248}\right)\right] \qquad (6-2)$$

式中,A 为特鲁顿常数,即约为 21 cal/K·mol,R 为理想气体常数 8.314,T_b 为气体沸点。通过比较 k 值,可以看出在 248 K 的温度条件下,替代气体的绝缘强度与多少气压条件下的 SF_6 相同。计算结果表明 CF_3SF_5 的电气强度在同等条件下高于 1 个大气压的 SF_6,C_2F_5CN 高于 3 个大气压的 SF_6,而 CF_3CN 高于 6 个大气压的 SF_6。值得注意的是,C_4F_6 与 c-C_4F_8 也都表现出了很好的绝缘性质,并且它们的沸点也都大致符合使用要求,特别是 C_4F_6,这表示分子结构中出

现环状或双键、三键能够在同等基础上提升气体的性能。A. E. D Heylen 也在《Electric Strength, Molecular Structure, and Ultraviolet Spectra of Hydrocarbon Gases》一文中对这种现象进行了描述。

2）碳碳双键对绝缘气体电气强度的影响

A. E. D. Heylen 在文章中对多种烃类化合物的电气强度进行了比对,从中可以看出,对于烯烃来说,在单烯烃上增加甲基,虽然可以略微增加气体的电气强度,但是效果很小,同时还会提高气体的沸点从而限制气体的使用,而丁二烯与异戊二烯却具有比单烯烃更高的电气强度,可见增加一个碳碳双键对提升气体电气强度有很好的效果,这一点通过 1-丁烯和丁二烯的比较上就能明显看出,也同时印证了在 J. C. Devins 的实验中 C_4F_6 表现出良好性质的现象。

将多位学者对烃类气体的实验数据进行集中,对不同结构类型的烃类气体进行了电气强度、沸点、相对分子质量之间的比较,以寻求规律。

为了验证碳碳双键对于气体电气强度的提升,选取了饱和烃类气体（甲烷、乙烷、丙烷、异丁烷、正丁烷）、单烯烃气体（乙烯、丙烯、异丁烯、1-丁烯）,以及双烯烃气体（1,3-丁二烯和异戊二烯）。从两个角度验证它们的电气强度,一是 $pd = 50 \text{ cm} \cdot \text{mmHg}$ 状态下的击穿电压,二是击穿电压 V 与 pd 值间的比值。如图 6-1、图 6-2 和图 6-3 所示。

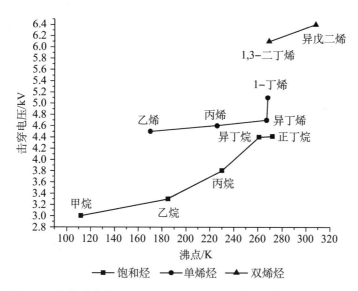

图 6-1　气体沸点与 $pd = 50 \text{ cm} \cdot \text{mmHg}$ 时的击穿电压的关系曲线

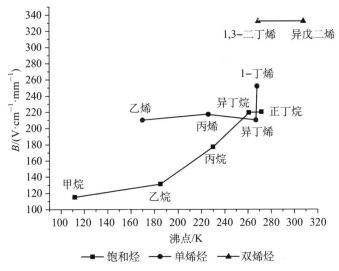

图 6-2　气体沸点与电气强度斜率 *B* 的关系曲线

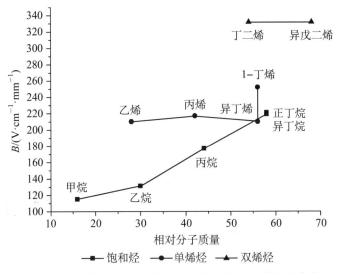

图 6-3　气体相对分子质量与电气强度斜率 *B* 的关系曲线

从图 6-1 中可以看出,对于每一种结构的气体来说,随着甲基的增多,沸点均会随着相对分子质量的上升而增加,呈正相关趋势。同类结构气体的绝缘强度随着碳原子数量的增加而递增,这与分子体积逐渐增大有关,增加幅度很小。但不同结构的气体在相似相对分子质量或沸点范围之内所表现出来的电气强度却相差很大,增加碳碳双键的数量可以明显提高气体性能,从乙烯与乙烷、丁二烯与 1-丁烯之间的对比就能看出。

碳碳双键对于气体性能的提高主要体现在哪些方面呢？Heylen 和 Lewis 提出烃类化合物的电气强度主要取决于 4 eV 以下能量的综合碰撞截面的大小。而对于含双键甚至三键的烃类化合物来说，这种碳碳之间的化合键与碳氢之间的化合键数量决定了气体的碰撞截面。他们曾提出经验公式

$$Q_0 = n_{CH}\left(Q_{CH} + \frac{1}{2}Q_{CC}\right) - 2Q_{CC} + Q_{CC^2} \tag{6-3}$$

根据式(6-3)得出的气体碰撞截面相对数据如表 6-2 所示。

表 6-2 气体相对碰撞截面

气体	碰撞截面	气体	碰撞截面
甲烷	4	乙烯	12.5
乙烷	6.85	丙烯	15.35
丙烷	9.7	丁烯	18.2
丁烷	12.55	丁二烯	25.65

这一公式所计算的数据与实验数据呈类似结果，也表明碳碳双键对于增加气体碰撞截面有显著的作用。

光谱实验发现，在电子能量较低时，乙烯比乙烷在 2 eV 时的总碰撞截面高出许多，并且在 2 eV 附近出现较高的极值，也验证了上述计算公式。

A. E. D. Heylen 和 T. J. Lewis 也曾通过比较乙烯、乙炔的电气强度来考察碳碳双键与碳碳三键对于绝缘性质的影响，结果发现，碳碳双键能够对于烷烃显著提升气体的绝缘性质，而碳碳三键同样能在双键的基础上进一步提高气体性能，但提升幅度相对双键略小。这种碳碳三键的优势在 J. C. Devins 的实验中也曾出现过，不同的是，他实验用的气体是带有氰基的有机气体，而氰基中碳原子与氮原子也是由三键连接，因此可以验证三键化合物对气体性质的积极影响。

3) 卤族元素对气体电气强度的影响

这一类气体是指主要依靠分子的强电负性在放电过程中吸附电子的能力提升电气绝缘性质的气体，其中 SF₆ 就是一个代表。如前文所述，提升气体的电负性可以通过利用卤族元素取代化合物中的氢元素而形成，为了兼顾气体的沸点要求，主要使用氟元素和氯元素，从而保证气体分子的相对分子质量不会太高。但溴元素与碘元素由于其本身原子较大，电子云能级多，因此可以提供更大的碰撞截面，从另一个角度也可以提高气体阻断放电过程的能力，因此适合在碳原子

较少的有机物中取代氢元素。

在对 CH_3Cl、CH_2FCl、CHF_2Cl、CF_3Cl 各自的绝缘性质、沸点进行对比时发现,在利用氟元素取代氢元素的时候,若分子中还有其他卤族元素,则氟元素取代得越多,化合物绝缘性质越好,沸点越低,这与单纯依靠相对分子质量判断化合物沸点所得出的结论并不吻合。因此若利用卤族元素提升绝缘气体电负性的时候,利用氟化有机物,将氢元素全部由氟元素取代,将获得更好的效果。

为了体现卤族元素对气体电气强度的影响,选取了集中含卤族元素的气体进行对比,利用它们与 SF_6 的相对电气强度进行比较,如图 6-4 所示。

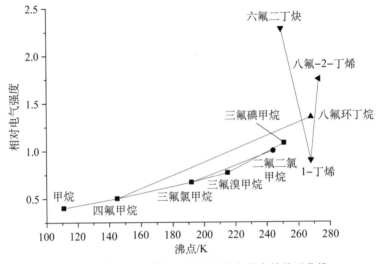

图 6-4 卤代烃气体相对电气强度与沸点的关系曲线

从图 6-4 中甲烷、四氟甲烷、三氟氯甲烷、三氟溴甲烷、三氟碘甲烷的电气强度变化中可以看出,卤族元素能够利用强电负性提高气体的绝缘性能,并且随着卤族元素相对分子质量的增大,这种变化更加明显,突出体现在三氟碘甲烷已经具有了类似 SF_6 的绝缘性能。二氟二氯甲烷也具有了相似的电气强度,但由于氯元素在紫外线的照射下会分解出氯原子,对臭氧层造成破坏,氟氯代烷的使用受到了限制。

八氟环丁烷的绝缘性能受到很多学者的关注,环丁烷与 1-丁烯的分子式相同,但由于利用氟元素取代环丁烷中的氢元素后,八氟环丁烷的绝缘性能显著提升。

利用卤族元素提高气体电负性的做法并不仅仅局限在卤族元素本身对氢元素的取代上,也可以利用一些本身含有卤族元素的基团,如—SF_5 等,来取代氢元素,由此产生的 CH_3SF_5 也表现出了很好的绝缘性质。

4) 优质绝缘气体的展望

为了更好地阻断放电过程,优质的绝缘气体在绝缘特点方面应该既具有较大的总碰撞面积,保证有更多机会碰撞或吸收电子,同时又具有强电负性,与电子发生非弹性碰撞但又避免发生电离。因此考虑将前文中叙述的增加总碰撞面积的方法与加强电负性的方法相结合,一方面选用分子中存在双键甚至三键的气体,另一方面用卤族元素取代原化合物中的氢元素。

本书选取了同时具有较大碰撞截面与电负性两方面优势的气体进行了比较,如图 6-4 所示,其中八氟 2-丁烯为氟元素取代了丁烯中的氢元素,表现出了非常高的电气性能,其相对于 SF_6 的电气性能达到了 1.75。而更为突出的是六氟 2-丁炔,相对电气性能达到 2.3。由于 2-丁炔分子中还有碳碳三键,2-丁炔的综合相对碰撞截面可以达到 18.2,利用氟元素取代后,六氟 2-丁炔具有了强的电负性,具有很好的应用前景。

除此之外,还有如全氟丙烯(C_3F_6)等氟代烯烃等气体也具有良好电气性能的潜质,且全氟丙烯的沸点约为 243.6 K,即 $-29.6℃$,可以实现低温地区的绝缘使用。

以前的实验中,氰化有机物由于含有氰基,具有类似包含碳碳三键的化合物的性质,因此也提供了一种在化合物中增加双键或三键的方法,即加入本身就含有双键或三键的取代基,因此带有氰基的化合物多有剧毒,无法在绝缘设备中使用,因此寻找其他类似的基团也是一种改进气体性能的方法。

从表 6-3 的数据分析得到:

(1) 六氟丙烯具有异常的电子附着能力,其对气压非常敏感,同等条件下,1 个大气压时,它与 SF_6 具有类似的电气强度,但随着气压的增高,它的电气强度将显著提升,2 个大气压时,其相对于同等条件下的 SF_6,电气强度可增加为 1.15 左右。

(2) 八氟环丁烷($c-C_4F_8$)的相对电气强度为 1.3。

(3) GWP 系数的定义为该气体的温室效应与 CO_2 相比的相对值,此处列的值为气体在大气中 20 年时的数值。

(4) 臭氧消耗系数一般均较低,含有氯元素的一般较高。

(5) SF_6 的碰撞截面在 1 eV 以下很不稳定,仅在 0.3 eV 时具有较高的截面,其余均低于 C_4F_6,特别是在 $0.4\sim1$ eV,SF_6 的碰撞截面很低。实验表明,大于 0.4 eV 时的碰撞截面对于气体的绝缘效果有很大影响。

(6) 除了六氟 1,3-丁二烯以及八氟-2-丁烯这两个沸点高于 0℃的气体不

表 6-3 绝缘气体替代气体分析

	分子式	相对分子质量	沸点/℃	相对电气强度（相对于 SF_6）	温室效应系数 GWP	臭氧消耗系数 ODP	决定绝缘强度的因素	低能级下的碰撞截面（10^{-15} cm²）	备注
三氟碘甲烷	CF_3I	195.91	−22.5	1.1	小于 5	小于 0.000 8	含有卤族元素，气体电负性强。碘原子电子云比较大，增加了碰撞截面。		
六氟丙烯	C_3F_6	150.023	−29.6	约 1.0[1]	0.86		电负性强，在低能级水平上（小于 1 eV）具有稳定的高碰撞截面，以及电子吸附截面。		具有反常的电子吸附性气体，对于气压非常敏感。
六氟 1,3-丁二烯	C_4F_6	162.03	6~7	1.4	小于 0.1		电负性强。含有两个碳碳双键，可以提高双键对气体吸附电子截面的作用。	综合碰撞截面为 3.3	
六氟二丁炔	C_4F_6	162.03	−25	1.7 左右或更高	小于 0.1		电负性强。含有碳碳三键。在同等沸点情况下，三键能点更多的高气体碰撞截面与电气强度。	综合碰撞截面为 2.7，其中电子附着截面为 1.0	
八氟-2-丁烯	C_4F_8	200	1.2	1.7~1.8			电负性强。含有碳碳双键，在低能级水平上（小于 1 eV）具有稳定的高碰撞截面，以及电子吸附截面。		

适用于低温地区外(仅能与其他缓冲气体混合使用),其余气体在绝缘强度、沸点以及环境保护数据方面都具有替代 SF_6 的优势,特别是六氟二丁炔(C_4F_6),具有显著高于 SF_6 的电气强度。而 C_3F_6 由于具有对气压的敏感性,可以通过加压的方式实现高强度,因此也具有竞争力。

6.3 c‐C_4F_8 及其混合气体的研究与发展

6.3.1 c‐C_4F_8 的物化特性

SF_6 有特强的吸附电子的能力,其电负性比空气高几十倍。极强的电负性使得 SF_6 气体具有优良的绝缘性能。近年来,国外对一些和 SF_6 一样含有 F 原子的电负性气体进行了研究,它们有和 SF_6 比较相近的电负性,但温室效应和 SF_6 相比要小得多。研究得比较多的是八氟环丁烷(c‐C_4F_8)气体。

c‐C_4F_8(八氟环丁烷)微溶于水,是一种无色、无味、无毒、非燃气体。c‐C_4F_8 分子是一个非平面的分子结构,其分子结构对称性很好,性质十分稳定,不容易与其他物质发生化学反应。温室效应 GWP 为 8 700,是 SF_6 的 1/3,对环境的影响远远小于 SF_6。c‐C_4F_8 气体在低能范围内有很高的附着截面,纯净 c‐C_4F_8 气体在均匀电场下的绝缘强度是 SF_6 气体的 1.3 倍左右。

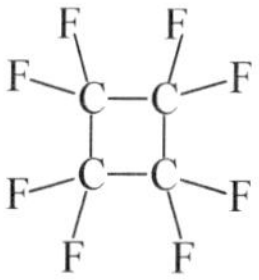

图 6‐5
八氟环丁
烷气体分
子结构

图 6‐5 是八氟环丁烷的气体分子结构图,其在大气中的寿命预计为 2 600~10 000 年。c‐C_4F_8 和 SF_6 的物理特性的比较如表 6‐4 所示。

表 6‐4 c‐C_4F_8 和 SF_6 的物理特性的比较

物理量的名称	c‐C_4F_8	SF_6
相对分子质量	200.031	146.07
临界压力/MPa	2.786	3.77
沸点/℃(0.1 MPa)	−6(−8)	−63.8
相对 SF_6 击穿强度	0.98、1.25、1.11~1.8	1
温室效应(GWP)	8 700	23 900
游离温度/℃		2 000
声速 c/(m/s)(20℃)		134
临界温度/℃	115	45.6
比热容(25℃)		7.0 g・cal/(ml・℃)

（续表）

物理量的名称	$c - C_4F_8$	SF_6
导热系数(30℃,0.1 MPa)		0.014 W/(m·K)
绝热指数		1.07
黏度(30℃,0.1 MPa)		1.57×10^{-5} Pa·s
臭氧耗损潜值(ODP)	0	0
在空气中燃烧极限	不燃烧	不燃烧
毒性	无毒	无毒

$c - C_4F_8$ 的第一个缺点是价格高,如果大量应用到电力系统中,平均价格就会下降;第二个缺点是由于分子中含有碳,可能分解产生导电微粒,这将导致击穿电压降低;第三个缺点是液化温度高。如果 $c - C_4F_8$ 仅用在开关设备中,没有开断电弧电流功能,则 $c - C_4F_8$ 不会分解,不会降低其绝缘能力。如果和液化温度低的普通气体,如 N_2、CO_2 和空气,组成混合气体,可以使液化温度和成本降低。N_2 是一种较好的缓冲气体,能够有效地使电子的能量降低到强电负性气体的附着能量范围,从而使混合气体的绝缘强度不会比单一强电负性气体低很多。所以混合气体比单一气体有着优异的特性,有很好的工业应用前景。

6.3.2 $c - C_4F_8/CO_2$ 的放电特性及分析

CO_2 气体的纯度为 99.99%,杂质含量($\times 10^{-6}$）：$O_2 < 40$，$N_2 < 60$，$Ar \leqslant 3$，$H_2O \leqslant 5$。下面图中的 k 是指 $c - C_4F_8$ 在混合气体中所占百分数。

1）电离系数密度比 α/N

图 6-6 是 $c - C_4F_8/CO_2$ 在百分比为 100/0、90/10、75/25、60/40 以及 50/50 时,在 180 Td $< E/N <$ 500 Td 条件下的 α/N 与 E/N 的关系曲线。从图中可以看出,在同一百分比下,α/N 随 E/N 的增加而增加,并且近似线性;在同一 E/N 值下,α/N 随着 $c - C_4F_8$ 比例的增加而增加,增加的速度越来越快,变化趋势不同于 SF_6/CO_2 的 α/N 与 E/N 的关系曲线。

2）吸附系数密度比 η/N

图 6-7 是 $c - C_4F_8/CO_2$ 在百分比为 100/0、90/10、75/25、60/40 以及 50/50 时,在 180 Td $< E/N <$ 500 Td 条件下的 η/N 与 E/N 的关系曲线。从图中可以看出,在同一百分比下,η/N 随 E/N 的增加而减小,略呈非线性变化;在同一 E/N 值下,η/N 随着 $c - C_4F_8$ 比例的增加而增加,变化趋势类似于 SF_6/CO_2 的 η/N 与 E/N 的关系曲线。

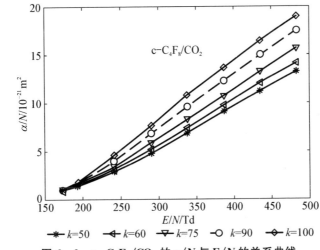

图 6-6　c-C₄F₈/CO₂ 的 α/N 与 E/N 的关系曲线

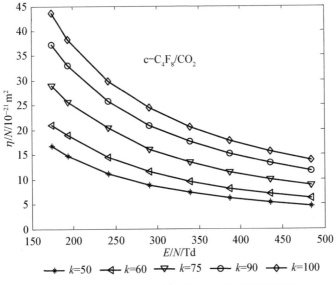

图 6-7　c-C₄F₈/CO₂ 的 η/N 与 E/N 的关系曲线

3) 有效电离系数密度比$(\alpha-\eta)/N$

图 6-8 是 c-C₄F₈/CO₂ 在百分比为 100/0、90/10、75/25、60/40 以及 50/50 时，在 180 Td$<E/N<$500 Td 条件下的$(\alpha-\eta)/N$与E/N的关系曲线。从图中可以看出，在同一百分比下，$(\alpha-\eta)/N$随E/N的增加而增加，在整个百分比范围呈非线性；在同一E/N值下，$(\alpha-\eta)/N$随着 c-C₄F₈ 比例的增加而减小，这

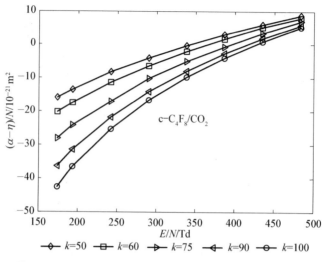

图 6-8　c-C₄F₈/CO₂ 的 $(\alpha-\eta)/N$ 与 E/N 的关系曲线

是因为,α/N 随着 c-C₄F₈ 比例的增加而增加的数值小于 η/N 随着 c-C₄F₈ 比例的增加而增加的数值。

　　令图 6-8 中 $(\alpha-\eta)/N$ 和 E/N 的关系曲线中的 $(\alpha-\eta)/N = 0$,得到 c-C₄F₈/CO₂ 在百分比为 100/0、90/10、75/25、60/40 以及 50/50 时的 $(E/N)_{lim}$,结果列于表 6-5(见正文 169 页)。

　　4) c-C₄F₈/CO₂ 混合气体交流击穿电压随压强的变化

　　在不同间距下,c-C₄F₈/CO₂ 混合气体的击穿电压如图 6-9~图 6-13 所示,在所有间距下,40%混合气体的绝缘强度随压强变化缓慢,并没有因为 c-C₄F₈ 气体含量最高而成为绝缘强度最高的,相反它的绝缘强度甚至低于 N₂。

　　当间距大于 5 mm 时,5%混合气体绝缘强度只有最大值和高压强所有的混合气体都饱和时,接近 10%混合气体;20%混合气体随压强上升到 0.25 MPa 时达到最大值,此后随压强下降到某个压强点时趋向于饱和;而 10%混合气体在 10 mm 和 15 mm 间距下和 20%混合气体一样也是在 0.25 MPa 达到最大值,但此后随压强下降的幅度没有 20%混合气体大。当间距为 20 mm 和 25 mm,10%混合气体出现最大值的压强点为 0.3 MPa。总的来说,10%混合气体在大于 5 mm 间距下的绝缘强度都是最大的,也就是说 c-C₄F₈/CO₂ 混合气体在 10%时存在一个最大值。

　　1% c-C₄F₈/CO₂ 混合气体的击穿电压在所有间距下都高于 N₂,在间距小于 25 mm 下高于 N₂ 的击穿电压(5~10 kV),接近 5%、25 mm 间距时由于它的绝缘强度在高压强时增长比较快,甚至成为所有混合比下最高的。

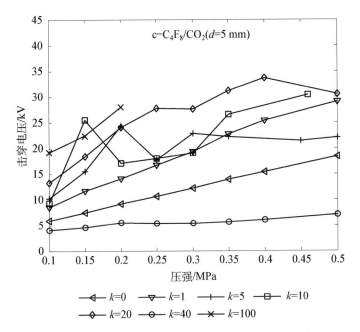

图 6-9 5 mm 间距下 c-C₄F₈/CO₂ 混合气体交流击穿电压随压强变化曲线

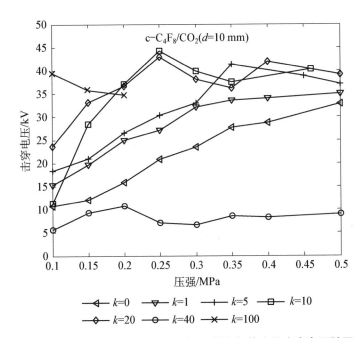

图 6-10 10 mm 间距下 c-C₄F₈/CO₂ 混合气体交流击穿电压随压强变化曲线

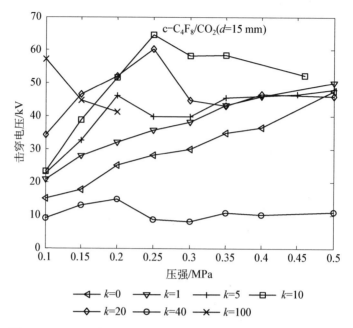

图 6‑11 15 mm 间距下 c‑C_4F_8/CO_2 混合气体交流击穿电压随压强变化曲线

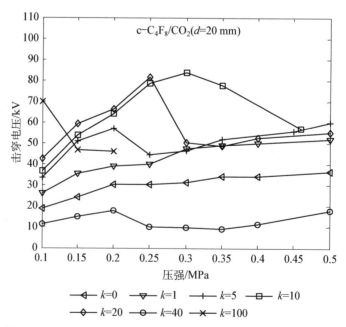

图 6‑12 20 mm 间距下 c‑C_4F_8/CO_2 混合气体交流击穿电压随压强变化曲线

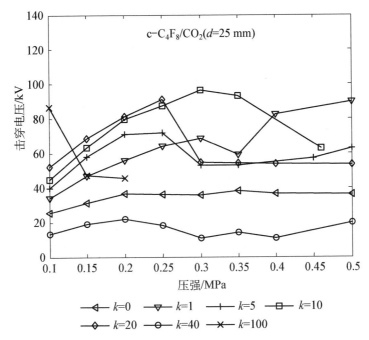

图 6-13 25 mm 间距下 c-C₄F₈/CO₂ 混合气体交流击穿电压随压强变化曲线

6.3.3 c-C₄F₈/CF₄ 的放电特性及分析

CF_4 气体的纯度为 99.999%，杂质含量($\times 10^{-6}$)：$N_2 \leqslant 6$，$O_2 \leqslant 2$，$CO \leqslant 1$，$H_2O \leqslant 1$，$CO_2 \leqslant 1$。下面图中的 k 是指 c-C₄F₈ 在混合气体中所占百分数。

1) 电离系数密度比 α/N

图 6-14 是 c-C₄F₈/CF₄ 在百分比为 100/0、90/10、75/25、60/40 以及 50/50 时，在 $180\ \mathrm{Td} < E/N < 500\ \mathrm{Td}$ 条件下的 α/N 与 E/N 的关系曲线。从图中可以看出，在同一百分比下，α/N 随 E/N 的增加而增加，并且近似线性；在同一 E/N 值下，α/N 随着 c-C₄F₈ 比例的增加而增加。在同比例与同 E/N 下，c-C₄F₈/CF₄ 的 α/N 与 c-C₄F₈/CO₂ 的相近。

2) 吸附系数密度比 η/N

图 6-15 是 c-C₄F₈/CF₄ 在百分比为 100/0、90/10、75/25、60/40 以及 50/50 时，在 $180\ \mathrm{Td} < E/N < 500\ \mathrm{Td}$ 条件下的 η/N 与 E/N 的关系曲线。从图中可以看出，在同一百分比下，η/N 随 E/N 的增加而减小，呈非线性变化；在同

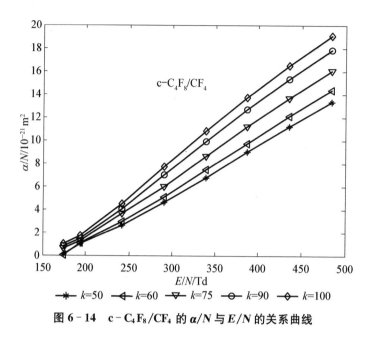

图 6-14 c-C₄F₈/CF₄ 的 α/N 与 E/N 的关系曲线

一 E/N 值下，η/N 随着 c-C₄F₈ 比例的增加而增加。在同比例和同 E/N 下，c-C₄F₈/CF₄ 的 η/N 大于 c-C₄F₈/CO₂ 的。

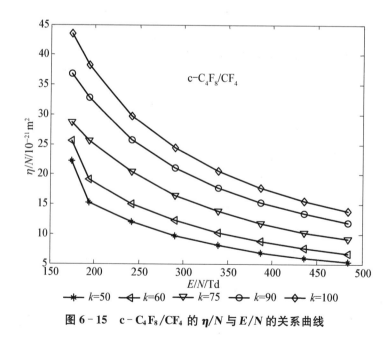

图 6-15 c-C₄F₈/CF₄ 的 η/N 与 E/N 的关系曲线

3) 有效电离系数密度比$(\alpha-\eta)/N$

图 6 - 16 是 c - C_4F_8/CF_4 在百分比为 100/0、90/10、75/25、60/40 以及 50/50 时,在 180 Td＜E/N＜500 Td 条件下的$(\alpha-\eta)/N$与E/N的关系曲线。从图中可以看出,在同一百分比下,$(\alpha-\eta)/N$随E/N的增加而增加,在高百分比时呈非线性,低E/N时近似线性;在同一E/N值下,$(\alpha-\eta)/N$随着 c - C_4F_8比例的增加而减小。

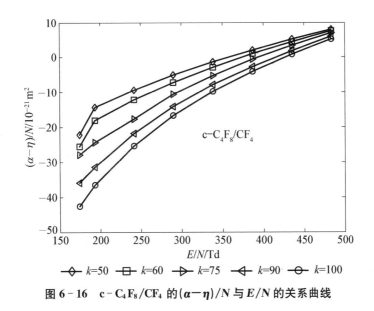

图 6 - 16　c - C_4F_8/CF_4 的$(\alpha-\eta)/N$与E/N的关系曲线

令图 6 - 16 中$(\alpha-\eta)/N$和E/N的关系曲线中的$(\alpha-\eta)/N=0$,得到 c - C_4F_8/CF_4 在百分比为 100/0、90/10、75/25、60/40 以及 50/50 时的$(E/N)_{\lim}$,结果列于表 6 - 5(见正文 169 页)。

6.3.4　c - C_4F_8/N_2 的放电特性及分析

N_2 气体的纯度为 99.999%,杂质含量($\times10^{-16}$):O_2＜5,H_2O≤5,Ar＜1。下面图中的 k 是指 c - C_4F_8 在混合气体中所占百分数。

1) 电离系数密度比α/N

图 6 - 17 是 c - C_4F_8/N_2 在百分比为 100/0、90/10、75/25、60/40 以及 50/50 时,在 180 Td＜E/N＜500 Td 条件下的α/N与E/N的关系曲线。从图中可以看出,在同一百分比下,α/N随E/N的增加而增加,并且近似线性;在同一E/N值下,α/N随着 c - C_4F_8比例的增加而增加,增加的速度越来越快。在同比

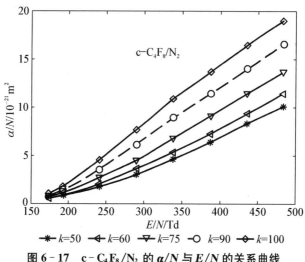

图 6-17 c-C$_4$F$_8$/N$_2$ 的 α/N 与 E/N 的关系曲线

例与同 E/N 下，c-C$_4$F$_8$/N$_2$ 的 α/N 小于 c-C$_4$F$_8$/CO$_2$ 与 c-C$_4$F$_8$/CF$_4$ 的。

2) 吸附系数密度比 η/N

图 6-18 是 c-C$_4$F$_8$/N$_2$ 在百分比为 100/0、90/10、75/25、60/40 以及 50/50 时，在 180 Td $< E/N <$ 500 Td 条件下的 η/N 与 E/N 的关系曲线。在同一百分比下，η/N 随 E/N 的增加而减小，呈非线性变化；在同一 E/N 值下，η/N 随着 c-C$_4$F$_8$ 比例的增加而增加，在高 E/N 时，不同百分比下的 η/N 接近相等。在同比例与同 E/N 下，c-C$_4$F$_8$/N$_2$ 的 η/N 大于 c-C$_4$F$_8$/CO$_2$ 与 c-C$_4$F$_8$/CF$_4$ 的。

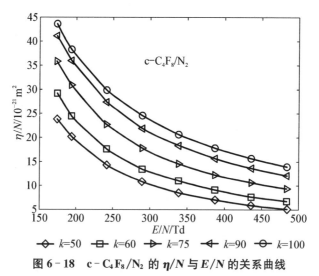

图 6-18 c-C$_4$F$_8$/N$_2$ 的 η/N 与 E/N 的关系曲线

3) 有效电离系数密度比$(\alpha-\eta)/N$

图 6-19 是 $c-C_4F_8/N_2$ 在百分比为 100/0、90/10、75/25、60/40 以及 50/50 时，在 $180\,\text{Td}<E/N<500\,\text{Td}$ 条件下的 $(\alpha-\eta)/N$ 与 E/N 的关系曲线。从图中可以看出，在同一百分比下，$(\alpha-\eta)/N$ 随 E/N 的增加而增加，在整个百分比范围内呈非线性；在同一 E/N 值下，$(\alpha-\eta)/N$ 随着 $c-C_4F_8$ 比例的增加而减小，在高 E/N 时减小的幅度变小。变化趋势与图 6-8 和图 6-16 中的分析结果类似。

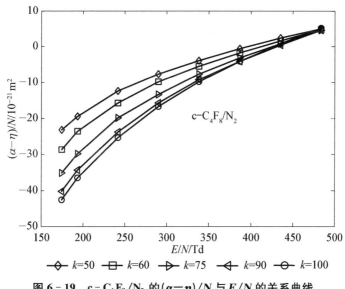

图 6-19 $c-C_4F_8/N_2$ 的 $(\alpha-\eta)/N$ 与 E/N 的关系曲线

令图 6-19 中 $(\alpha-\eta)/N$ 和 E/N 的关系曲线中的 $(\alpha-\eta)/N=0$，得到 $c-C_4F_8/N_2$ 在百分比为 100/0、90/10、75/25、60/40 以及 50/50 时的 $(E/N)_{\text{lim}}$，结果列于表 6-5（见正文 169 页）。

4) $c-C_4F_8/N_2$ 混合气体交流击穿电压随压强的变化

在不同电极间距下，$c-C_4F_8/N_2$ 混合气体交流击穿电压随压强变化曲线如图 6-20～图 6-24 所示，从图中可以看出，在 5 mm 间距时，所有混合气体在低压下绝缘强度都差不多，但 $c-C_4F_8$ 含量低的混合气体绝缘强度随压强变化缓慢，它们的绝缘强度和 N_2 比较相近，1% 混合气体甚至在高压强时低于 N_2；而 20% 和 30% 混合气体绝缘强度尽管在 0.1 MPa 时稍低于 N_2，但随着压强迅速增长，在高压强时差不多是低 $c-C_4F_8$ 含量混合气体的 1.35 倍。在这个间距，$c-C_4F_8/N_2$ 混合气体的绝缘强度小于纯净的 $c-C_4F_8$ 气体，这主要是低间隙时，场接近于均匀电场，$c-C_4F_8$ 气体是一种强电负性气体，具有很强的附着电子的能力，因此形成了重的负离子,它在接近均匀电场下,一般比别的气体有高得多的电气强度。

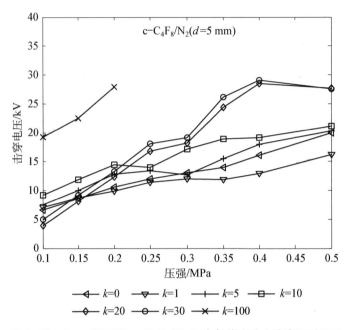

图 6‑20　**5 mm 间距下 c‑C₄F₈/N₂ 混合气体交流击穿电压随压强变化曲线**

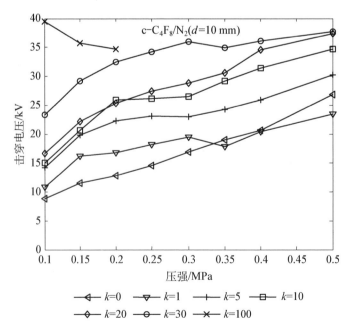

图 6‑21　**10 mm 间距下 c‑C₄F₈/N₂ 混合气体交流击穿电压随压强变化曲线**

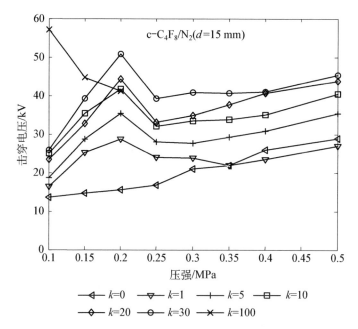

图 6‑22 **15 mm 间距下 c‑C_4F_8/N_2 混合气体交流击穿电压随压强变化曲线**

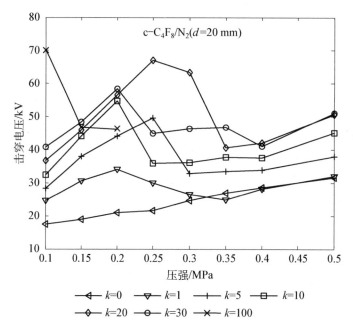

图 6‑23 **20 mm 间距下 c‑C_4F_8/N_2 混合气体交流击穿电压随压强变化曲线**

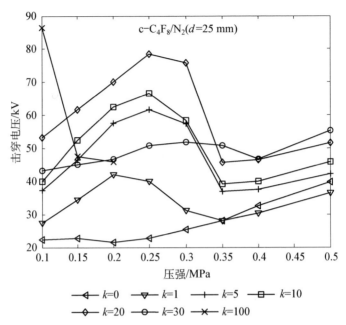

图 6-24　25 mm 间距下 c-C₄F₈/N₂ 混合气体交流击穿电压随压强变化曲线

在 10 mm 间距时,所有 $c-C_4F_8/N_2$ 混合气体随压强变化都比较缓慢,总体来说,$c-C_4F_8$ 含量高的混合气体绝缘强度也高,但 10% 混合气体绝缘强度接近 20% 混合气体,30% 混合气体在低压强时明显比其他混合气体高很多,但在高压强时和 20% 混合气体比较接近。

当间距大于 10 mm 时,$c-C_4F_8/N_2$ 混合气体随压强变化比较有规律,在 0.1 MPa 到 0.5 MPa 压强范围内,曲线都有一个最大最小值,并且 15 mm 和 25 mm 间距时,出现最大值和最小值的压强点都差不多,分别为 0.2 MPa、0.25 MPa 和 0.25 MPa、0.35 MPa。

当间距小于 20 mm 时,$c-C_4F_8$ 含量大的 $c-C_4F_8/N_2$ 混合气体绝缘强度也高,但 20% $c-C_4F_8/N_2$ 绝缘强度已接近 30%;但在 20 mm 和 25 mm 间距时,30% $c-C_4F_8/N_2$ 混合气体绝缘强度变得很小,甚至小于 5% $c-C_4F_8/N_2$。说明 20% 是 $c-C_4F_8/N_2$ 混合气体的一个最优混合比。

对于 1% $c-C_4F_8/N_2$ 混合气体来说,尽管在低间距时绝缘强度和 N_2 差不多,甚至在某些压强范围内都小于 N_2,但随着间距的增加,越来越大于 N_2,尤其是在出现最大值的压强点,为 5% $c-C_4F_8/N_2$ 混合气体的 70% 以上。

6.3.5 c-C₄F₈/N₂O 的放电特性及分析

N_2O 的纯度是 99.999%，主要杂质含量（$\times10^{-6}$）：$O_2 \leqslant 10$，$N_2 \leqslant 30$，$H_2O \leqslant 10$，$CO_2 \leqslant 10$，$THC \leqslant 5$。下面图中的 k 是指 c-C₄F₈ 在混合气体中所占百分数。

1）电离系数密度比 α/N

图 6-25 是 c-C₄F₈/N₂O 在百分比为 100/0、90/10、75/25、60/40 以及 50/50 时，在 $180\,\mathrm{Td} < E/N < 500\,\mathrm{Td}$ 条件下的 α/N 与 E/N 的关系曲线。从图中可以看出，在同一百分比下，α/N 随 E/N 的增加而增加，增加的速度越来越快，并且近似线性；在同一 E/N 值下，α/N 随着 c-C₄F₈ 比例的增加而增加。在同比例与同 E/N 下，c-C₄F₈/N₂O 的 α/N 小于 c-C₄F₈/CO₂、c-C₄F₈/N₂ 与 c-C₄F₈/CF₄ 的。

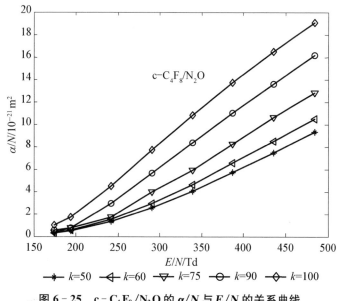

图 6-25 c-C₄F₈/N₂O 的 α/N 与 E/N 的关系曲线

2）吸附系数密度比 η/N

图 6-26 是 c-C₄F₈/N₂O 在百分比为 100/0、90/10、75/25、60/40 以及 50/50 时，在 $180\,\mathrm{Td} < E/N < 500\,\mathrm{Td}$ 条件下的 η/N 与 E/N 的关系曲线。在同一百分比下，η/N 随 E/N 的增加而减小，呈非线性变化；在同一 E/N 值下，η/N 随着 c-C₄F₈ 比例的增加而增加。在同比例与同 E/N 下，c-C₄F₈/N₂O 的 η/N

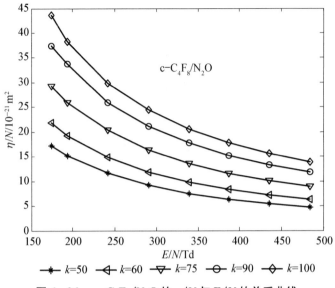

图 6-26 c-C$_4$F$_8$/N$_2$O 的 η/N 与 E/N 的关系曲线

小于 c-C$_4$F$_8$/N$_2$ 与 c-C$_4$F$_8$/CF$_4$ 而略大于 c-C$_4$F$_8$/CO$_2$ 的。

3）有效电离系数密度比$(\alpha-\eta)/N$

图 6-27 是 c-C$_4$F$_8$/N$_2$O 在百分比为 100/0、90/10、75/25、60/40 以及 50/50 时，在 180 Td$<E/N<$500 Td 条件下的$(\alpha-\eta)/N$ 与 E/N 的关系曲线。从图中可以看出，在同一百分比下，$(\alpha-\eta)/N$ 随 E/N 的增加而增加，在高百分比时呈非线性，低 E/N 时近似线性；在同一 E/N 值下，$(\alpha-\eta)/N$ 随着 c-C$_4$F$_8$

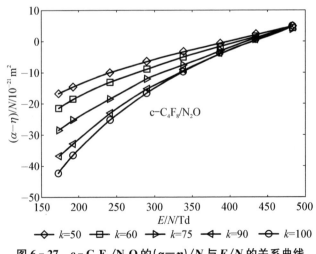

图 6-27 c-C$_4$F$_8$/N$_2$O 的$(\alpha-\eta)/N$ 与 E/N 的关系曲线

比例的增加而减小。

令图 6-27 中 $(\alpha-\eta)/N$ 和 E/N 的关系曲线中的 $(\alpha-\eta)/N=0$，得到 $c-C_4F_8/N_2O$ 在百分比为 100/0、90/10、75/25、60/40 以及 50/50 时的 $(E/N)_{lim}$，结果列于表 6-5。

表 6-5　混合气体的 $(E/N)_{lim}$ 比较

$k/\%$	$c-C_4F_8/CO_2$	$c-C_4F_8/CF_4$	$c-C_4F_8/N_2$	$c-C_4F_8/N_2O$	SF_6
50	343	354.7	393.3	392.3	
60	366.4	374.8	410.9	415.7	
75	393.6	390.2	421.1	421.2	
90	414.6	411.9	427.1	430.0	
100	426.4	426.4	426.4	426.4	361.4

6.3.6　$c-C_4F_8$ 混合气体的绝缘特性分析

1) CO_2、CF_4、N_2 及 N_2O 对 $c-C_4F_8$ 的 $(E/N)_{lim}$ 的影响

表 6-5 是纯净的 $c-C_4F_8$，以及 $c-C_4F_8/CO_2$、$c-C_4F_8/CF_4$、$c-C_4F_8/N_2$ 与 $c-C_4F_8/N_2O$ 在混合比为 100/0、90/10、75/25、60/40 以及 50/50 时的 $(E/N)_{lim}$。$c-C_4F_8/N_2O$ 与 $c-C_4F_8/N_2$ 的 $(E/N)_{lim}$ 在整个百分比范围内都大于另外两种混合气体；在 $c-C_4F_8$ 的百分比 $<75\%$ 时，$c-C_4F_8/CF_4$ 的 $(E/N)_{lim}$ 大于 $c-C_4F_8/CO_2$ 的 $(E/N)_{lim}$，反之，$c-C_4F_8/CF_4$ 的 $(E/N)_{lim}$ 小于 $c-C_4F_8/CO_2$ 的 $(E/N)_{lim}$；在 $c-C_4F_8$ 的百分比为 50% 时，$c-C_4F_8/CO_2$ 的 $(E/N)_{lim}$ 最小，约为 $c-C_4F_8$ 的 $(E/N)_{lim}$ 的 80.77%，这说明添加气体 CO_2、CF_4、N_2 与 N_2O 在 $c-C_4F_8$ 的百分比含量大于 50% 的情况下，并没有大大降低 $c-C_4F_8$ 的耐电强度，相反，在一定的百分比下，$c-C_4F_8/N_2$ 与 $c-C_4F_8/N_2O$ 的耐电强度都超过了 $c-C_4F_8$ 的耐电强度。

与 SF_6 的耐电强度相比较，在 $c-C_4F_8$ 的百分比含量大于 50% 的情况下，$c-C_4F_8/N_2$ 的耐电强度大约是 SF_6 的 1.09~1.18 倍；$c-C_4F_8/N_2O$ 的耐电强度大约是 SF_6 的 1.09~1.19 倍；当 $c-C_4F_8$ 的含量等于 50% 时，$c-C_4F_8/CO_2$ 的耐电强度比 SF_6 的仅低 5.1%，而在含量大于 50% 时，其耐电强度是 SF_6 的 1.01~1.15 倍；当 $c-C_4F_8$ 的含量等于 50% 时，$c-C_4F_8/CF_4$ 的耐电强度比 SF_6 的仅低 1.9%，而在大于 50% 时，其耐电强度是 SF_6 的 1.04~1.14 倍；

$c-C_4F_8/CO_2$、$c-C_4F_8/CF_4$、$c-C_4F_8/N_2$ 与 $c-C_4F_8/N_2O$ 的相对耐电强度 RES 与 $c-C_4F_8$ 含量 $k(\%)$ 的关系曲线如图 6-28 所示，从 RES 的变化趋势

可判定,在 $c\text{-}C_4F_8$ 的百分比含量大于等于 50% 的情况下,$c\text{-}C_4F_8/CO_2$ 为协同效应型混合气体,$c\text{-}C_4F_8/CF_4$ 为轻微协同型混合气体,$c\text{-}C_4F_8/N_2$ 与 $c\text{-}C_4F_8/N_2O$ 为正协同效应型混合气体。

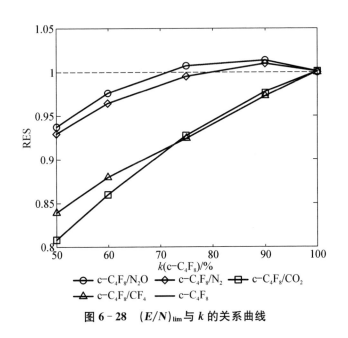

图 6-28 $(E/N)_{\text{lim}}$ 与 k 的关系曲线

通过对表 6-5 和图 6-28 的分析,可以看出,$c\text{-}C_4F_8/N_2$ 与 $c\text{-}C_4F_8/N_2O$ 一方面都是正协同效应型混合气体,且在 $50\%\sim90\%$ 的比例范围内,耐电强度值比 SF_6 高很多,因此单从耐电强度的角度考虑,取代 SF_6 切实可行;$c\text{-}C_4F_8/CO_2$ 是协同混合型混合气体,$c\text{-}C_4F_8/CF_4$ 为轻微协同型混合气体,尽管在 50% 混合比下,$c\text{-}C_4F_8/CO_2$ 和 $c\text{-}C_4F_8/CF_4$ 的耐电强度值都略小于 SF_6,但是在大于 50% 的情况下都大于 SF_6,因此如果也只从耐电强度的角度考虑,$c\text{-}C_4F_8/CO_2$ 与 $c\text{-}C_4F_8/CF_4$ 也有可能取代 SF_6。

在 $c\text{-}C_4F_8$ 的含量大于 50% 的情况下,这四种缓冲气体没有极大降低 $c\text{-}C_4F_8$ 的耐电强度,相反,在一定的百分比下,$c\text{-}C_4F_8/N_2$ 与 $c\text{-}C_4F_8/N_2O$ 的耐电强度都超过了 $c\text{-}C_4F_8$ 的耐电强度,因此 CO_2、CF_4、N_2 与 N_2O 可以作为 $c\text{-}C_4F_8$ 的缓冲气体。

因为 $c\text{-}C_4F_8/CO_2$、$c\text{-}C_4F_8/CF_4$、$c\text{-}C_4F_8/N_2$ 以及 $c\text{-}C_4F_8/N_2O$ 四种混合气体在 $c\text{-}C_4F_8$ 的含量大于 50% 的情况下,耐电强度都大于 SF_6 的耐电强度,因此,如果只考虑耐电强度的大小,它们均有可能取代 SF_6。但是选择 SF_6 的替

代气体,还需要考虑替代气体的温室效应指数和液化温度,因此它们是否能够取代 SF_6 还需要进一步的研究。

2) 不同 $c-C_4F_8$ 混合气体随压强变化的比较

由于本书研究 $c-C_4F_8$ 混合气体,主要是为了代替 SF_6 气体,因此比较了 1%、10%、20% $c-C_4F_8$ 混合气体交流绝缘强度和 SF_6/N_2 混合气体在不同间距下随压强的变化曲线,同时比较了不同压强下 $c-C_4F_8$ 与 SF_6/N_2 混合气体随混合比的变化曲线。

图 6-29～图 6-31 分别显示了 1%、10%、20% $c-C_4F_8$ 混合气体与对应混合比的 SF_6/N_2 混合气体在 5 mm、15 mm、25 mm 间距下受压强变化曲线的比较。从图中可以看出,在任何压强下,1% 混合气体的绝缘强度从大到小顺序

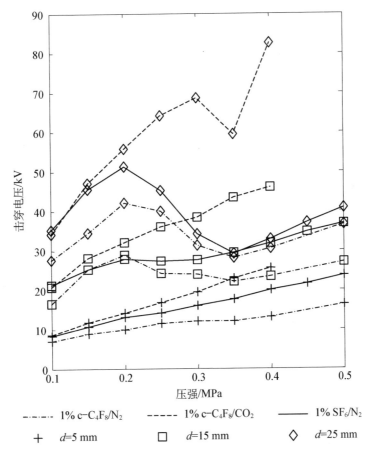

图 6-29 1% $c-C_4F_8$ 和 N_2、CO_2 两种混合气体交流击穿电压随压强变化与 SF_6/N_2 的比较

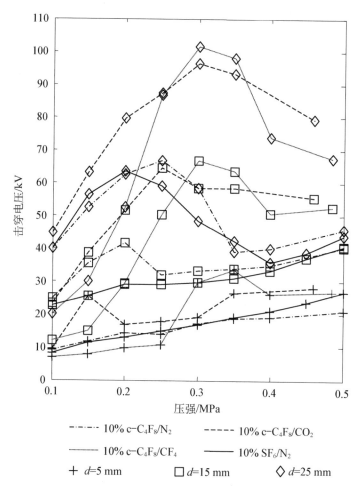

图 6-30 10% c-C₄F₈ 和 N₂、CO₂ 以及 CF₄ 三种混合气体交流击穿
电压随压强变化与 SF₆/N₂ 的比较

为：$1\% c\text{-}C_4F_8/CO_2 > 1\% SF_6/N_2 > c\text{-}C_4F_8/N_2$。$1\% c\text{-}C_4F_8/CO_2$ 混合气体绝缘强度在低压强时和 $1\% SF_6/N_2$ 的绝缘强度差不多,高压强时,随着压强和间距的增加,越来越大于 $1\% SF_6/N_2$。而 $1\% c\text{-}C_4F_8/N_2$ 混合气体绝缘强度在 5 和 15 mm 间距时,随着压强的增加,越来越小于 $1\% SF_6/N_2$,但在 25 mm 大间距下,间隙越低越小于 $1\% SF_6/N_2$,间隙越高却越接近于 $1\% SF_6/N_2$ 混合气体。

10% 和 20% $c\text{-}C_4F_8/N_2$ 混合气体的绝缘强度和 SF_6/N_2 比较相近或稍高。除了在低压时 10% $c\text{-}C_4F_8/CF_4$ 低于 10% SF_6/N_2 气体外,10%、20% $c\text{-}C_4F_8/CF_4$ 和 $c\text{-}C_4F_8/CO_2$ 混合气体随压强增长比较迅速,分别在 0.3 MPa

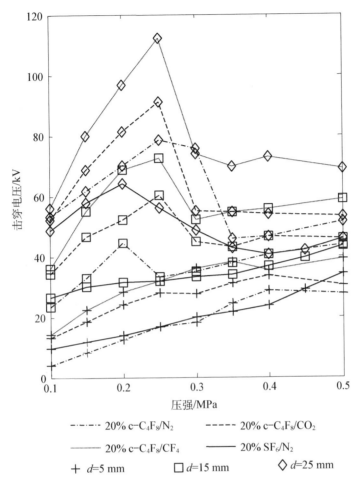

图 6-31 20% c-C₄F₈ 和 N₂、CO₂ 以及 CF₄ 三种混合气体交流击穿电压随压强变化与 SF₆/N₂ 的比较

和 0.25 MPa 左右出现一个最大值,之后随压强下降后趋向于饱和。因此对于 10% c-C₄F₈/CO₂ 和 10% c-C₄F₈/CF₄ 混合气体来说,绝缘强度高于 10% SF₆/N₂ 很多,并且间距越大,高出 10% SF₆/N₂ 的越多。例如 10% 时,在最大值处达到 10% SF₆/N₂ 气体的 1.6 倍左右。

3) 不同 c-C₄F₈ 混合气体的绝缘强度随混合比变化的比较

图 6-32~图 6-34 显示了在不同压强下,c-C₄F₈ 混合气体与 SF₆/N₂ 混合气体随混合比变化的比较。所有的压强下,c-C₄F₈/N₂ 混合气体绝缘强度在 0~10% 范围内呈上升趋势,当混合比进一步增大时,小间隙时绝缘强度减小,大间隙时绝缘强度增加。0.1 MPa 和 0.2 MPa 压强时和 SF₆/N₂ 混合气体绝缘强

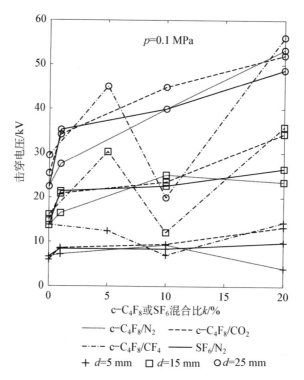

图 6-32 0.1 MPa 下 c-C_4F_8 和 N_2、CO_2 以及 CF_4 三种混合气体交流击穿电压随混合比变化的比较

度差不多,但在 0.3 MPa 下 10% c-C_4F_8 混合气体大于 SF_6/N_2 混合气体。

对于 c-C_4F_8/CO_2 混合气体,0.1 MPa 时和 SF_6/N_2 混合气体绝缘强度差不多。0.2 MPa 和 0.3 MPa 时,5 mm 间距时随混合比增加比较缓慢,但在 15 mm 和 25 mm 间距下,1% c-C_4F_8 就使 CO_2 气体绝缘强度快速增长,如 0.2 MPa时 1% c-C_4F_8/CO_2 混合气体。

4) c-C_4F_8 混合气体的液化温度

c-C_4F_8 气体的液化温度较高(-8℃)。为降低 c-C_4F_8 的液化温度,通常在 c-C_4F_8 气体中添加缓冲气体(如 N_2)。实验证明:混合气体组分和气压对混合气体的液化温度有影响。混合气体的液化温度计算公式如下

$$T_{mb} = \frac{T_b}{1 - \dfrac{\ln(10kp_v)}{10.5}} \tag{6-4}$$

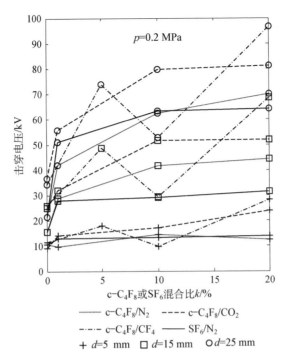

图 6-33 0.2 MPa 下 c-C₄F₈ 和 N₂、CO₂ 以及 CF₄ 三种
混合气体交流击穿电压随混合比变化的比较

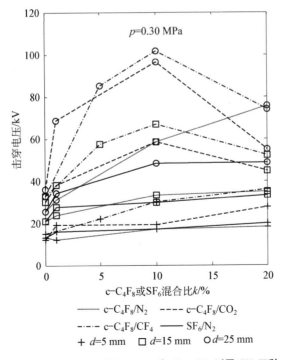

图 6-34 0.3 MPa 下 c-C₄F₈ 和 N₂、CO₂ 以及 CF₄ 三种
混合气体交流击穿电压随混合比变化的比较

式中，T_{mb} 为混合气体液化温度，p_v 为缓冲气体蒸气压，k 为气体混合比，T_b 为缓冲气体的沸点。

由图 6-35 可知，若要电气设备在 $-20℃$ 时正常工作，即混合气体在 $-20℃$ 下不液化，则混合气体中的 c-C_4F_8 的含量最多在 15% 左右。

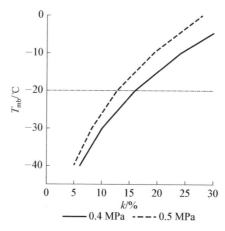

图 6-35 气体混合比与液化温度的关系

5) 混合气体中 GWP 值的计算方法

把混合气体的耐电强度作为 GWP 评价函数，在 $(E/N)_{cr} = 200\,Td$ 时，混合气体的 GWP 值可以表示为

$$GWP = \frac{359.3}{(E/N)_{cr}} \sum_{i=1}^{s} G_i X_i \qquad (6-5)$$

式中，G_i 是混合气体中第 i 种气体的 GWP 值，X_i 是第 i 种气体所占比例。$(E/N)_{cr}$ 是一个临界参数，当 E 值一定时，混合气体气压为 $p = 0.9\,MPa$ 时，折算的 E/N 值根据上述计算 GWP 值公式，对 c-C_4F_8/N_2 混合气体 GWP 值进行了计算，并且与相同含量的 SF_6/N_2 和 SF_6/CO_2 的 GWP 值进行了比对，计算结果如表 6-6 所示。

表 6-6　c-C_4F_8/N_2、SF_6/N_2 混合气体与 SF_6 的 GWP 值比较

	气体混合比 $k/\%$	GWP(10^4)
c-C_4F_8/N_2	10	0.087 1
	25	0.217 6
	33.6	0.292 4
	50	0.435 0

（续表）

	气体混合比 k/%	GWP(10^4)
SF$_6$/N$_2$	10	0.239 1
	25	0.597 6
	33.6	0.803 1
	50	1.195 0
SF$_6$	100	2.39

从表 6-6 可以看出，在 c-C$_4$F$_8$ 与 SF$_6$ 相同百分比含量下，c-C$_4$F$_8$/N$_2$ 混合气体的温室效应指数 GWP 比 SF$_6$/N$_2$ 混合气体的 GWP 约低 63.6%。

6.3.7 c-C$_4$F$_8$ 及其混合气体的应用发展

研究 c-C$_4$F$_8$ 及混合气体绝缘，综合考虑绝缘强度、液化温度和 GWP 三个指标时，混合气体中的 c-C$_4$F$_8$ 含量有一个最佳混合比。

c-C$_4$F$_8$/N$_2$、c-C$_4$F$_8$/CO$_2$ 两种混合气体击穿电压随含量几乎线性增长，而对应的 SF$_6$ 混合气体在 SF$_6$ 含量小时增加比较快，当混合比增加时，趋向于饱和。因此在混合比 k 小于 60% 时，c-C$_4$F$_8$/N$_2$、c-C$_4$F$_8$/CO$_2$ 混合气体的绝缘强度分别小于 SF$_6$/N$_2$、SF$_6$/CO$_2$ 混合气体，但随着混合比的增加，越来越大于 SF$_6$ 混合气体，在混合比为 100% 时为 SF$_6$ 的 1.25 倍。c-C$_4$F$_8$/CF$_4$ 混合气体绝缘强度只在混合比小于 15% 时稍稍小于 SF$_6$/CF$_4$ 混合气体。三种 c-C$_4$F$_8$ 混合气体所需增加的气体压强和对应的 SF$_6$ 混合气体差不多，但温室效应却大大降低，甚至是 SF$_6$ 气体的 1/10。

c-C$_4$F$_8$/N$_2$ 混合气体交流绝缘强度随压强变化不是很大，稍小于或稍大于后者 SF$_6$/N$_2$ 混合气体；c-C$_4$F$_8$/CO$_2$、c-C$_4$F$_8$/CF$_4$ 混合气体交流绝缘强度尽管在低压强时小于 SF$_6$/N$_2$ 混合气体，但由于这两种混合气体随压强增加比较快，在中压时达到最大，高压时趋于饱和，两者的绝缘强度在高压时都大于 SF$_6$/N$_2$，尤其是在出现最大值的压强下，差不多是后者的 1.6 倍。

从以上的分析可以看出，c-C$_4$F$_8$/N$_2$、c-C$_4$F$_8$/CO$_2$ 和 c-C$_4$F$_8$/CF$_4$ 三种混合气体均匀电场下的绝缘强度和相应 SF$_6$ 混合气体相差不多，甚至在高混合比时越来越大于后者。前两种混合气体，尤其是 c-C$_4$F$_8$/CO$_2$ 混合气体，在不均匀电场下交流和雷电冲击绝缘强度高压时分别大于 SF$_6$/N$_2$ 混合气体、SF$_6$ 气体。

从绝缘强度考虑，c-C$_4$F$_8$/N$_2$、c-C$_4$F$_8$/CO$_2$ 和 c-C$_4$F$_8$/CF$_4$ 三种混合气体优于现有的 SF$_6$/N$_2$ 混合与纯净 SF$_6$ 绝缘介质。并且 c-C$_4$F$_8$ 混合气体能够缓

解甚至解决纯净 c-C_4F_8 气体容易液化和碳分解的问题。传统的气体绝缘开关设备广泛用在中压范围,主要安装在变电所或户内。内部的真空断路器、接地开关等都安在一个小的气体腔体中,里面充满了压强为 0.1~0.3 MPa 的气体。因此,c-C_4F_8 混合气体在工作压强和电压相对低、不需要电流中断能力的气体开关设备中用作绝缘介质,不仅能保证其绝缘强度,而且大大减少了绝缘气体对环境的影响,有很大潜力取代 SF_6 或 SF_6/N_2 混合气体作为绝缘介质。

另外,对于气候比较温和的南方,电力变压器、高压传输线等电力设备有望用 c-C_4F_8 混合气体作为绝缘介质,构成气体绝缘变压器(GIT)、气体绝缘管道输电线(GIL)和中低压的柜式气体绝缘金属封闭开关设备(C-GIS)等电力设备。

6.4 CF₃I 及其混合气体的研究与发展

c-C_4F_8 已经被多方建议为 SF_6 的潜在替代气体,国内外研究者也对其进行了长期的研究和分析,随着工作的不断深入,最新的研究发现,新一代环保气体 CF₃I 比 c-C_4F_8 更具有替代 SF_6 的潜能。CF₃I 是近十年才被重点关注的气体,最开始是由于其对环境的"友好性"主要被考虑用作制冷剂替代物。墨西哥的 J. de Urquijo 课题组和日本的 Y. Nakamura 课题组从 2007 年开始大量在 *Dielectrics and Electrical Insulation*、*IEEE Transactionson* 和 *J. Phys. D: Applied Physics* 等刊物上发表相关研究论文,并建议将 CF₃I 作为 SF_6 的替代物进行重点研究。

6.4.1 CF₃I 气体的物理性质

三氟碘甲烷通常为无色无味的气体。CF₃I 对臭氧层没有破坏,其臭氧破坏潜能为 0,温室气体效应几乎和 CO_2 相当,根据不同的文献报道,CF₃I 的 GWP 约为 CO_2 的 1~5 倍,并且在大气中的存在时间很短(小于 2 天)。由于 CF₃I 无毒不燃,油溶性和材料相容性很好,目前 CF₃I 主要被考虑作为灭火剂 Harlon 的替代物以及新一代长期绿色制冷剂的主要组元,联合国环保署已将其列入了有希望的替代制冷剂目录。正是由于其环境友好性,许多学者从 20 世纪末开始对 CF₃I 的热学和化学性质展开深入的研究,而其在电力设备中作为绝缘介质则是最近几年才在国际上引起关注的新课题。

尽管 CF₃I 中含有 F 和 I,二者都属于卤族元素,从化学角度上来看会对环境和绝缘材料造成损害,但是最新的研究表明,CF_3I 对臭氧层和温室效应都不会产生影响。

根据文献的报道,所有到达大气同温层的碘都会加剧臭氧层的破坏,但是,由于 CF_3I 容易在太阳辐射(甚至是可见光)的作用下发生光致分解,因此其在大气中的存在时间极短,这就限制了泄漏在大气中的 CF_3I 往同温层的移动,尤其是在中纬度地区。从全球角度来看,人为释放的 CF_3I 远远少于大自然本身所产生的碘代碳化物,如 CH_3I 等。因此,我们有理由相信,从地表稳定释放的 CF_3I 的臭氧破坏潜能小于 0.008,甚至小于 0.000 1,通常情况下,几乎忽略不计。另一个方面,根据对 CF_3I 红外吸收光谱的研究发现,其 20 年的温室气体效应(GWP)不足 CO_2 的 5 倍,远小于 SF_6(100 年 GWP 为 23 900),也小于 $c-C_4F_8$(100 年 GWP 为 8 700)。因此,CF_3I 是一种环保绿色的气体,ODP 和 GWP 都不是推广其使用的主要障碍。表 6-7 是 CF_3I 和 SF_6 的主要物理化学性质比较。

表 6-7 CF_3I 和 SF_6 的主要物理化学性质比较

物理或化学性质	CF_3I	SF_6
相对分子质量	195.1	146.06
熔点/℃	−110	−50.8
沸点/℃	−22.5	−63.8
密度/(kg/m^3)(液体)	20℃,1 400	−32.5℃,2 360
临界温度/℃	122	45.6
临界压力/MPa	4.04	3.78
声速(气体,20℃,m/s)	117	134
C—I 键裂解能/(kJ/mol)	226.1	～
GWP	≤5	23 900
ODP	≤0.000 1	0
在大气中的存在时间/年	0.005	3 200

6.4.2 CF_3I 气体放电特性和绝缘性能的研究

正是由于 CF_3I 对环境的友好性,引起了研究人员广泛的兴趣,许多国家都展开了对 CF_3I 的全面研究,而作为气体绝缘介质的研究只是其中一个方面。幸运的是,CF_3I 在绝缘性能方面也有着极为出色的表现。

本节先从气体输运参数角度对纯 CF_3I 及其与 N_2 的混合气体进行了研究,然后研究 CF_3I/N_2 混合气体在极不均匀场下的击穿特性,采用针-板电极来模拟 C-GIS 中出现的极不均匀场的情况,通过调节针-板电极间距以及实验装置气压来研究 CF_3I 与 N_2 混合气体在极不均匀电场下的宏观击穿电压。在实验中,CF_3I 的混合比例为 5% 和 10%,实验的气压变化范围为 0.1~0.3 MPa,电极间间隙的距离变化范围为 0~50 mm。

6.4.2.1 CF₃I 气体的输运参数

我们从气体输运参数角度对纯 CF_3I 及其与 N_2 的混合气体进行了研究,通过脉冲汤逊放电实验测得了 CF_3I 在 100~850 Td 范围内的电离系数 α、吸附系数 η、漂移速度 V_e 及径向扩散系数 ND_L。通过实验结果所得到的混合气体临界场强随 CF_3I 比例的变化趋势如图 6-36 所示。对比发现,CF_3I 的临界场强 $(E/N)_{lim}=437\,Td$,远大于 SF_6 的 361 Td。表明 CF_3I 在绝缘性能上要优于 SF_6 气体,同时在与 N_2 混合比例达到 70% 的时候,CF_3I/N_2 混合气体的绝缘强度基本上和纯 SF_6 相当。同时,我们得到了不同的 CF_3I 摩尔分数 $k(\%)$ 时 CF_3I/N_2 混合气体的有效电离系数及电子漂移速度和约化电场强度的关系,如图 6-37 和图 6-38 所示。

我们用实验的方法测量了 CF_3I 与 CO_2 混合气体的击穿电压,对 CF_3I 气体的绝缘性能进行了分析,并与 SF_6 进行了对比。实验结果表明,纯 CF_3I 的击穿电压为 SF_6 的 1.2 倍以上,当 CF_3I 与 CO_2 的混合气体比例达到 60% 左右时,击穿电压达到纯 SF_6 水平,如图 6-39 所示。同时,我们得到了不同的 CF_3I 摩尔分数 $k(\%)$ 时 CF_3I/CO_2 混合气体的有效电离系数及电子漂移速度和电场强度

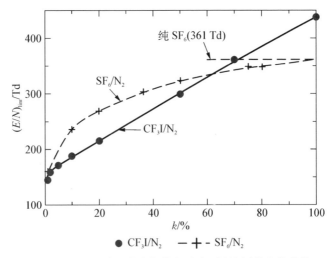

图 6-36 CF₃I/N₂ 混合气体 $(E/N)_{lim}$ 随比例的变化趋势

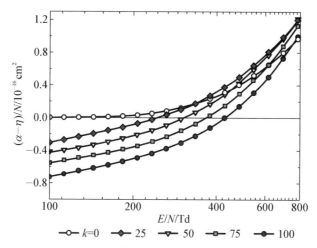

**图 6-37 不同 CF₃I 摩尔分数时 CF₃I/N₂ 混合气体有效电
离系数和电场强度的关系**

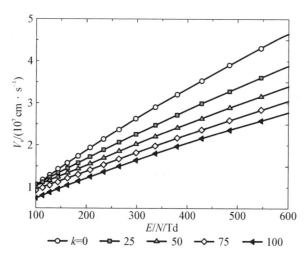

**图 6-38 不同 CF₃I 摩尔分数时 CF₃I/N₂ 混合气体电子
漂移速度和电场强度的关系**

的关系,如图 6-40 和图 6-41 所示。

我们从实验、蒙特卡罗模拟和玻耳兹曼方程等多个角度对 CF₃I 的输运参数
进行计算对比,修正了部分碰撞截面数据。所得到的结果与参考文献基本一致。
我们还对 CF₃I 与 SF₆ 混合气体的临界场强和电子群参数进行了研究,同样显示
了 CF₃I 极好的绝缘特性。

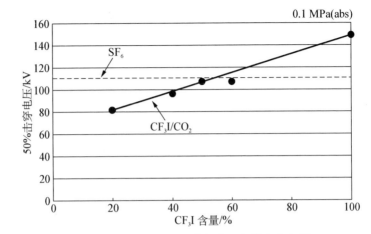

图 6-39 CF₃I/CO₂ 混合气体正极性击穿电压

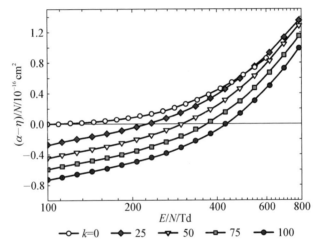

图 6-40 不同 CF₃I 摩尔分数时 CF₃I/CO₂ 混合气体有效电
离系数和电场强度的关系

6.4.2.2 CF₃I 混合气体的绝缘性能

1) 5% CF₃I/95% N₂ 混合气体的工频击穿特性

图 6-42 所示为当压力一定时，5% CF₃I/95% N₂ 混合气体击穿电压随放电间距变化的变化曲线。对其进行分析可以发现：随着实验压力的提高，气隙的耐压水平也在整体线性提高。在气压从 0.1 MPa 变化到 0.3 MPa 的范围内，尽管实验压力变化较大，但在每个固定的气压下，气隙击穿电压都随着气隙距离的增加而线性增加，且具有良好的线性度。与同等条件下的 N₂ 击穿电压相比，5%比例的 CF₃I 混合气体在较低的气隙下，绝缘强度提升并不明显。但到了较

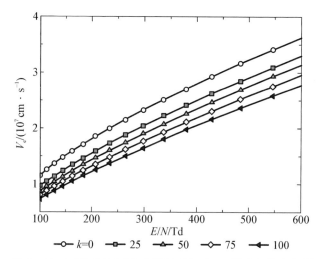

图 6‑41 不同 CF₃I 摩尔分数时 CF₃I/CO₂ 混合气体电子漂
移速度和电场强度的关系

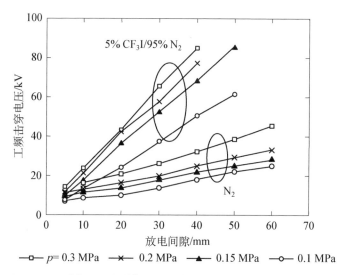

图 6‑42 5% CF₃I/95% N₂ 混合气体在 0.1~0.3 MPa 气压下击
穿电压随间隙的变化情况

高的放电间隙下,绝缘性能最多能提高 3 倍以上。这表明,即使是混合较低比例
的 CF₃I,混合气体的绝缘性能也能有大幅度的提升。

图 6‑43 所示为电极间隙距离一定时,击穿电压随实验气压的变化曲线,进
行分析同样可以发现:在 5 mm 和 10 mm 情况下,尽管针‑板电极间距离不同,
但气隙击穿电压都随着实验气压的增加而线性增加,且具有良好的线性度。但

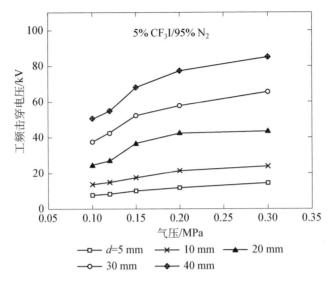

图 6‑43　5% CF₃I/95% N₂ 混合气体在 5～40 mm 距离变化范围内击穿电压随气压的变化关系

随着放电间隙的不断增大，击穿电压随气压变化的线性度下降，呈现出先快速上升，再平缓变化的趋势。出现这种现象，与电负性气体中存在的驼峰效应有直接关系，但由于 CF₃I 含量较低，因此驼峰效应并不明显。

2) 10% CF₃I/90% N₂ 混合气体的工频击穿特性

图 6‑44 所示为 10% CF₃I/90% N₂ 混合气体击穿电压随放电间距变化的

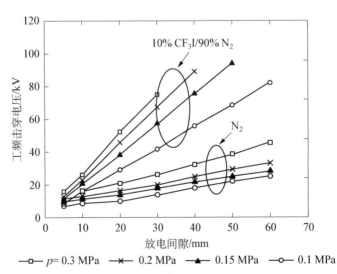

图 6‑44　10% CF₃I/90% N₂ 混合气体在 0.1～0.3 MPa 气压下击穿电压随间隙的变化情况

变化曲线。可以看出,各个气压下击穿电压基本随间隙呈线性增长。与同等条件下的 N_2 击穿电压相比,5％比例的 CF_3I 混合气体在较低的气隙下,绝缘强度提升并不明显。但到了较高的放电间隙下,绝缘强度能达到纯 N_2 的 3.7 倍之多。

图 6-45 所示为电极间隙距离一定时,击穿电压随实验气压的变化曲线。与 5％比例时的情况类似,在 5 mm 和 10 mm 情况下,气隙击穿电压都随着实验气压的增加而线性增加,且具有良好的线性度。但随着放电间隙的不断增大,击穿电压随气压变化的线性度下降,呈现出先快速上升,再平缓变化的趋势。

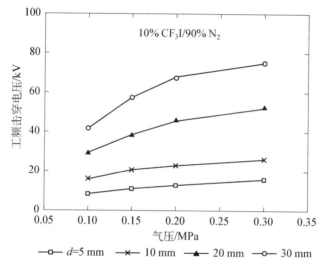

图 6-45　10％ CF_3I/90％ N_2 混合气体在 5～30 mm 距离变化范围内击穿电压随气压的变化关系

3)5％ CF_3I/95％ N_2 混合气体的雷电冲击特性

图 6-46 给出了正负极性雷电冲击下 0.12～0.3 MPa 气压变化范围内 5％ CF_3I/95％ N_2 混合气体气隙距离与击穿电压的关系。首先无论在何种实验气压下,正负极性雷电冲击电压下击穿电压与气隙距离之间的变化都不再呈现线性变化趋势,而是随间隙的增加逐渐饱和。尽管负极性雷电冲击电压下击穿电压的增长速度更快,但并非负极性雷电冲击下的击穿电压一直高于正极性雷电冲击电压下的击穿电压,且两者的交会值随着实验气压的降低而提高。从图 6-46(a)可以看到,随着气压的提高,正极性击穿电压随气隙距离增加而增加。并且整体趋势是在某一固定气隙距离下,击穿电压随着气压的增大而增大,但是在某些气隙距离下出现了实验气压降低,但是气隙击穿电压反而提高的现

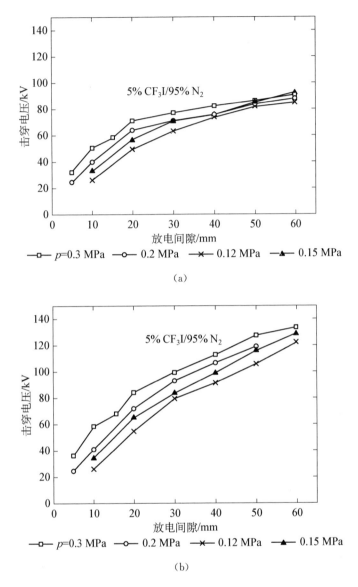

图 6 - 46　5% CF₃ I/95% N₂ 在不同气压下雷电冲击电压与击穿电压的关系

(a) 正极性；(b) 负极性

象。图 6 - 46(b)为负极性雷电冲击电压下 0～0.2 MPa 气压变化范围内气隙距离与击穿电压之间的关系比较图,可以看到随着气压的提高,击穿电压随气隙距离增加而增加,并且整体趋势是在某一固定气隙距离下,击穿电压随着气压的增大而增大。在 40 mm 到 60 mm 距离下气隙的击穿电压出现了明显的饱和现象。

4）10% CF₃I/90% N₂ 混合气体的雷电冲击特性

图 6-47 给出了 10% CF₃I/90% N₂ 在 0.1～0.3 MPa 下冲击电压随间隙的关系曲线，与 SF₆ 气体类似，10% CF₃I/90% N₂ 混合气体在极不均匀的电场环境下表现出了明显的极性效应，即气隙的负极性雷电冲击电压下的气隙击穿电压远高

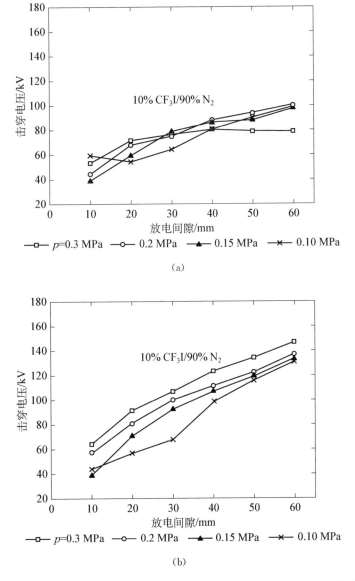

(a)

(b)

图 6-47 10% CF₃I/90% N₂ 在不同气压下雷电冲击电压与击穿电压的关系

(a) 正极性；(b) 负极性

于正极性雷电冲击电压下的,且随着电极间气隙距离的增大,正负雷电冲击电压下两者之间的击穿电压值的差别还在进一步增大。但正负极性都随间隙的变化逐渐趋向饱和。与同等条件下的 N_2 相比,5% 及 10% 比例的 CF_3I/N_2 混合气体都表现出了远高于纯 N_2 的绝缘强度,且随混合比例的提升快速增加。

6.4.3 CF₃I 及其混合气体的研究方向及应用

气体绝缘设备通常由电极系统、绝缘气体和支撑绝缘条件三部分构成。气体的绝缘性能受到很多因素的影响,如电极表面粗糙度、电极材料、电极极性和沿面放电对 CF_3I 及其混合气体绝缘强度的影响。

我们的研究说明了 CF_3I 及其混合气体具有很高的潜力替代 SF_6 应用到电力设备,但还有许多相关的应用基础研究仍需进行。CF_3I 及其混合气体在不同电场均匀程度环境中,在直流、工频交流、雷电冲击波和操作过电压作用下的击穿特性还需要继续研究。目前国际上关于 CF_3I 的试验研究都只局限于其中某一个方面,应该对其进行全面综合电气性能的系统性研究。

研究 CF_3I 及其混合气体作为优良环境指标的绝缘气体,国际上也属于前沿的热点课题。将 CF_3I 及其混合气体应用于高压电气设备,符合当前国际社会对环保的要求和发展趋势,也是电气绝缘领域中的一个创新的研究方向。

综上所述,同时考虑环保特性、绝缘特性和液化温度,可以优先考虑采用 CF_3I 混合气体用于中低压系统的 C-GIS、高压系统的 GIL、GIT 等电力设备中。

6.5 其他潜在的 SF₆ 替代气体的绝缘性能研究

6.5.1 全氟丙烷(C₃F₈)

全氟丙烷气体是全氟碳化物(PFC)的一种,一般用作制冷剂或刻蚀气体,多用于微电子工业和医学方面。通常状况下,C_3F_8 是一种无色、低毒、不燃气体,具有非常好的化学稳定性和热稳定性。C_3F_8 的绝缘强度与 SF_6 气体相当,且 C_3F_8 的 GWP 是 CO_2 的 7 000 倍,远小于 SF_6,且在大气中的存在时间(2 600年)也短于 SF_6(3 200 年)。

我们采用基于 SST 方法的两项近似玻耳兹曼方程对 C_3F_8 及其混合气体的电子参数和反应速率进行了仿真计算,分析了 C_3F_8 及其混合气体的绝缘性能。

6.5.1.1　纯 C_3F_8 气体

图 6-48 为通过仿真计算得到的纯 C_3F_8 的 α/N 和 η/N 与 E/N 的关系。由图中可知 E/N 对电子与 C_3F_8 的碰撞电离反应和吸附反应具有较大的影响。纯 C_3F_8 的 α/N 随着 E/N 的增加而显著增大，而 η/N 随着 E/N 的增加呈现先增大后减小的趋势。这种趋势主要是由其电离截面和吸附截面的性质所决定的。

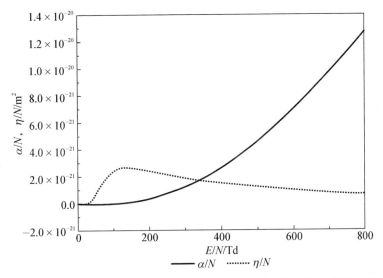

图 6-48　纯 C_3F_8 的约化电离系数 α/N、约化吸附系数 η/N 与约化电场强度 E/N 的关系

由电子输运相关理论可知，电子与气体的吸附反应有两种形式：一种是电子与气体分子碰撞使气体分子解离，生成一个或多个具有排斥力的负离子，形成解离的负离子片段，这种形式称为解离吸附过程，与气体压力无关；另一种则是电子被气体分子所捕获，生成具有正电子亲和能的具有吸引力的负离子，即"母负离子"，这种形式称为非解离吸附过程，会在一定程度上受到气体压力的影响。在大多数气体中（如 CF_4、C_2F_6 等），电子被气体吸附的过程只受到解离吸附过程的影响，解离生成的负离子片段的存在时间多大于 10^{-8} s，因此是压力稳定的。而在 C_3F_8 中，这两种吸附过程同时存在。在室温下，C_3F_8 的吸附过程会受到非解离的激发态"母负离子" $C_3F_8^{-*}$ 的影响，这种粒子的稳定性将随着气压的变化而变化。因此，C_3F_8 的 η/N 会随着气体压力的增加而变大。但是，这种"母负离子"的存在时间非常短暂，约为 $10^{-11} \sim 10^{-8}$ s，因此不能形成稳定的单体碰

撞,在气体中存在三体碰撞过程:

$$e + C_3F_8 \longrightarrow C_3F_8^{-*} + C_3F_8 \longrightarrow C_3F_8^- + C_3F_8$$

三体碰撞过程会随着气体压力的增加而逐渐趋于饱和,因此 C_3F_8 随压力变化的参数只在一定的压力范围(约为 15~400 kPa)内变化。有研究学者给出了一组当气体压力趋近于无穷大,即忽略三体碰撞过程和激发态的"母负离子"($C_3F_8^{-*}$)的影响,所有的"母负离子"($C_3F_8^{-*}$)和解离生成的负离子片段达到稳定时的 η/N。换句话说,此时 η/N 是压力稳定的,不受到压力变化的影响。为了能够通过计算从理论上对 C_3F_8 气体的绝缘特性进行分析,则需要得到一组压力稳定的 η/N,进而能够得到压力稳定状态下的约化有效电离系数 $(\alpha-\eta)/N$。因此在仿真计算中,假定此时的计算条件为压力稳定状态。

通过对 α/N 和 η/N 的仿真计算,可以得到约化有效电离系数 $(\alpha-\eta)/N$ 与 E/N 的关系,如图 6-49 所示。由上文的分析可知 η/N 会在一定范围内随气体压力的增加而变大,α/N 与压力无关,即 $(\alpha-\eta)/N$ 会在一定范围内随气体压力的增加而减小。图中也给出了国际上一些研究人员测得的不同气压下 C_3F_8 气体 $(\alpha-\eta)/N$ 的实验结果。电负性气体的约化临界击穿场强 $(E/N)_{lim}$ 定义为 $(\alpha-\eta)/N = 0$ 时的约化电场强度。$(\alpha-\eta)/N$ 在一定范围内会随气体压力的变化而变

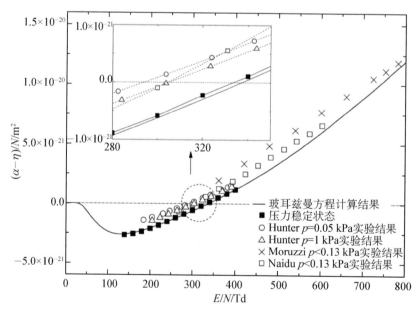

图 6-49 纯 C_3F_8 约化有效电离系数 $(\alpha-\eta)/N$ 与约化电场强度 E/N 的关系

化，在低气压下 C_3F_8 的临界击穿电压较低；而在高气压下则会呈现出与 SF_6 相当的绝缘强度。表 6-8 列出了一些研究学者们通过实验或计算所得到的室温下 C_3F_8 的 $(E/N)_{lim}$ 数据。从图 6-49 可知，通过玻耳兹曼方程计算得到的 C_3F_8 在压力稳定状态下的 $(E/N)_{lim}$ 为 337 Td。而 SF_6 的 $(E/N)_{lim}$ 一般认为是 361 Td，可知 C_3F_8 的绝缘强度为 SF_6 气体的 93%，可以认为其绝缘强度与 SF_6 气体基本相当。

表 6-8　室温下 C_3F_8 的约化临界击穿场强 $(E/N)_{lim}$

$(E/N)_{lim}/Td$	气体压力/kPa	研究方法
295～330	0.05～2	实验测量
302～313	0.08～0.27	实验测量
308	10～210	实验测量
360	66.6	实验测量
352	69.3	实验测量
330	—	理论分析
316	101	实验测量
313～315	—	仿真计算
359	109	实验测量

图 6-50 为本文通过仿真计算得出的 C_3F_8 的电子漂移速度 V_e 与 E/N 的关系。从图中可以得知，C_3F_8 在低电场作用下（$E/N < 100$ Td），即平均电子能量较小时，V_e 增加十分迅速；但是随着电场增大，V_e 增加则变得缓慢。这可能是由于在低电场作用下，吸附作用较弱的非解离吸附过程占据主导作用，因而 V_e 增加迅速；而当电场强度超过 100 Td 时，非解离吸附过程迅速被吸附作用较强的解离吸附过程所掩盖，V_e 的增加逐渐变缓。

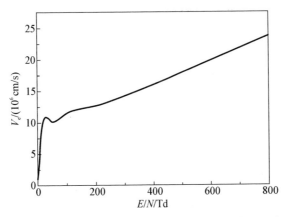

图 6-50　纯 C_3F_8 的电子漂移速度 V_e 与约化电场强度 E/N 的关系

6.5.1.2 C_3F_8/N_2 混合气体

图 6-51 为 C_3F_8/N_2 混合气体中 C_3F_8 气体摩尔比例 k 为 0%、25%、50%、75%和100%时，$(\alpha-\eta)/N$ 与 E/N 的关系。从图中可以看出，由于 C_3F_8 气体的电负性，增大 C_3F_8/N_2 混合气体中 C_3F_8 气体的比例可以有效减小混合气体的 α/N，增大 η/N，从而使得 C_3F_8/N_2 混合气体的 $(\alpha-\eta)/N$ 随 k 的增大而减小。

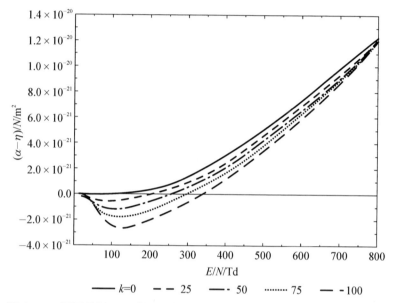

图 6-51　不同比例 C_3F_8/N_2 混合气体的约化有效电离系数 $(\alpha-\eta)/N$ 与约化电场强度 E/N 的关系

图 6-52 为计算所得到的不同比例下 C_3F_8/N_2 混合气体的 $(E/N)_{lim}$ 的变化趋势，同时在图中给出了与 SF_6/N_2 混合气体的对比。可见，随混合气体中 C_3F_8 气体比例的增大，混合气体的 $(E/N)_{lim}$ 逐渐增加，且呈近似线性关系。通过与 SF_6/N_2 混合气体的对比可以看出，在任何混合比例下，SF_6/N_2 混合气体的绝缘水平都超过 C_3F_8/N_2 混合气体；纯 C_3F_8 气体的绝缘水平与 $k = 65\%$ 时的 SF_6/N_2 混合气体的绝缘水平相当。

通过玻耳兹曼方程计算得到的不同比例 C_3F_8/N_2 混合气体的 V_e 与 E/N 的关系如图 6-53 所示。从图中可得知，在低电场作用下，V_e 随 C_3F_8 含量的增加而增加，当电场强度超过 100 Td 时，V_e 则随 C_3F_8 含量的增加而减小。这同样可以解释为当电场强度较小时，吸附过程被吸附能力较弱的非解离吸附过程所主导，但是随着电场的增大，吸附能力较强的解离吸附过程的影响则变得越来越大。

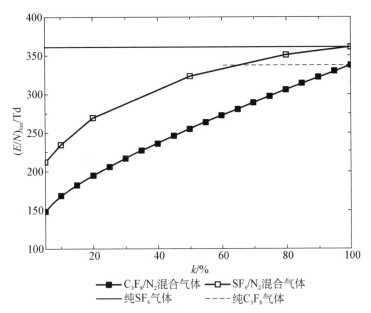

图 6‑52　不同比例 C_3F_8/N_2 混合气体的约化临界击穿电场强度 $(E/N)_{lim}$

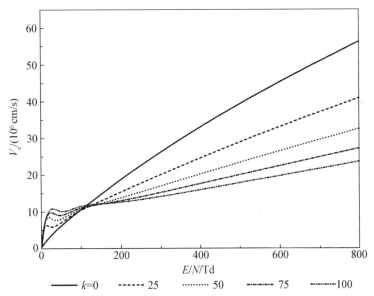

图 6‑53　不同比例 C_3F_8/N_2 混合气体的电子漂移速度 V_e 与约化电场强度 E/N 的关系

6.5.1.3　实际应用中需注意的问题

饱和蒸气压力是气体绝缘介质的一个重要性质,因为它关系到在不同的使用环境温度下,对气体绝缘介质额定压力的选择。C_3F_8 和 SF_6 的饱和蒸气压力曲线如图 6-54 所示。通常情况下,高压电力设备中(如 GIS、GIL 等)的 SF_6 气体压力为 0.4~0.5 MPa。如果采用纯 C_3F_8 来替代 SF_6,若达到和 SF_6 相同的绝缘强度,需要加压至 0.43~0.54 MPa。根据气体饱和蒸汽压力曲线可以得知,在此气压下,纯 C_3F_8 的液化温度在 0℃ 左右,因此纯 C_3F_8 将很难直接应用于气体绝缘型高压设备当中。而在中低压气体绝缘设备中,气体一般不需要太高的压力,如在 C-GIS 中,SF_6 气体压力为 0.1 MPa 左右。从图中可知,0.15 MPa 下纯 C_3F_8 的液化温度将会低于 -30℃,若采用纯 C_3F_8 替代 SF_6 作为气体绝缘介质,足以满足中低压气体绝缘设备在除高寒、高海拔地区以外的大部分环境中使用。然而,考虑到 C_3F_8 的液化温度相对较高,希望通过与缓冲气体混合之后降低液化温度,增加 C_3F_8 的适用范围。由于纯 C_3F_8 的绝缘性能略低于 SF_6,采用混合气体之后绝缘性能会进一步下降,加之在实际中 C_3F_8 气体绝缘性能会受到气压、温度等因素的影响,纯 C_3F_8 及其混合气体的绝缘性能与其在实际中的应用还需要通过进一步的实验研究。

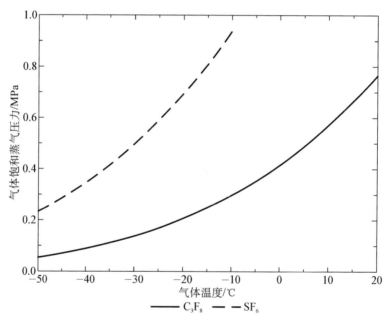

图 6-54 C_3F_8 和 SF_6 的饱和蒸气压力曲线

6.5.2 一氧化二氮(N_2O)

一氧化二氮又称笑气,是一种无色有甜味气体,在高温条件下会分解成 N_2 和 O_2,但在室温下稳定。有关理论认为 N_2O 与 CO_2 分子具有相似的结构(包括分子式),因此也应具有一定的电负性。

我们运用 PT 法对 N_2O 的电子输运参数进行了实验,并对 N_2O 的绝缘性能进行了分析,进而分析了 N_2O 作为缓冲气体与强电负性气体(如 c - C_4F_8、SF_6)混合后作为 SF_6 替代物的可能性。

通过实验得到的 N_2O 的有效电离系数 $(\alpha-\eta)/N$ 与 E/N 的关系如图 6 - 55 所示。从图中可以得到 N_2O 气体的临界击穿场强 $(E/N)_{\text{lim}}$ 约为 150 Td。N_2O 的电子漂移速度 V_e 与约化电场强度 E/N 的关系如图 6 - 56 所示。图 6 - 57 给出了 N_2O 的电子纵向扩散速度 ND_L 与 E/N 的关系,为了便于对比,图中还给

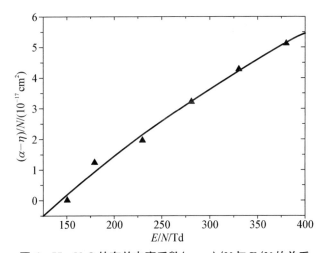

图 6 - 55　N_2O 的有效电离系数 $(\alpha-\eta)/N$ 与 E/N 的关系

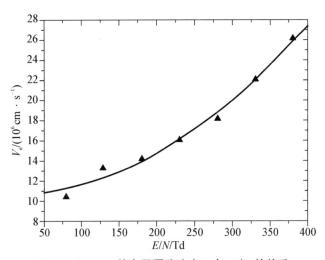

图 6 - 56　N_2O 的电子漂移速度 V_e 与 E/N 的关系

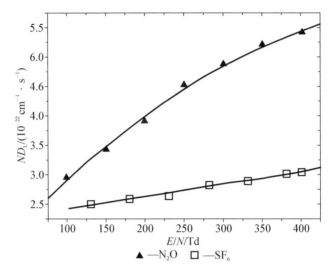

图 6-57　N_2O 和 SF_6 的电子纵向扩散系数 ND_L 与 E/N 的关系

出了 SF_6 气体的 ND_L。从图中可以得知，N_2O 的扩散作用与 SF_6 相比较强。考虑到 N_2O 本身的绝缘性能还不能达到 SF_6 气体的一半，N_2O 气体可以作为缓冲气体与强电负性气体混合，从而提高纯强电负性气体的扩散作用。

6.5.3　三氟甲烷(CHF_3)

三氟甲烷又称氟仿，常温常压下，是无色、无味、不易燃、微溶于水、能溶于大部分有机溶剂的液化气体。从表 6-1 中可知，CHF_3 的 GWP 为 11 700，是 SF_6 的一半，其在大气中的存在时间仅有 264 年，远远小于 SF_6 气体。

我们运用 PT 实验方法对 CHF_3 的电子输运参数进行了实验，并对 CHF_3 的绝缘性能进行了分析，进而分析了 CHF_3 作为缓冲气体与强电负性气体(如 $c-C_4F_8$、SF_6)混合后作为 SF_6 替代物的可能性。

图 6-58 给出了 CHF_3 的有效电离系数$(\alpha-\eta)/N$ 与 E/N 的关系。从图中可以推断出纯 CHF_3 气体的临界击穿电场强度$(E/N)_{lim}$小于 120 Td。虽然 CHF_3 具有一定的电负性，但是其绝缘强度太低，不能直接用于电力设备中作为气体绝缘介质。CHF_3 的电子漂移速度 V_e 和电子纵向扩散系数 ND_L 与 E/N 的关系分别如图 6-59 和图 6-60 所示。从图 6-60 可以得出，CHF_3 的扩散作用也强于 SF_6 气体。也就是说，尽管纯 CHF_3 的绝缘强度较低，但是 CHF_3 气体可以作为缓冲气体与强电负性气体混合，从而提高纯强电负性气体的扩散作用。

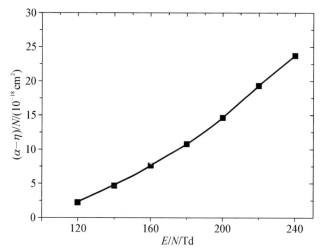

图 6 - 58　CHF₃ 的有效电离系数 $(\alpha-\eta)/N$ 与 E/N 的关系

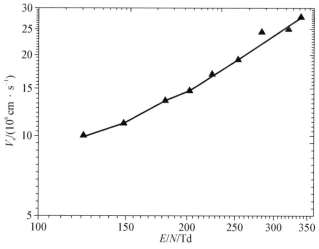

图 6 - 59　CHF₃ 的电子漂移速度 V_e 与 E/N 的关系

6.5.4　全氟化碳(CF₄)

全氟化碳在常温下是无色、无臭、不燃的易压缩性气体,挥发性较高,是最稳定的有机化合物之一,不易溶于水。CF₄ 是一种强温室效应的气体。虽然其 GWP 为 6 500,与 SF₆ 相比较小,而且不会对臭氧层造成破坏。但是它非常稳定,可以长时间停留在大气层中,在大气中的寿命约为 50 000 年,远远超过 SF₆ 气体。

我们运用 PT 实验方法对纯 CF₄ 的电子输运参数进行了实验,并对 CF₄

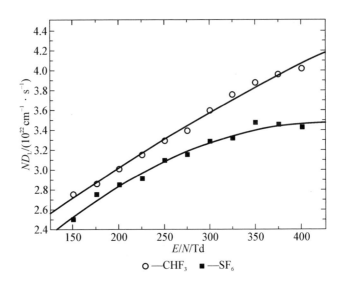

图 6-60　CHF$_3$ 的电子纵向扩散系数 ND_L 与 E/N 的关系

的绝缘性能进行了分析，同时也将 CF$_4$ 作为一种缓冲气体，对 CF$_4$ 与其他强电负性气体的混合物进行了研究。这里仅对纯 CF$_4$ 气体的实验结果进行说明。

图 6-61 为 CF$_4$ 的有效电离系数 $(\alpha-\eta)/N$ 与 E/N 的关系。可以推断出纯 CF$_4$ 气体的临界击穿电场强度 $(E/N)_{lim}$ 小于 123.8 Td，远远小于 SF$_6$ 气体。CF$_4$ 的电子漂移速度 V_e 和电子纵向扩散系数 ND_L 与 E/N 的关系分别如图 6-62 和图 6-63 所示。从图 6-63 可以得出，CF$_4$ 的扩散作用也强于 SF$_6$ 气体。

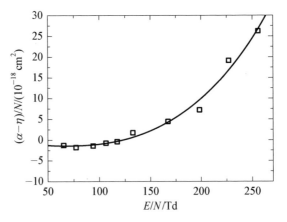

图 6-61　CF$_4$ 的有效电离系数 $(\alpha-\eta)/N$ 与 E/N 的关系

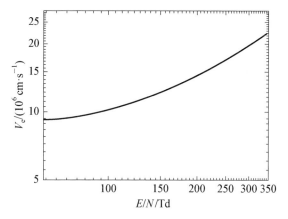

图 6-62 CF$_4$ 的电子漂移速度 V_e 与 E/N 的关系

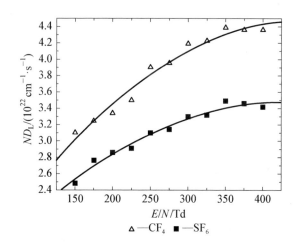

图 6-63 CF$_4$ 的电子纵向扩散系数 ND_L 与 E/N 的关系

也就是说,CF$_4$ 与强电负性气体的混合气体,可以提高纯强电负性气体的扩散作用,同时可以解决 CF$_4$ 绝缘性能较低的问题。

7

常用的气体绝缘电力设备

通常，使用较多的电力设备有 SF_6 断路器(GCB)、SF_6 金属封闭式组合电器(GIS)、SF_6 气体绝缘金属封闭输电线路(GIL)、SF_6 气体绝缘变压器(GIT)、SF_6 气体绝缘开关柜(C‐GIS)、SF_6 负荷开关，以及其他一些电器：中性点接地电阻器、中性点接地电抗器、移相电容器、标准电容器等。

本书的气体绝缘技术涉及 SF_6、SF_6 替代气体(环保型气体)，因 SF_6 替代气体还属于研究探索阶段，故其研究应用的电力设备主要涉及 GIS、C‐GIS、GIL 和 GIT 等。

7.1 气体绝缘全金属封闭式组合电器(GIS)

GIS 是把断路器、隔离开关、电压互感器、电流互感器、母线、避雷器、电缆终端盒、接地开关等各种电气元件密封在充满 SF_6 气体的若干间隔内，并按一定的方式组合起来而构成的一种可靠的输变电设备。

7.1.1 SF$_6$气体绝缘全封闭组合电器(GIS)

SF_6 全封闭组合电器就是把整个变电所的电器设备，除变压器外，全部封闭在一个接地的金属外壳内(见图 7‐1)，壳内充以 0.3 MPa 气压的 SF_6 气体。

SF_6 全封闭组合电器的优点是：

(1) 大大缩小了电器设备的占地面积与空间体积。由于 SF_6 气体有很好的绝缘性能，因此绝缘距离大为缩小。随着电压等级的提高，缩小的倍数越来越大，如表 7‐1 所示。

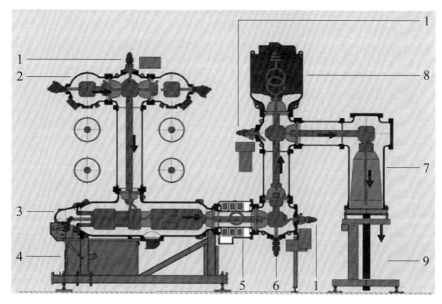

图 7 - 1 GIS 结构原理

1—接地开关；2—母线隔离开关；3—断路器；4—操作机构；5—电流互感器；6—出线隔离开关；7—电缆终端；8—电压互感器；9—高压电缆

表 7 - 1 GIS 与敞开式变电站的占地面积与空间体积比较

电压/kV	占地面积			空间体积		
	SF_6全封闭组合电器 A/m^2	敞开式电器 B/m^2	缩小率 (A/B)/%	SF_6全封闭组合电器 C/m^2	敞开式电器 D/m^2	缩小率 (C/D)/%
66	21	123	17	136	1 360	10
154	37	435	7.7	331	8 075	4.1
275	66	1 200	3.8	414	28 800	1.4
500	90	3 706	2.4	900	147 696	0.6

（2）全封闭组合电器运行安全可靠，维修也很方便，由于全部电器设备封闭于接地外壳之中，减少了自然环境条件对设备的影响，特别适宜用在严重污秽、盐雾地区以及高海拔地区，而且对运行人员的人身安全也大有好处。

（3）SF_6断路器的开断性能好，触头烧伤轻微，加上 SF_6 气体绝缘性能稳定，又无氧化问题，因此断路器的检修周期可以大为延长。

（4）安装方便。SF_6全封闭组合电器一般是以整体形式或者把它分成若干部分运往现场。因此可大大缩减现场安装的工作量,缩短工程建设周期。

7.1.1.1　SF$_6$封闭式组合电器结构类型

SF$_6$封闭式组合电器(气体绝缘金属封闭开关设备)是将断路器、隔离开关、快速接地开关、电流互感器、避雷器、母线、套管和/或电缆终端等电气元件封闭在接地的金属外壳中,以 SF$_6$气体作为绝缘介质,简称 GIS,其作用相当于一个开关站。GIS 结构式有以下几种:

(1) 分相式。主回路分别装在独立的圆孔外壳内,不会发生相间故障;电场较均匀,但外壳消耗材料多,密封面多,体积较大;外壳中感应电流大。

(2) 主母线三相共筒式(见图 7 - 2)。仅三相主母线共用一个圆筒外壳,结构简化,尺寸减小,总体布置较方便;分支母线及分支回路中电器设备仍为分相式。

图 7 - 2　三相共筒式母线 GIS 外观图(220 kV)

(3) 全三相共筒式。每个元件的三相集中安装在一个圆筒外壳中,环氧浇注件支撑与隔离,外壳数量少,尺寸小,省材料,减小密封环节;外壳电流小;相间电场分布互相有影响,可能导致相间及三相短路故障,电场较为复杂。

(4) 复合式。在三相共筒的基础上使元件复合化,在同一个外壳中,同时装几个元件,结构进一步简化,尺寸更小。

7.1.1.2　GIS电器发展概况

1968年国内研究机构与开关制造厂会同用户单位合作研制110 kV GIS,并于1976年首次投运成功。1980年我国成功研制第一套220 kV单断口GIS。接着国内开关厂相继研制出110 kV和220 kV GIS产品。从1985年开始,我国三家高压开关厂相继从MG公司、日本三菱公司和日立公司引进了GIS的制造技术。现在110~550 kV GIS大量投入电网运行,全部实现国产化。

1) 盆式绝缘子

采用真空混料和浇注、压力凝胶和冷却浇注口工艺,生产出110 kV、220 kV和550 kV GIS用的盆式绝缘子,其结构尺寸、机电性能符合引进技术要求。110 kV三相共筒式GIS用盆式绝缘子已达到国际标准的技术要求。

2) 壳体焊接和壳体翻边

壳体焊接是制造GIS的关键工艺之一,它对整个产品的密封性能及电气性能影响较大。GIS生产中,铝合金壳所占比例很大,其结构复杂,体积小,数量多,环缝长,母材较厚,进行焊接时采用熔化极半自动氩弧焊(MIG)可以满足生产需要。国内在进行熔化极半自动氩弧焊时,解决了焊缝中气孔产生率高、等离子弧焊接铝合金工艺、铝合金用焊丝以及环境对焊接质量的影响和壳体焊前清理等问题。

壳体翻边是GIS壳体制造的又一项关键工艺。冷翻边比热翻边更简便更经济,实施冷翻边工艺是壳体加工的一项先进技术。

3) 配套元件

GIS集一次和二次元件为一体,包括多种机械零部件和电气元器件。通常GIS生产厂都需要外购大量的配套件。因此,配套件的质量和水平对GIS的性能至关重要。

(1) 氧化锌避雷器。氧化锌避雷器的使用,降低了对GIS绝缘水平的要求,减小了占地面积,对GIS起着重要作用。国内的避雷器制造厂通过技术引进,使国产避雷器性能大大提高。

(2) 电压互感器。国产GIS用的电压互感器主要是电磁式的。现在正在研制电子光纤式互感器。

(3) 控制元件。GIS生产厂家与有关专业厂共同对电气控制元件进行研制,现已初步解决了国产电气控制元件的一些问题,基本满足了GIS要求。除此之外,其他控制元件如防爆装置、空气阀门、SF_6气体阀门等,其性能好,体积小,可靠性高。

随着 GIS 的不断完善和电力系统发展需要,超高压开关设备选用 GIS 已成为整个世界的发展趋势。GIS 在小型化、提高可靠性及对环境的适应性等方面也在不断地发展。

7.1.2　GIS 的主要元件

7.1.2.1　断路器

图 7-3 的断路器为单断口灭弧室,根据需要,可每相配一台操作机构,或三相共用一台操作机构。导电系统有主导电触头和弧触头。断路器由本体和操作机构组成,本体包括灭弧室、传动轴和底架。

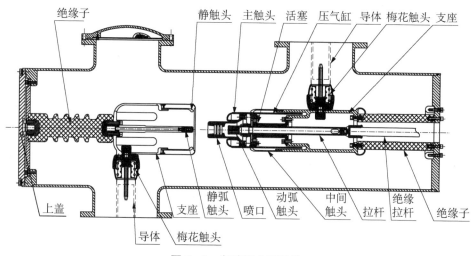

图 7-3　断路器内部结构

灭弧室内有静触头系统、动触头系统、吸附器、绝缘支持筒等元件。静触头系统包括主静触头和弧静触头。通过上绝缘子固定于顶部,在断路器顶部安装了吸附器,静触座通过接头连到出线端。

动触头系统是由主动触头和弧动触头、喷口、导杆、导向环、绝缘拉杆和气缸组成。

支持绝缘子上装有活塞和中间触头,通过接头,连到出线端。活塞上装有逆止阀片,中间触头为滑动式触指,分布在导电气缸周围。

断路器上的充气接头为自封接头,密度继电器通过自封接头与断路器相连。

断路器处于合闸位置时,电流经导体-梅花触头-支座-静触头-主触头-压气缸-中间触头-支座-梅花触头流向导体。

当机构进行合闸操作时,工作缸活塞向左运动,通过连杆使拐臂运动,通过转轴,使断路器内的绝缘拉杆带动动触头系统向上运动,使断路器合闸。当机构进行分闸操作时,工作缸活塞向右运动,通过连杆、拐臂、转轴、绝缘拉杆,使动触头系统向下运动,使断路器分闸。

该断路器采用纵吹双喷压气式灭弧室。分闸时,在超行程范围内压气缸内部的 SF_6 气体被压缩,气压增大。压气缸内部和外部形成压力差。当动、静触头分离产生电弧,静弧触头拉出喷口喉部时,被压缩的 SF_6 气体通过喷口吹弧,电弧被高速的 SF_6 气体所包围,弧柱中的自由电子被 SF_6 捕获。当电流过零时,SF_6 气体不断吹向弧隙,弧隙很快恢复绝缘,使电弧熄灭。

断路器装有密度继电器,当气压降到 0.55 MPa 时,密度继电器向主控室及控制柜发出补气信号;当气压降到 0.50 MPa 时,断路器被闭锁,不允许操作。

7.1.2.2　隔离、接地开关

隔离开关及接地开关是 GIS 的主要元件之一,要求具有极高的可靠性和安全性。隔离开关有直角型和直线型,直角型隔离开关的一端可带接地开关,直线型隔离开关两端均可带接地开关。

图 7-4 为直线型隔离-接地组合开关内部结构图。图 7-5 为直角型隔离-接地组合开关内部结构图。

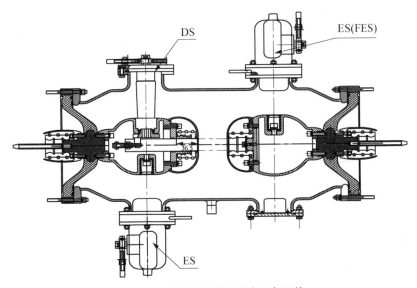

图 7-4　直线型隔离-接地组合开关

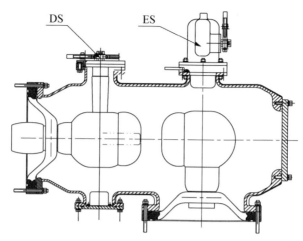

图 7-5 直角型隔离-接地组合开关

由于隔离开关没有开断和关合负荷电流的能力,隔离开关与相关的断路器、接地开关和隔离开关必须有可靠的电气联锁,以防止发生误操作。同样,接地开关也应与相关的隔离开关及断路器联锁。

隔离开关与接地开关均采用直动式插入结构,梅花型触头通过盆式绝缘子固定在外壳上,由一台机构进行三相联动操作。隔离开关动触头通过中间触头与接线端子形成导电回路。接地开关动触头通过机构箱上的中间触头与接地板相连。由弹簧机构或手动操作机构,通过轴、内拐臂,连板带动动触头做直线运动。转轴采用油封加 V 型密封圈的双道密封结构。

通过键分别与内外拐臂相连,外拐臂顺时针转动为合闸,逆时针转动为分闸操作,操作机构安装在操作箱上。

普通型隔离开关配电动机构,隔离开关要求开合感应电流及母线转换电流时配电动弹簧机构。

普通型接地开关配电动机构,快速接地开关配电动弹簧机构,它具有关合短路耐受电流、开合静电感应电流和电磁感应电流的能力。

隔离开关和接地开关的外壳可分为主躯壳和操作箱两部分。外壳内安装吸附剂,吸附水分和低氟化合物,以保证壳体内部 SF_6 纯度和干燥度。

接地开关主躯壳与操作箱之间装设绝缘板。使接地开关的接地系统与 GIS 的外壳绝缘,可将测量电源引入主回路进行回路电阻等测量工作。在运行时,二者短接是接地的。

7.1.2.3 电流互感器

电流互感器与气体绝缘金属封闭开关设备(GIS)配套,是 GIS 的组成元件之一,作为测量电流、继电保护、信号装置用。

电流互感器的结构如图 7-6 所示。线圈置于铝制外壳内,为组合电器的一个组成部分,壳内充以 SF_6 气体,为一次高压电路部分与接地外壳之间的绝缘介质,产品具有 2～3 个铁心,二次绕组均匀绕在铁心上。互感器本身不带一次绕组而是借助于组合电器的一次母线导体,二次绕组采用抽头方法得到不同的电流比。为均匀电场,线圈套在屏蔽筒上。二次绕组引出线接到由环氧树脂浇注而成的二次接线板上,经端子引出。

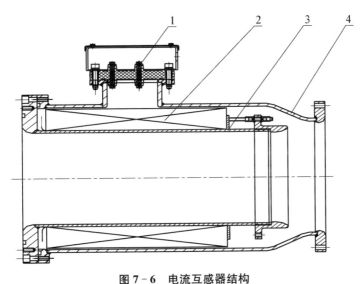

图 7-6　电流互感器结构

1—二次引出端子;2—线圈;3—支持筒;4—外壳

电流互感器的一次线圈仅有一匝,即一次回路导体。每极导体分别穿过屏蔽筒,一端插入断路器的出线端屏蔽罩,另一端与绝缘子装配连接。

当一次绕组(一次回路导体)通过电流时,将在二次绕组的环型铁芯中感应出电流。二次电流与一次电流成正比。

7.1.2.4　三相共箱式主母线及单相式分支母线

母线是 GIS 的主要组成元件之一。在 GIS 中,分支母线用于连接 GIS 的各种开关元件,主母线用来作为 GIS 各间隔之间的连接元件。母线可以连续通过额定电流并能耐受额定短时耐受电流和额定峰值耐受电流。

母线具有以下特点:

1) 主母线

主母线为三极共筒式结构,可用于连接 GIS 的各个间隔。

图7-7为主母线结构图。主母线为三极共筒式结构。

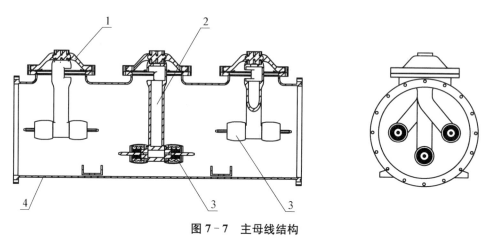

图7-7 主母线结构

1—盆式绝缘子;2—导体;3—梅花触头;4—外壳

主母线根据工程布置用于不同场合。外壳为铝合金焊接壳体,结构紧凑,安装、维护方便。为吸收热胀冷缩变形和装配误差,母线导体连接部分采用梅花触头,并在主母线合适位置安装了波纹管。

2) 分支母线

分支母线为单极单筒式结构。可用于连接GIS的各种独立元件、GIS与进/出线元件的连接(如和变压器连接的油-SF_6气体套管)。

分支母线有直两通型、直角型、三通型、四通型等型式,可满足GIS不同位置、不同方向总体布置的需要。可以改变GIS的方向,减少总体布置的占有空间。

单极单筒式分支母线主要用于GIS与进/出线元件的连接、GIS元件之间的连接。

图7-8为单极单筒式分支母线的内部结构图。

7.1.2.5　SF_6/空气套管

SF_6/空气套管安装于GIS的进(出)线侧,用于GIS与外部进(出)线的连接,SF_6/空气套管为三相分箱式结构。有瓷套管和复合套管两种形式,如图7-9和图7-10所示。

当SF_6/空气套管作为GIS的进线元件时,电流将从架空线分别通过三极套管的接线端子、套管中心导体流向GIS本体,按照GIS的一次主接线,通过线路隔离开关、电流互感器、断路器、母线隔离开关流向主母线,然后再流向其他间隔。

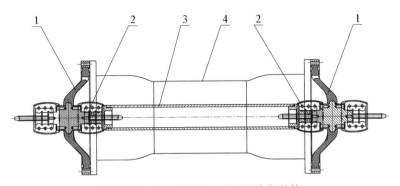

图 7-8 单极单筒式分支母线内部结构

1—盆式绝缘子;2—梅花触头;3—导体;4—外壳

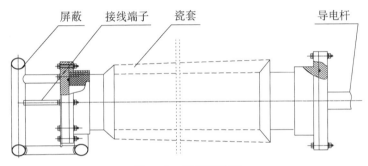

图 7-9 瓷套管外形

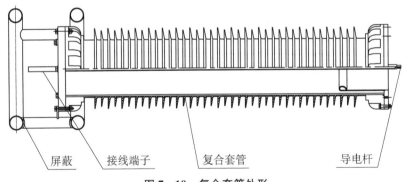

图 7-10 复合套管外形

当 SF₆/空气套管作为 GIS 的出线元件时,按照 GIS 的一次主接线,电流将从主母线通过母线隔离开关、电流互感器、断路器、线路侧隔离开关流向套管的 SF₆/空气套管中心导体、套管出线端子,然后通过架空出线再流向变压器或另一侧进线单元。

7.1.2.6 电缆终端(箱)

电缆终端(箱)为 GIS 的组成元件之一,当 GIS 采用电缆作为 GIS 进出线方式时,电缆终端(箱)用来连接 GIS 和电缆终端头、电力电缆。

电缆终端为三相分箱式结构,壳体采用铝合金焊接外壳,结构如图 7-11 所示。

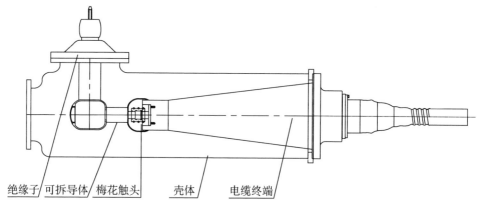

绝缘子 可拆导体 梅花触头　壳体　电缆终端

图 7-11　电缆终端(箱)的内部结构

当 GIS 采用电缆进线时,按照 GIS 的一次主接线,电流从下部的电力电缆引入,通过连接导体、盘式绝缘子的中心导体流向 GIS,经过进线隔离开关、电流互感器、断路器、母线隔离开关,流到主母线。

当 GIS 采用电缆出线时,按照 GIS 的一次主接线,电流从主母线经过母线隔离开关、断路器、电流互感器、出线隔离开关,经过盘式绝缘子的中心导体、连接导体,从电力电缆引出。

7.1.2.7 油-SF₆气体套管(箱)

采用油-气套管连接 GIS 和变压器,是 GIS 的进、出线方式之一。油-气套管(箱)为 GIS 的组成元件之一,专门用来连接 GIS 和变压器。通过 SF₆管道母线和油-气套管,将 GIS 和变压器直接连接在一起。

油-气套管(箱)为三极分筒式结构。GIS 本体通过三极分筒式分支母线(SF₆管道母线),连接到油-气套管(箱),然后再与变压器连接。

图 7-12 表示一极油-气套管(箱)的内部结构。

油-气套管的上半部分安装在油-气套管外壳内,下半部分安装在变压器箱体内。油-气套管外壳内充有额定压力的 SF₆气体,而在变压器箱体内则充有变压器油。

油-气套管箱用来连接 GIS 和电力变压器。根据 GIS 的一次主接线,若 GIS

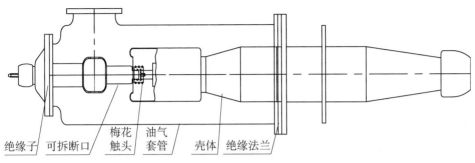

图 7‑12 油‑气套管(箱)的内部结构

绝缘子　可拆断口　梅花触头　油气套管　壳体　绝缘法兰

为降压站,电流将从变压器侧通过油‑气套管流向 GIS。而若 GIS 为升压站,则电流将从 GIS 侧通过油‑气套管箱流向变压器侧。在两种情况下,油‑气套管箱都起着引入‑引出电流的作用。

7.1.2.8　金属氧化物避雷器

避雷器主要由罐体、盆式绝缘子、安装座及芯体等部分组成,并附带不锈钢外壳监测器,分顶出线和侧出线两种安装形式(见图 7‑13)。

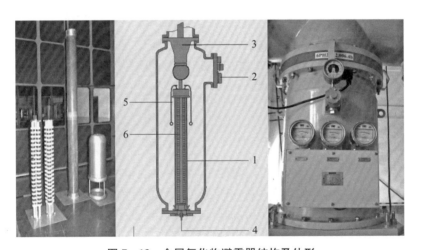

图 7‑13　金属氧化物避雷器结构及外形

1—绝缘筒;2—SF$_6$ 监测设备;3—绝缘子;4—接地导体;5—屏蔽罩;6—氧化锌电阻片

芯体以具有良好的伏安特性和大通流能力的氧化锌电阻片为主要元件,采用单相单钢罐的结构安装在充有 SF$_6$ 气体的罐体内。在正常运行电压下,氧化锌电阻片呈现极高的电阻,通过避雷器的电流只有微安级,当电力系统中出现危害 GIS 设备绝缘的大气过电压或操作过电压时,氧化锌电阻片呈现低电阻,使避雷器的残压限制在较低的水平,并且吸收较大的线路能量,从而对 GIS 提供可靠的保护。

避雷器芯体密封在钢制罐体内,罐内充以额定压力的 SF$_6$ 气体。由于 SF$_6$ 气体具有良好的电气绝缘特性,使得避雷器的有效占用空间比瓷套式避雷器大为减少。

避雷器的观察孔盖板上安装有压力释放装置,当避雷器发生故障,内部压力急剧升高超过压力释放装置的开启压力 0.80 MPa 时,爆破片动作,将罐体内部压力释放,起到保护作用。

在避雷器附属品箱上部安装着不锈钢监测器,可记录运行中避雷器的动作次数和显示泄漏电流大小。

7.1.2.9 电压互感器

电压互感器是 GIS 的组成元件之一,作为测量电压、继电保护、信号装置使用(见图 7-14)。

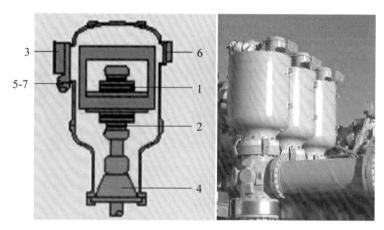

图 7-14 电压互感器外形和结构

1—二次绕组;2—一次绕组;3—端子箱;4—绝缘子;5—充气接头;6—防爆盘;7—密度继电器

互感器一次绕组接至盆式绝缘子导电端,为高电位端,一次绕组另一端为接地端。一次绕组和二次绕组为同轴圆筒式。二次绕组端子和一次绕组接地端经环氧浇注接线板由外壳引入二次接线盒,产品绝缘子装有保护罩,罩内放有干燥剂。互感器外壳备有吊攀、接地端子充气阀门和二次接线盒。二次接线盒壁上有电缆线引线孔。

7.1.2.10 充入 SF$_6$ 气体的操作

在现场 GIS 安装或维修后,向 GIS 设备内充入 SF$_6$ 气体的作业。其过程一般包括抽真空、真空检漏、充入 SF$_6$ 气体。

1) 抽真空

(1) 用高压气管连接从真空泵到 GIS 气室的自封接头。所用的气管和真空泵应当与被抽真空气室的容积相适应。

(2) 开动真空泵,检查并确认真空泵旋转方向是否正确。

(3) 将需抽真空的气室抽真空至 133 Pa,再继续抽 30 min。

(4) 放置 24 h 后,检查真空度,真空度的变化应 ≤ 133 Pa,如果真空度的变化 ≥ 133 Pa,则需再抽真空至 133 Pa,然后再抽 30 min,重复进行真空泄漏试验,以确定是否存在泄漏。

2) 充入 SF_6 气体

(1) 过程如图 7-15 所示。连接从 SF_6 气瓶—减压阀—充气管,打开 SF_6 气瓶阀门,用 SF_6 气体清除气管中的空气。

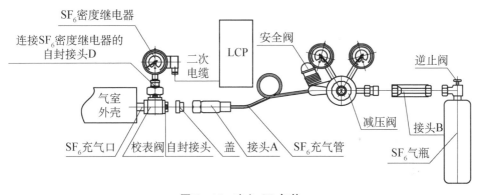

图 7-15 充入 SF_6 气体

(2) 连接从 SF_6 气瓶—减压阀—充气管—气室自封接头充气口。

(3) 逐渐打开气瓶阀门,缓慢地充入 SF_6 气体;直到充入额定压力的 SF_6 气体(20℃时)。

(4) 充完气后,关闭气瓶阀门,先拆除 GIS 侧的接头 A,盖好自封接头充气口的盖子,再拆除气瓶侧的接头 B。

7.1.3　SF_6 混合气体与环保型气体在 GIS 中的应用研究

7.1.3.1　GIS 中 SF_6 混合气体的研究与应用

随着城市化的发展,城市变电站使用 GIS 及 SF_6 开关设备日益剧增,其环保性备受质疑。在 1997 年通过的全球气候变暖《京都议定书》中,六氟化硫气体被列入受限制的 6 种温室气体之一。研究表明:六氟化硫气体单个分子对温室效应的影响约为二氧化碳的 23 900 倍,2020 年将被限制使用。因此,现在各国的研究机构、大的电器制造公司都在积极开展环保型绝缘气体的研究和新型 GIS 的开发研制工作。

在 GIS 中使用 SF_6 的混合气体代替纯 SF_6 气体,研究表明,在 SF_6 中加入 N_2、CO_2 或空气等普通气体构成二元混合气体已显示出多方面的优越性。在相同的气体总压力情况下,SF_6 混合气体的液化温度比纯 SF_6 气体低。因此在高寒地区的短路器,可采用 SF_6 混合气体来代替纯 SF_6 气体,以防止气体在低温下液化。混合气体的耐电强度不仅与其气体成分的耐电强度有关,而且还和气体成分之间是否有协同效应有关。实验表明,当 SF_6 含量为 50% 时,SF_6/N_2 混合气体在均匀电场中的耐电强度为纯 SF_6 的 85% 以上,且由于混合气体的优异值比纯 SF_6 大,因此在电极表面有缺陷或有导电微粒的情况下,SF_6/N_2 的绝缘强度有可能高于纯 SF_6。另外,使用 SF_6 与常见气体如 N_2、CO_2 或空气构成的二元混合气体,可使气体成本大幅度降低。例如,使用含 50% SF_6 的 SF_6/N_2 混合气体作绝缘介质时,即使将总气压提高 0.1 MPa,仍可使气体费用减少 40%,这对气体用量大的装置,会带来可观的经济效益。

7.1.3.2 GIS 中 SF_6 替代气体的研究

借鉴 SF_6 的分子结构和绝缘特性以及灭弧性能研究过程,研究将趋向于能够找到一种用于替代 SF_6 的类似 C_4F_8 的绝缘气体,具有 SF_6 的绝缘和灭弧性能,无毒,不易燃,而且有小的温室效应,甚至没有。对替代物的具体要求体现在下面几个方面:①这样的气体应该具有类似 SF_6 气体的分子结构,具有极强的电负性,以保证高压设备对高绝缘性能的要求,高的绝缘能力至少需要有一种气体是电负性气体或者是卤化气体;②另外一个基本要求是无臭氧损耗,即温室效应小。根据无臭氧损耗的要求,基本排除含氯、溴的气体,选择限制在卤素中仅包括氟的气体;③无毒性,且绝缘强度可与 SF_6 气体相比的可选择气体。我们应该将研究领域集中于考察这些气体,以及它们的混合气体,对其物理化学性能、绝缘灭弧性能、液化温度等进行分析,寻求一种能替代 SF_6 气体的高压设备绝缘气体。

研究应该从以下几个方面进行:

(1) 先对氟碳化合物气体,如 C_2F_6、C_3F_8、C_4F_{10}、C_4F_6、CF_3OCF_3、CF_3SF_5、C_4F_8 等气体,借鉴 SF_6 气体绝缘理论分析这些气体的分子结构、物理化学性能、绝缘性能、灭弧性能。

(2) 进行气体局部放电、击穿电压等试验,测试各个气体或混合物作为绝缘气体的性能,和 SF_6 进行比较。

（3）根据 SF_6 之所以具有好的绝缘性能的分子结构，研究能否从分子设计角度合成一种类似 SF_6 的新气体，使其具有高的负电性、稳定的物理化学性能，并且其温室效应较小。

（4）对 SF_6 及替代绝缘气体长间隙下的绝缘特性进行击穿试验，直接测量长间隙下在不同电场、不同波形电压作用及不同气体压力下的放电电压，获得各种有关绝缘特性数据。

（5）用尖-板形成的极不均匀电场来模拟 GIS 中的金属颗粒及电极表面不同粗糙程度对放电电压的影响，改变尖极的曲率半径和长度来模拟不同的金属颗粒和电极表面的不同粗糙程度。

（6）建立高温及低温室，测量高温及低温条件下绝缘气体的放电特性。

（7）建立 SF_6 替代绝缘气体介质中绝缘子理论模型，通过理论模拟计算分析不同电压、不同材料绝缘子、绝缘子沿面长度及均压方法对沿面放电电压的影响，并结合沿面放电试验研究绝缘子沿面放电特性。

（8）建立 GIS 本体及典型外部设备模型，通过理论模拟计算和实际的试验来研究 VFTO 波下的放电特性、传播机理及抑制方法，设计并研制新型环保型的 GIS 设备。

7.1.3.3　GIS 中 $c\text{-}C_4F_8$ 及其混合气体的应用研究

纯 $c\text{-}C_4F_8$ 气体用作绝缘介质的一个缺点就是价格比较昂贵，目前它的价格是 SF_6 气体的 10 倍左右。另外 $c\text{-}C_4F_8$ 气体分子结构中存在碳原子，有可能分解产生导电微粒，降低气体绝缘设备的绝缘性能。最后一个缺点就是其液化温度比较高，它的沸点为 $-6℃$ 或 $-8℃$，比较容易液化，不适合在高寒地区使用。然而随着 $c\text{-}C_4F_8$ 气体在绝缘设备和半导体刻蚀中的广泛使用，价格的下降是完全有可能的；如果 $c\text{-}C_4F_8$ 气体仅用作没有电流中断能力的开关设备，则不存在或者说很少有机会发生分解的放电。日本东京大学研究指出，这些缺点都可以通过添加价格便宜的、液化温度比较低且不存在碳分解的 N_2、CO_2 等缓冲气体到 $c\text{-}C_4F_8$ 气体中缓解甚至解决。缓冲气体通过散射把电子能量降低到电负性气体可以附着的能量范围内，阻止电子崩增长，使得混合气体的耐电强度不会比纯净的 $c\text{-}C_4F_8$ 气体降低很多，甚至出现正协同效应。

日本东京大学研究了 $2\sim10$ mm 间隙下 $c\text{-}C_4F_8$ 气体混合气体的交流击穿电压。有些研究者仅从降低液化温度角度研究了 $c\text{-}C_4F_8$ 中添加 N_2、CO_2 以及 CF_4 气体后的击穿特性，而没有考虑混合气体的温室效应指数；有些人虽然在研究 $c\text{-}C_4F_8$ 后的耐电特性时，考虑了混合气体的温室效应指数，但是对于混合气体的适用环境没有进行研究，因此 c-C_4F_8 气体及混合气体取代 SF_6 的相关研究还应深入全面进行。

因此应该综合考虑耐电强度、液化温度以及温室效应指数三个指标，全面地研究 c-C_4F_8 添加缓冲气体 CF_4、CO_2、N_2 与 N_2O 后的二元和三元混合气体的放电特性。表 7-2 是 SF_6、c-C_4F_8 及缓冲气体 CF_4、CO_2、N_2 与 N_2O 的性能指标。

表 7-2　气体的性能指标

	GWP	$T_b/℃$		GWP	$T_b/℃$
SF_6	23 900	-63.7	CO_2	1	-78.5
c-C_4F_8	8 700	$-8(-6)$	N_2	0	-196
CF_4	6 500	-186.8	N_2O	310	-88.5

根据宏观耐压试验和稳态汤逊实验（SST）得到表 7-3 和表 7-4，数据表明 c-C_4F_8 混合气体有极大可能性取代 SF_6 气体。

表 7-3　SF_6 与 c-C_4F_8 一元气体的性能比较

	GWP(10^4)	$(E/N)_{lim}$[①]	$T_b/℃$（1 atm[②]）	$T_b/℃$（3.38 atm）
SF_6	2.39	1	-63.7	—
c-C_4F_8	0.87	1.18	-8 或 -6	—
CO_2	0.000 1	0.3	-78.5	26.8(29)
CF_4	0.65	0.39	-186.8	—
N_2	0	0.36	-196	—
N_2O	0.031	0.44	-88.5	—

注：① $(E/N)_{lim}$ 是相对于 SF_6 耐电强度的比值。
　② 1 atm$=1.013 25×10^5$ Pa。

表 7-4　c-C_4F_8 二元混合气体的性能比较

	$K/\%$	$T_b/℃$（4 atm）	GWP(10^4)	$(E/N)_{lim}/$Td	关系
c-C_4F_8/CO_2	58	15 或 17	0.504 6	361.4	协同
c-C_4F_8/CF_4	52.2	12 或 14	0.764 8	361.4	近似协同
c-C_4F_8/N_2	33.6	-0.3 或 1.7	0.292 4	361.4	正协同
c-C_4F_8/N_2O	36	1.5 或 3.6	0.333 0	361.4	正协同

从表 7 - 3 可以看出，c - C_4F_8 的耐电强度约为 SF_6 的 1.18 倍，而 GWP 仅为 SF_6 的 1/3 左右，但是一般充入断路器的 SF_6 气体压力为 0.35～0.65 MPa (3.5～6.5 atm)范围(由充气时的环境温度具体确定)，假如 SF_6 的充气气压是 4 atm，则 c - C_4F_8 在耐电水平与 SF_6 相当时，充气气压则为 3.38 atm，计算出来的在该充气气压下 c - C_4F_8 的液化温度是 26.8℃或 29℃，因此，单一的 c - C_4F_8 因为适用的温度环境太窄，取代 SF_6 没有意义，而增加适量的液化温度低的 CO_2、CF_4、N_2 与 N_2O 作为缓冲气体，将拓宽 c - C_4F_8 的适用温度环境。

从表 7 - 4 可以看出，在 c - C_4F_8 的四种二元混合气体中，c - C_4F_8/N_2 与 c - C_4F_8/N_2O 在与 SF_6 耐电强度相当时所需的 c - C_4F_8 含量最小，且在该百分比下的 GWP 较低，在充气气压为 4 atm 时，T_b 也比较低，这说明这两种混合气体适用的温度环境比较宽，也意味着这两种混合气体在混合比分别为 33.6% 和 36%、在适用的温度环境为 0℃以上时，是最理想的取代 SF_6 的二元混合气体，但还应做降低其液化温度的试验。将 c - C_4F_8 混合气体的耐电强度值以及温室效应指数与 SF_6 混合气体的相应参数进行比较，提出最佳取代 SF_6 时 c - C_4F_8 的比例，以及在该比例下的温室效应指数。

综合耐电强度、灭弧性能、温室效应指数和液化温度等指标，可以提出 c - C_4F_8 一元气体、c - C_4F_8 二元气体以及 c - C_4F_8 三元气体的性能以及取代 SF_6 的可行性。确定 SF_6 替代气体的可行性，在此基础上设计并研制新型的 GIS。

在这些研究中，选用的替代气体都属于 PFC(全氟烃类)，其全球变暖潜能值约为 SF_6 的 $\frac{1}{4}$～$\frac{1}{3}$，因此，它们的使用能减少环境的温室效应。但它们的 GWP 还是较高(6 000～9 200)，在环境中的寿命还较长(2 600～10 000 年)，最后能否作为 SF_6 的替代气体还需要进一步更深入的研究。人们真正期望的是环境友好的低 GWP 值的 SF_6 替代气体。

7.2 柜式气体绝缘金属封闭开关设备(C - GIS)

72.5 kV 以下的 GIS 常做成柜式，即 C - GIS。C - GIS 具有柜式外壳，因此其结构和设计与高压 GIS 有很大不同。

7.2.1 C - GIS 发展概况及技术特点

C - GIS(cubicle type gas insulated switchgear)，即柜式气体绝缘金属封闭开关设备，是高压 GIS 向中压领域拓展与 AIS 相结合形成的高新技术产品，其将高压元器件如断路器、隔离开关、接地开关、高压母线等密封于焊接气箱内,内充低压力 SF_6 气体作为绝缘介质,并以固体绝缘电缆终端作为进出线,常用于 12～40.5 kV 配电系统。由于 SF_6 绝缘技术、密封技术的使用,开关柜的体积大大减小。特别在 2000 年前后,C‐GIS 的发展更是有了一个飞跃,新的技术、结构、工艺、装备进入推广使用阶段,产品的技术参数、可靠性进一步得到提高,尺寸进一步小型化。

C‐GIS 开关柜通常包括断路器气室和主母线气室两个独立气室,断路器气室安装有断路器和电缆出线套管,主母线气室安装有主母线和三工位开关,便于断路器检修时通过三工位开关将断路器侧接地,不影响主母线的正常工作,避免停电检修;电压互感器、避雷器等高压元器件直接从密封气箱外部插接于插座内。每个气室均设有专门的压力释放装置,当气室内部气压意外升高,能及时有效地降低气室内气体压力,使气体压力不会超过气室发生破坏时的压力,实现电气的导通和高电压的封闭。C‐GIS 开关柜典型结构如图 7‐16 所示。

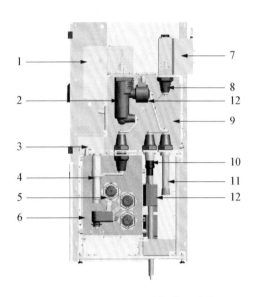

图 7‐16 C‐GIS 开关柜典型结构

1—断路器操动机构;2—断路器极柱;3—三工位开关操动机构;4—三工位开关;5—主母线及柜间连接套管;6—主母线气室;7—插拔式避雷器;8—插座;9—断路器气室;10—插拔式电缆终端;11—插拔式避雷器;12—电流互感器

C‐GIS 通常使用的技术如下:

1) SF_6 绝缘技术

C‐GIS 开关柜高压部件,如三工位开关、断路器、高压母线密封安装于薄板焊接的气室内,气室内充低压力 SF_6 气体作为绝缘介质,充气压力一般不高于 0.05 MPa。SF_6 具有优异的绝缘性能,使开关柜的外形尺寸大大缩小。以 40.5 kV 的开关柜为例,如 KYN61‐40.5,外形尺寸(宽×深×高)为 1 400 mm×2 800 mm×2 650 mm,而同样参数的 ZX2 型 C‐GIS 的外形为 800 mm×1 710 mm×2 300 mm,体积为其 1/5,占地面积为其 1/3。

2) 薄不锈钢板焊接技术

低 SF_6 充气压力使得箱体承受的机械强度较小,现在各大厂家 C‐GIS 密封气室主要使用 3 mm 薄不锈钢板焊接而成。一些具有实力的厂家的气箱采用三维五轴激光薄板焊接技术,经低碳技术的激光设备切割、焊接而成。激光切割使零件精度极高,与氩弧焊相比,无焊料不锈钢熔接技术使焊接牢固,无开裂风险,且切割、焊后板料变形小,可直接用作密封面。

3) 真空开断技术

真空断路器具有优异的开断能力、稳定可靠的电寿命,提高了 C‑GIS 开关柜的整体性能参数,为 C‑GIS 的免维护提供了重要保障。另外,额定工作电流或故障电流的开断产生的故障仅在真空泡内,从而使得 SF_6 气体仅作为绝缘介质而不参与灭弧,充气压力大大降低,且不会劣化 SF_6 气体。

4) 新型的固体界面绝缘插接技术

各元器件如电压互感器、避雷器、高压电缆通过固体界面绝缘插接技术从气箱外部插入预留的内锥插座内,与气室内一次回路连接;柜间也采用此技术连接。固体界面绝缘插接技术的使用,使产品实现模块化设计,方案实现灵活,现场安装也无须进行绝缘气体的处理。

这些技术的采用,使 C‑GIS 具有高压回路不受外界环境如凝露、污秽、小动物及化学物质等影响,性能稳定、可靠性高、免维护、占地面积小、节能、节材、节地的优点,已成为中压开关柜领域的主流产品。

7.2.2　C‑GIS 的发展面临的挑战

SF_6 气体具有良好的物理化学性能,通常情况下,化学稳定好,不易和其他物质发生反应;不燃不爆,具有很高的安全性和可靠性。SF_6 的沸点比较高,在 C‑GIS 低充气压力下,不必担心 SF_6 气体的液化问题。纯净的 SF_6 气体是一种无色、无臭、无毒和不燃的惰性气体,温度在 $180℃$ 以下时它与电气设备中材料的相容性和氮气相似。SF_6 的最大优点是它不含碳,因此不会分解出影响绝缘性能的碳粒子,且其大部分气态分解物的绝缘性能与 SF_6 相当,分解不会使气体绝缘性能下降。所以迄今为止,SF_6 气体是最理想的绝缘和灭弧介质。SF_6 气体绝缘技术与中压 AIS 的结合,促成了 C‑GIS 的诞生。

然而 SF_6 气体具有非常严重的温室效应问题,因此在电力系统中减少、限制甚至禁止 SF_6 气体的使用是电力系统发展的必然趋势。C‑GIS 开关柜的应用面大而广,SF_6 替代气体的研究和应用能带来重要的经济效益和社会效益。

7.2.3　国内外 C‑GIS 中替代 SF_6 气体的研究

由于 SF_6 气体的强电负性性能所特有的优异电气性能,以及其他的热传导性、稳定性等,目前尚无法找到一种气体能完全替代 SF_6 气体。在中压 C‑GIS 领域,为了响应减少和杜绝 SF_6 气体使用的趋势,国内外各大公司和单位已经开展了积极的研究工作。主要采取的措施如下:

1）采用 SF_6 二元混合气体作为绝缘介质

使用 SF_6 的混合气体，可减少 SF_6 的用量进而减弱 SF_6 产生的温室效应。SF_6 混合气体具有不同于纯净 SF_6 的理化性质和绝缘性能。

首先，在相同的气压总压力的情况下，SF_6 的混合气体的液化温度比纯 SF_6 气体低，因此在高寒地区可采用 SF_6 混合气体来代替纯 SF_6 气体以防止气体在低温下液化。

其次，混合气体的耐电强度不仅与其气体成分的耐电强度有关，而且还和气体成分之间是否有协同效应有关。SF_6/N_2 以及 SF_6/CO_2 的混合气体因为电负性气体的存在以及成分之间的相互影响使混合气体具有正协同效应。SF_6 混合气体协同效应的机理可解释为电子与 N_2 等分子的非弹性碰撞，使电子损失动能，更容易被 SF_6 分子附着，抑制放电的产生。

在均匀电场中，SF_6/N_2 相对于 SF_6 的相对耐电强度（RES）可用下列经验公式表示

$$RES = k^{0.18}$$

式中，k 为 SF_6 气体混合比。相对耐电强度与混合比曲线如图 7 - 17 所示。

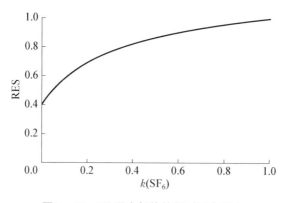

图 7 - 17　SF_6 混合气体的相对耐电强度

在图 7 - 17 中，当 SF_6 浓度为 $50\%\sim60\%$ 时，混合气体的耐电强度能达到纯 SF_6 的 $80\%\sim90\%$。且由于 SF_6 混合气体的协同效应，其优异值比纯 SF_6 大（气体的优异值表示气体在不均匀电场中的优越程度），因此在电极表面有缺陷或有导电微粒的情况下以及不均匀电场中，SF_6 混合气体的绝缘强度将高于纯 SF_6。以 $50\%\ SF_6/50\%\ N_2$ 或 CO_2 来说，$50\%\ SF_6/50\%\ N_2$ 的临界击穿场强 $(E/P)_0$ 为 $79\ kV/(mm \cdot MPa)$，优异值为 0.42；$50\%\ SF_6/50\%\ CO_2$ 的 $(E/P)_0$

为70.3 kV/(mm·MPa)，优异值为 0.6；而纯 SF_6 气体的 $(E/P)_0$ 为 88.5 kV/(mm·MPa)，优异值仅为 0.38。

另外，使用 SF_6 与常见气体的二元混合气体，可使气体成本大幅度降低。例如，使用 50% SF_6/50% N_2 混合气体作绝缘介质时，即使将总气压提高0.1 MPa，仍可使气体费用减少 40%，这对气体用量大的装置，会带来可观的经济效益。

已有的研究表明，在 SF_6 中加入 N_2、CO_2 或空气等普通气体构成的二元混合气体最具工业运用前景。某公司目前在 C-GIS 中采用 SF_6 与 N_2 的混合气体作为绝缘介质，其开关柜气体使用情况如表 7-5 所示。

表 7-5　某公司 C-GIS 开关柜绝缘气体与绝缘性能

额定电压/kV	12				24				36		40.5	
绝缘水平/kV	工频	冲击	工频	冲击	工频	冲击	工频	冲击	工频	冲击	工频	冲击
	28	75	42	75	50	95	65	125	70	170	95	185
SF_6混合比 k	0		0		0		0.05		0.15		0.5	
绝对充气压力/MPa	0.12		0.12		0.12		0.12		0.12		0.12	

2）采用高气压力干燥空气或 N_2 等作为绝缘介质

采用增加气体压力的方法能较大地提高气体的绝缘能力，但是压力的提高并不能无限增加气体的击穿电压。试验表明，当间隙距离不变时，在压力较低的情况下击穿电压随气体压力的提高而很快增加；但当压力增加到一定程度后，击穿电压增加的幅度逐渐减小，即增加压力的效果逐渐下降。另外，在高气压下，电场的均匀程度对击穿电压的影响比在大气压力下要显著得多，电场均匀程度下降，击穿电压将剧烈下降。同样，在高气压下，气体间隙的击穿电压受电极表面的粗糙度、气体湿度和污物影响更大，因此采用高气压的电气设备应使电场尽可能均匀，电极应仔细抛光，气体也应过滤以滤除尘埃和水分。

由于气体压力的提高，对开关柜的强度、密封性要求也更高，否则一旦发生气体泄漏，开关柜的绝缘性能将不能保证，需要立刻停电进行检修，增加了电力调度的难度。

因此，如能在 40.5 kV C-GIS 中也采用低压力氮气完全替代 SF_6 气体，C-GIS 向低压力氮气绝缘方向发展将具有更现实的意义。

SF$_6$气体绝缘开关柜宽度小,采用低压力氮气绝缘势必需要增加开关柜尺寸,从表 7-6 所示的现今市场上主流 40.5 kV C-GIS 产品绝缘气体的使用情况来说,即便 40.5 kV-1 250 A C-GIS 开关柜柜体宽度增加至 800 mm,也仅为 2 500 A SF$_6$气体绝缘开关柜的宽度,并且相对于常规空气式开关柜 1 200 mm 的柜宽,仍具有气体绝缘开关柜小型化、经济性的竞争优势。

表 7-6   市场主流 40.5 kV C-GIS 产品

产品	额定电流/A	绝缘气体	额定气压(相对压力)/MPa	柜体尺寸(宽×深×高)mm³
ZX1.2	1 250	SF$_6$	0.03	600×1 500×2 100
	2 500			800×1 800×2 100
WS-G	1 250	SF$_6$	0.06	600×1 340×2 400
	2 500			900×1 380×2 400
N2S	1 250	50% SF$_6$/50% N$_2$	0.02	600×1 500×2 300
	2 500			800×1 500×2 300

目前在 C-GIS 中使用干燥压缩空气作为绝缘介质的主要产品如表 7-7 所示。

表 7-7   干燥空气绝缘开关柜制造厂家及产品参数

产品型号	电压等级	额定充气压力	外形尺寸 mm³(宽×深×高)
HG-VA	7.2~72 kV	0.07 MPa (24 kV) 0.15 MPa(72 kV)	550×13 000×2 300 (24/36 kV) 900×2 450×2 900 (72 kV)
C-GIS2100	24 kV	0.05 MPa	600×1 315×2 300
XAE2V	24 kV	0.5 MPa(本体) 0.18 MPa(VCB室)	

低气压氮气绝缘开关柜的整体设计可按图 7-18 进行:开关柜分为上下两个气箱,气箱可用 3 mm 不锈钢板焊接而成。上气箱为主母线气箱(项 1),安装有母线内锥套管(项 2)、支母线(项 3)及三工位开关(项 5);下气箱为断路器气箱(项 15),安装有断路器极柱(项 8)以及用于插拔式电压互感器(项 13)、插拔式电缆头(项 17)、插拔式避雷器(项 16)连接的内锥套管(项 6)。电流互感器采用低压穿芯式(项 18),套于电缆上用于电流的检测。项 10 及项 14 为气箱泄压

窗。上下气箱及开关柜柜间采用专用母线连接器(项 13)连接。

低气压氮气绝缘开关柜最低功能工作压力为 0.1 MPa(绝对压力),额定充气压力为 0.12 MPa(绝对压力)。开关柜柜型尺寸为 800 mm(宽)×1 800 mm(深)×2 400 mm(高);主母线及支线采用直径为 40 mm 的铜棒制成,相间距离为210 mm,相对地距离为 185 mm;三工位开关隔离断口距离为 75 mm,接地端口距离为 50 mm。电缆安装高度为 800 mm,方便电缆的安装。开关柜一次回路导体均采用优质电解铜材料制作而成。

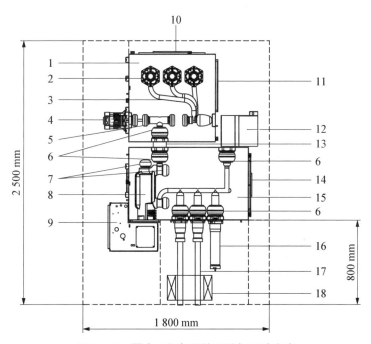

图 7 - 18　零表压氮气绝缘开关柜设计方案

1—主母线气箱;2—内锥套管及主母排;3—支母排;4—三工位开关操作机构;5—三工位开关;6—内锥套管;7—屏蔽球;8—断路器极柱;9—断路器操作机构;10—泄压窗;11—封板;12—插拔式避雷器;13—母线连接器;14—带泄压窗封板;15—断路器气箱;16—插拔式避雷器;17—电缆;18—穿芯式电流互感器

一般研制的额定电流 1 250 A 的 40.5 kV 三相共箱式低压力氮气绝缘开关柜,柜型尺寸为 800 mm(宽)×1 650 mm(深)×2 400 mm(高),相对于市场上相同等级的 SF₆ 气体绝缘开关柜的 600 mm 柜宽增加 33%,但相对于同电压等级空气开关柜,如某外国公司的空气开关柜,1 250 mm(宽)×2 565 mm(深)×2 400 mm(高),柜宽减少 36%,总占地面积仍减少 60%。

另外氮气绝缘开关柜三工位开关以及断路器连接端子上增加环氧树脂绝

缘;断路器极柱需在原有模具的基础上重制模芯,内锥套管需重制外模,其余均可采用已有模具部件;支撑绝缘子需重新开模制作。经初步估算,氮气绝缘开关柜在原产品的基础上,成本将增加 20% 左右。

3) 采用固体绝缘方式

固体绝缘材料,如开关设备中常用的环氧树脂、硅橡胶或三元乙丙橡胶,都具有非常高的耐电强度,此方法将高压部件完全固封于固体绝缘材料内,开关柜柜体尺寸最小,占地面积最少。

固体绝缘材料的性能可用击穿场强、电导、介质损耗角正切、介电强度、耐热等级、耐寒性、机械性能、吸潮性能、化学性能及抗生物性能等表征。其击穿形式按击穿特性可分为三种:电击穿、热击穿和电化学击穿(电老化)。

不同于气体的不会老化、使用寿命几乎没有限制的特点,固体绝缘材料绝缘性能将随着运行时间增加而降低。以 C-GIS 中一种常用的环氧树脂 CY225＋HY925(Vantico)为例,其绝缘强度随运行时间的变化如图 7-19 所示。

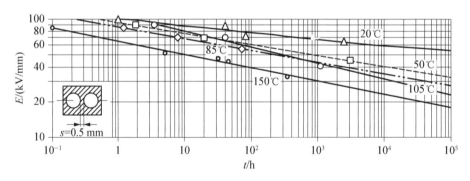

图 7-19 绝缘强度随时间的变化曲线

尽管固体绝缘材料有此缺点,但以开关寿命为 10 年来计算,此种环氧材料耐受场强仍能达到 20 kV/mm 以上,远远超过 SF_6 的绝缘性能。

固体绝缘材料绝缘性能受温度的影响也较大。图 7-20 和图 7-21 为 HUNTSMAN 环氧材料 CW229＋HW229 介质损耗角正切 $\tan\delta$、介电常数 ε_r 以及体积电阻率 ρ 随温度的变化曲线图。$\tan\delta$、ρ 的增加将使得电导损耗增加,进一步使得固体材料温度升高,进而又使得 $\tan\delta$、ρ 增加,当增加到一定程度后,将使得固体绝缘材料热击穿而失去绝缘性能。因此采用固体绝缘材料作为绝缘介质的设备应严格控制温升。

另外,在固体介质中如果存在气泡,在交变场下气隙或气泡的场强会比临近固体介质内的场强大得多,而气体的起始电离场强又比固体介质低得多,所以气泡内更容易发生电离,产生许多不良后果,如气泡膨胀使介质开裂,并使该部分绝缘的电导和介质损失增大;电离的作用还可使有机绝缘物分解,新分解出的气体又会加入到新的电离过程中;还会产生对绝缘材料或金属有腐蚀作用的气体;电离还会造成电场的局部畸变,使局部介质承受过高的电压,对电离的进一步发展起促进作用。为保证设备的绝缘水平应严格控制局部放电水平。

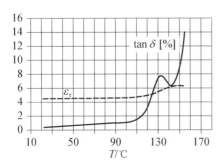

图 7‑20 tan δ 和介电常数 ε_r 随温度的变化

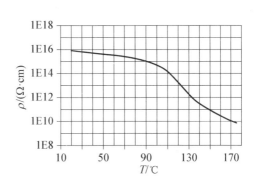

图 7‑21 体积电阻率随温度的变化(测量电压:1 000 V)

此外,由于固体绝缘材料浇注工艺的复杂性以及击穿后的不可恢复性的特点,必将导致生产、试验等过程中的成本增加。

OSIS24kV 系列固体绝缘开关柜如图 7‑22 所示,柜体尺寸为 400 mm×

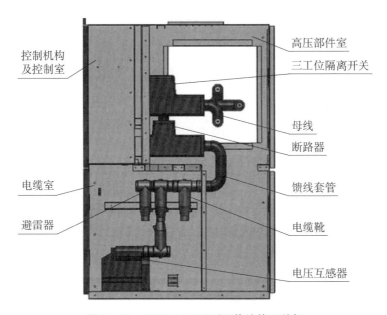

图 7‑22 OSIS24 kV 系列固体绝缘开关柜

1 200 mm×1 700 mm,开关柜采用固体绝缘母线、套管、硅橡胶母线连接器、三工位真空开关、真空断路器等核心模块部件连接而成。

4）新的低温室效应的绝缘气体：$c-C_4F_8$ 混合气体

$c-C_4F_8$ 混合气体作为绝缘介质的应用已引起了国内外电力和环境相关专家的重视：1997 年美国国家标准和技术协会技术会议上把 $c-C_4F_8$ 混合气体列为未来应该长期研究有潜力的绝缘气体；2001 年日本东京电力工业中心研究机构和东京大学提出了应用 $c-C_4F_8$ 气体混合气体作为绝缘介质；在国内上海交通大学等也对 $c-C_4F_8$ 混合气体作了多年的研究。

$c-C_4F_8$ 气体在低能范围内有很高的附着截面，纯净 $c-C_4F_8$ 气体在均匀电场下的绝缘强度是 SF_6 气体的 1.18～1.25 倍左右。温室效应指数为 8 700，仅为 SF_6 的 1/3。如果 $c-C_4F_8$ 气体仅用作没有电流中断能力的开关设备，则不存在或者说很少有机会发生分解的放电。日本东京大学研究指出，这些缺点都可以通过添加价格便宜的、液化温度比较低且不存在碳分解的 N_2、CO_2 等缓冲气体到 $c-C_4F_8$ 气体中缓解甚至解决。缓冲气体通过散射把电子能量降低到电负性气体可以附着的能量范围内，阻止电子崩增长，使得混合气体的耐电强度不会比纯净的 $c-C_4F_8$ 气体降低很多，甚至出现正协同效应。上海交通大学的研究表明，在与 N_2 混合比在 33.6% 时与 SF_6 耐电强度相当，温室效应（GWP）降低为 2 924。

5）环保型绝缘气体 CF_3I 的混合气体

最新的研究发现，新一代环保气体 CF_3I 比 $c-C_4F_8$ 更具有替代 SF_6 气体的潜能。我们从物理性质、电气特性等多个角度对 CF_3I 进行分析，探讨其用于 C-GIS 的可能性。表 7-8 所示为 $c-C_4F_8$、CF_3I 与 SF_6 在各项综合指标上的对比。

表 7-8　$c-C_4F_8$、CF_3I 与 SF_6 在各项综合指标上的对比

气体	相对 SF_6 绝缘强度	沸点/℃	存在时间/年	GWP	毒性
CO_2	0.3	−78.5	50～200	1	无毒
N_2	0.36	−196	0	0	无毒
SF_6	1	−63	3 200	23 900	基本无毒
$c-C_4F_8$	1.25, 1.31	−6(−8)	3 200	8 700	无毒
CF_3I	1.23	−22.5	<2 天	1～5	无毒、阻燃

虽然纯 CF$_3$I 已经表现出对 SF$_6$ 良好的替代潜能,但仍要对 CF$_3$I 混合气体进行研究,一方面是由于目前市场上 CF$_3$I 的价格仍然还比较高,与普通气体混合之后,在保证绝缘的基础上能降低价格,更主要的原因则是 CF$_3$I 的液化温度太高,希望混合缓冲气体之后能降低液化温度,增加 CF$_3$I 的适用范围。

图 7-23 为 SF$_6$、c-C$_4$F$_8$ 和 CF$_3$I 的饱和蒸气压曲线。从图中可以看出,CF$_3$I 的沸点(0.1 MPa 下所对应的温度)为 -22.5℃,略低于 c-C$_4$F$_8$(-6℃ 或 -8℃)。尽管 CF$_3$I 的沸点低于 c-C$_4$F$_8$,但是在实际应用中,仍然过高。通常情况下,用于 GIS 中的 SF$_6$ 的气压大概在 0.5 MPa 左右,在此压强环境中,CF$_3$I 的沸点高达 25℃,在常温下就已经液化。因此,纯净的 CF$_3$I 气体在 GIS 中没有实际应用价值,只能考虑通过混合缓冲气体来降低液化温度。一般在室内条件下,由于可以人为对温度进行调节,只要求气体的沸点低于 -5℃ 即可。研究表明 CF$_3$I/CO$_2$ 混合比例在 30%～70% 时,绝缘强度为纯 SF$_6$ 的 75%～80%。同时混合气体的液化温度在 0.5 MPa 的情况下能达到 -12℃,可以用于放置于室内的 GIS。但是 -12℃ 的液化温度仍满足不了常规放置于户外环境下 GIS 的使用要求。因此,纯 CF$_3$I 及其混合气体和 c-C$_4$F$_8$ 一样,在高压 GIS 中面临着适用范围太窄的问题,我们只能将视角转向中低压领域。

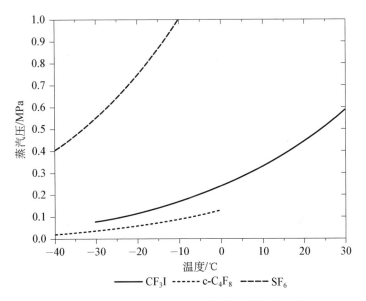

图 7-23 CF$_3$I、c-C$_4$F$_8$ 及 SF$_6$ 饱和蒸气压曲线

参考目前国内中低压开关柜的发展现状,市场上常见的典型 C - GIS 规格如表 7 - 9 所示,基本参数为:额定工作电压 40.5 kV/35 kV/24 kV/12 kV,额定电流 1 250 A,额定短路开断电流为 25 kA/31.5 kA/40.5 kA。针对 C - GIS 中的气体绝缘,国内普遍的做法是采用充 SF_6 气体作为绝缘介质,也有少数的厂家采用 N_2 加压或者压缩空气的手段来增加绝缘强度。后者虽然实现了无 SF_6 化,对环境不会产生影响,但是压强增大之后对设备的强度、防泄漏水平以及焊接工艺等都提出了苛刻的要求。如果采用新型的绝缘气体,如 CF_3I、$c - C_4F_8$ 等作为 SF_6 的替代物用于中低压 C - GIS 中,则既能满足环保的要求,又能保证和 SF_6 相当的绝缘强度,还不会对制造工艺提出过高的要求。

表 7 - 9 目前国内常见典型 C - GIS 的规格及绝缘气体类型

生产厂家及规格参数	所使用绝缘气体	充气气压/MPa	换算为 CF_3I 所需气压/MPa
西高所 XGN46 - 40.5 40.5 kV/1 250A/25 kA	SF_6	0.04	0.033
Fuji 电机 C - GIS 2100 24 kV/1 250A/25 kA	压缩空气	0.08	0.033
上海天灵开关厂 12 kV/1 250 A/31.5 kA	N_2	0.02	0.006

从表 7 - 9 可以看出,在典型 40.5 kV 等级的开关柜中,如果采用纯 SF_6 作为绝缘介质,气体的压强需要达到 0.04 MPa。但如果采用纯 CF_3I 来替代 SF_6 进行绝缘,要达到和 SF_6 相同的绝缘强度,只需要充压至 0.033 MPa 左右。根据图 7 - 23 中 CF_3I 的饱和蒸气压曲线可知,在此压强下 CF_3I 的液化温度可以降低到 -50℃ 以下(图 7 - 23 中的曲线只画到 -30℃,外推出去可以得到 0.033 MPa 下的液化温度,或者通过图 7 - 25 可以直接看到)。参考图 7 - 24 中所给出的全国各主要城市历史极端温度数据可以看到,除了哈尔滨、乌鲁木齐等较北方的城市外,华北、华中、华南、西南地区的极端最低气温都不会超过 -30℃。因此全国主要地区都可以使用 CF_3I 来替代 SF_6 用于 40.5 kV 等级的 C - GIS 中,更低电压等级如 24 kV、12 kV 等在全国范围内都可以使用 CF_3I 来作为绝缘媒介。至于混合气体,70% 比例的 CF_3I/N_2 混合气体绝缘强度与 SF_6 相当,按照 40.5 kV 的绝缘要求,只需要加压到 0.05 MPa 就能达到相同绝缘强度。从图 7 - 25 可以看出,在 0.05 MPa 的压强条件下,70% 比例的 CF_3I/N_2 混

合气体的液化温度达到 $-50\,℃$,完全满足全国所有地区的使用要求,即使极端温度最低的乌鲁木齐,也能满足使用要求并能留有 20% 的裕度。若混合气体比例为 30%,根据文献中的临界场强数据,$(E = N)_{\lim} = 245\,\text{Td}$,若要达到 $40.5\,\text{kV}$ 绝缘等级,则气压需要加到 $0.073\,\text{MPa}$,对应图 $7-25$ 中的曲线可以看出,液化温

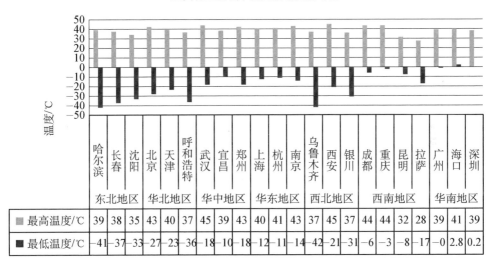

全国各主要城市历史极端温度对比

		哈尔滨	长春	沈阳	北京	天津	呼和浩特	武汉	宜昌	郑州	上海	杭州	南京	乌鲁木齐	西安	银川	成都	重庆	昆明	拉萨	广州	海口	深圳
		东北地区			华北地区			华中地区			华东地区			西北地区			西南地区				华南地区		
■最高温度/℃		39	38	35	43	40	37	45	39	43	40	41	43	37	45	37	44	44	32	28	39	41	39
■最低温度/℃		−41	−37	−33	−27	−23	−36	−18	−10	−18	−12	−11	−14	−42	−21	−31	−6	−3	−8	−17	−0	2.8	0.2

图 $7-24$ 全国各主要城市极端温度对比

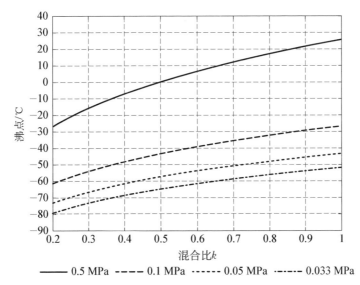

图 $7-25$ CF_3I/N_2 混合气体液化温度与混合比例关系曲线

度也完全满足实际使用的要求。更低电压等级,如 24 kV、12 kV 则使用低于 30%比例的混合气体,就能达到所需要的绝缘强度。

综合以上分析,同等气压条件下,CF_3I 既能保证不液化,又能达到比 SF_6 更高的绝缘强度。相比于压缩空气或压缩 N_2 绝缘的 C - GIS,CF_3I 所需压强更低,能降低工艺门槛,便于生产制造。价格较高等缺点也能在与普通气体混合后得到一定的缓解。因此,采用 CF_3I 进行绝缘的 C - GIS 比目前市场上常见的 C - GIS 有更好的综合性能。

综上所述,取代 SF_6 气体应用到 C - GIS 的措施有以下特点:

(1) SF_6 混合气体的使用,可通过减少 SF_6 的用量来减弱 SF_6 产生的温室效应,但仍不能完全避免使用 SF_6 气体。

(2) 采用高压力绝缘气体的方法可完全避免 SF_6 气体的使用,但是由于气体压力的提高,对于开关柜的强度、密封性能提出了更高的要求;故应采用低气压的 N_2 绝缘的 C - GIS。

(3) 采用固体绝缘方式也从根本上避免了 SF_6 气体的使用,但固体绝缘材料昂贵的价格,模具、浇注费用的增加,以及其不可恢复的特性带来的制作、装配、试验过程中的损坏,都很大程度上增加了开关柜的制作成本。一般采用此种原理的开关柜具有相比于气体绝缘开关柜更高的制造成本。

(4) $c - C_4F_8$ 混合气体虽然具有如 SF_6 般优异的绝缘性能,但仍然具有不可忽视的温室效应。

(5) CF_3I 与 N_2 混合气体可以作为中低压 C - GIS 中 SF_6 的替代气体,在绝缘强度、液化温度和成本造价上都有较大的优势,可以对 30%~70%比例的混合气体进行实际应用研究。

7.3 气体绝缘高压输电线路(GIL)

GIL 是一种采用 SF_6 气体或 SF_6/N_2 混合气体绝缘的输电线路,从 20 世纪 70 年代开始,GIL 逐渐在世界范围内开始投入使用。

7.3.1 GIL 的特点

GIL 是一种采用 SF_6 气体或 SF_6/N_2 混合气体绝缘、外壳与导体同轴布置的高电压、大电流电力传输设备。导体采用铝合金管材,外壳采用铝合金卷板封闭。GIL 类似于 SF$_6$ 气体绝缘金属封闭开关设备(GIS)中同轴放置的管道母线(见图 7 - 26)。虽说 GIL 与 GIS 母线有许多相似之处,但是根据不同的应用场所,尤其是在其承担较长距离大容量的输电功能时,还是与 GIS 有许多不同的关键技术,也使其更具有专业性。GIL 无开断和灭弧要求,制造相对简单。同时,GIL 可以选择不同的壁厚、直径和绝缘气体,能够较经济地满足不同要求。

图 7 - 26　GIL 的结构

　　传统的架空线输电方式易受雨雪冰冻天气和污秽的影响,而且随着特高压电网输电等级的不断提高,这种影响对输电效果造成的影响也越来越明显,加之社会对电磁环境的日益关注,对市容要求的不断提高,输电走廊已经成为制约电力发展的稀缺资源,尤其是在人口密集的大城市,采用架空线路的输电方式正面临越来越多的困难。而采用电缆输电则面临最高运行电压及载流量截面积的限制,已经达到技术和经济的极限,长期运行会出现水树和电树,存在电容大、散热困难等问题。

　　GIL 的电气特性与架空线路相似,但由于 GIL 是一种金属封闭的刚性结构,采用管道密封绝缘,通常不受恶劣气候和特殊地形等环境因素的影响。同时,GIL 对环境基本没有电磁影响,可以不考虑壳外磁场对其他设备和人员产生的影响。而且,GIL 可有效利用有限的空间资源,实现高压超高压大容量电能直接进入城市的地下变电所等负荷中心。因此,预计在不久的将来,在一些人口稠密的大城市中心区采用 GIL 供电也许是一种不错的选择。

　　GIL 的优点很多,主要是载流量很高,能够允许大容量传输。GIL 的另一个重要的优点是电容比高压电缆小得多,因而即使长距离输电,也不需要无功补偿。因此,GIL 安全运行可靠度高,输送容量大,与周边环境友好相处,而且损耗比电缆和架空线路都低(见图 7 - 27)。在创建智能电网方面可以集强电输送与信息技术业务于一体。同时对军事战备与大城市的安全均具有特别重要的意义。GIL 符合电力系统现场运行维护、安全综合预控方案和现代外观审美要求。由于 GIL 具有送电能力强,与周边环境友好相处,安装、运行维护方便,故障率低,基本不检修等许多优点,在国外已经有超过 30 年的运行经验,它的设计使用寿命长达 50 年以上。

　　GIL 的技术经过近半个世纪的发展,应用范围广泛。在 GIL 选型、设计、试

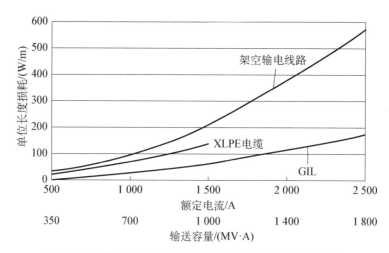

图 7-27 架空输电线路、聚乙烯电缆和 GIL 线路损耗对比

验和维修方面已有标准可循,其技术经济比较可参考表 7-10。GIL 的电压范围广,安装方式多样,在发电和输电领域的应用广泛,已成为欧美发达国家新建和换代项目的最佳选择。目前,GIL 不仅是国外大型地下电站高压引出线的首选方案,而且也是解决大城市的市区负荷不断增长导致线路走廊紧张问题的优选方案,GIL 逐步替代原有常规架空输电线路和电力电缆的步伐正在加快,节能环保的 GIL 电力换代产品必将成为我国未来超高压和特高压电力传输的重要电力装备,它的广泛应用将为我国电力工业快速和持续发展作出巨大的贡献,同时也为我国的机电产品出口创汇提供了有力的保障。

表 7-10　架空输电线路、聚乙烯电缆和 GIL 线路技术经济比较(上海某变电站出线)

方案	总投资/万元	投资额	施工停电时间/天	说　明
架空线	1 110～1 318	低	15～17	有 1～5 处线路交叉
进口电缆	2 890	高	2～3	极限输送容量为架空线的 93%
GIL	2 125	中	2～3	进口

由于 GIL 制造成本较高,因此使用将受到投资和经济合理性的影响,一般使用条件为:

(1) 额定电压为 72.5 kV 及以上的输电回路。目前运行的 GIL 的额定电压都在 110 kV 及以上,随着电压等级的提高,从绝缘和经济方面,GIL 的优势越来越明显。

（2）输送容量较大的回路，特别是单回电缆无法满足送出要求。GIL 相对多回并联电缆输电回路，在可靠性和经济方面都占优势。另外，采用大容量的 GIL 输电线路，可以简化电站和变电所接线，节省高压开关设备。

（3）高落差垂直竖井或斜井中。在高落差垂直竖井或斜井，采用电缆回路需要考虑其安装和运行对落差的要求。

（4）环境要求高的场所。

GIL 的安装和应用场所除了以上这些应用场合之外，还有三个较为特殊的场合。一是全部或部分 GIL 直接埋入地下的场合；二是 GIL 的安装场合，在全部或部分在公众可接近的区域；三是 GIL 线路较长（典型的长度为 500 m 及以上）的场合。这就说明了 GIL 是一种介于架空线路和电力电缆之间的高电压电力输电设备，是为超长距离、大容量的地下输电线路开发的一种电力设备。

7.3.2　GIL 的国内外应用现状

1972 年，世界上第一条交流 GIL 输电系统在美国新泽西州的 Hudson 电厂落成，该条输电线路电压等级为 242 kV，载流量 1 600 A，采用美国 CGIT 公司和麻省理工学院合作开发的技术。美国 CGIT 公司的产品线涵盖了电压等级 115～1 200 kV、载流量 6 000 A 的输电系统，是目前 GIL 产品市场占有率第一的公司。1975 年，德国 Siemens 公司在德国的 Wehr 抽水蓄能电站建成了欧洲首个 GIL 输电工程，电压等级 400 kV，采用斜井式敷设方式，用来连接山顶的架空线路和发电机组。2001 年，Siemens 公司在瑞士日内瓦 PALEXPO 机场建成了一条长 420 m 的 220 kV 电压等级的 GIL 线路（见图 7‑28），该 GIL 输电系统

图 7‑28　瑞士日内瓦 Palexpo 会议展览中心的 GIL 系统

（运行电压 220 kV，2001 年投运）

首次采用了 Siemens 公司开发的第二代 GIL 技术,最突出的改进是绝缘介质采用 20% SF_6 和 80% N_2 构成的混合气体,通过适当提高混合气体的气压,可使其绝缘性能与纯 SF_6 相当,且减少 SF_6 的使用量可以有效控制成本和满足环保的要求。日本多家电力公司通过联合研究在 1979 年和 1980 年先后开发出电压等级为 154 kV 和 275 kV 的 GIL 线路。1998 年日本建成了世界上最长的 GIL 线路,即 Shinmeika - Tokai 线,该输电系统全长 3.3 km,电压等级 275 kV,载流量 6.3 kA,采用隧道安装方式。隧道上层为双回 GIL 输电线路,下层为电站提供液化天然气的管道,通过共享安装通道极大地提高了空间利用率。

近年来,随着"西部大开发"和"西电东送"战略的不断进行,我国相继启动了一大批大型水电站,正在勘测设计的水电工程规模空前。在西南,正在建造以及未来 5 年内准备开工的大中型水电站总装机容量将达数千万千瓦,如云南澜沧江上的小湾水电站、金沙江上的溪洛渡水电站、向家坝水电站及雅砻江和大渡河上的梯级开发等;在西北,黄河上游的拉西瓦水电站已经建成。这些大型工程的选址多位于西部高原地区的深山峡谷中,远离中、东部负荷中心,其机组容量巨大,且多采用地下厂房布置方式,送出工程比较困难,而 GIL 正是解决大型水电站进出线的主要方式之一。据不完全统计,我国的部分水电站和核电站工程已经开始相继采用 GIL 作为电站的进出线方式,例如,大亚湾岭澳核电站 500 kV GIL 工程和拉西瓦水电站 800 kV GIL 工程(见图 7 - 29)。岭澳核电站(一期)安装 2 台 990 MW 压水堆型核电机组,为确保运行可靠性,主变压器高压侧至

图 7 - 29　青海省拉瓦西水电站 GIL 系统

(运行电压 800 kV,2009 年投运)

500 kV GIS 间的连接导体选用了 550 kV GIL。拉西瓦水电站安装 6 台 700 MW水轮发电机组,总装机容量 4 200 MW。水轮发电机组及高压配电装置布置在地下洞室内,与布置于地面的出线站间高度差近 220 m。为解决出线问题,选用两回 800 kV GIL 将电能从地下洞室输送至地面出线站,再与架空线路连接,并入电网。拉西瓦水电站地下厂房工程复杂、巨大,其采用的 GIL 电压等级、竖井高度和建造难度均位列世界前茅。

交流 GIL 经过多年发展,积累了大量的设计和工程经验,技术日趋成熟,且最初投运的线路也已经安全运行了 40 年,证明了 GIL 技术的可靠性和稳定性。

国内外 220 kV 及以上电压等级的部分典型应用如表 7-11 所示。

表 7-11 GIL 典型应用

序号	工程名称	国家	电压/ kV	电流/ A	供货长 度/m	供货 年份
1	Wehr 抽水蓄能电站	德国	420	2 500		1975
2	Ontario Hydro, Claireville	加拿大	242	3 000	3 480	1979
3	Rowville Melbourne	澳大利亚	550	3 000	940	1981
4	古里水电站	委内瑞拉	800	1 200	855	1984
5	DOE, Waltz Mill	美国	1 200	5 000	330	1984
6	Nuclear Unit 7	韩国	362	2 500	3 440	1984
7	Balsam Meadow 水电站	美国	242	1 200	1 239	1986
8	Shin Noda 变电站	日本	275	8 000	300	1988
9	香港青山电厂	中国	420	4 000	485	1993
10	SCECO Central 变电站	沙特阿拉伯	380	1 200	6 800	1994
11	Ghazlan 变电站	沙特阿拉伯	420	2 000	2 140	1997
12	岭澳核电站	中国	550	2 000	3 008	1998
13	Shinmeika - Tokai	日本	275	6 300	3 300	1998
14	Baxter Wilson 电厂	美国	550	4 500	5 680	2000
15	拉西瓦水电站	中国	800	3 500	3 000	2007
16	Spy Run 变电站	美国	138	1 250		
17	Joshua Falls 变电站	美国	145	2 000		
18	Revelstoke 水电站	加拿大	550	4 000		
19	Seabrook 核电站	美国	345	3 000		

7.3.3 GIL 的结构

7.3.3.1 GIL 的总体结构

GIL 与 GIS 母线在理论上和功能上基本相同,但因应用的场所不同,特别是考虑到设备造价和敷设安装要求,其结构与 GIS 母线存在不同,主要体现在导体连接方式、外壳连接方式、导体和外壳的支撑和固定方式、气室设置、与其他设备连接、接地方式、现场试验要求等方面。

GIL 由标准直线段、标准弯头(包括连接接头)和与设备连接接头组成。其主要部件有外壳、导体、绝缘子、伸缩装置、压力释放装置和充气阀等部件组成,代表性结构如图 7 - 30 所示。

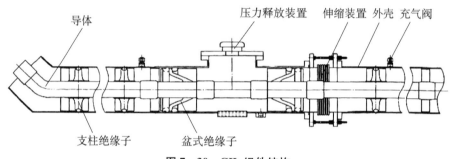

图 7 - 30 GIL 组件结构

标准段是 GIL 的主要运输单元和敷设设计的重要依据。标准段主要有标准直线段和标准弯头,标准段长度主要由工厂制造、运输、安装及现场布置要求来确定。因此,需进一步研究选择合理的标准段的长度,以便备用段配置及便于制造、运输、安装和维护。目前工程中应用的最长标准直线段长度为 18.3 m,国内工程应用中,大都采用标准直线段长度为 11.5 m。

导体和外壳尺寸主要与载流量、电压等级及敷设方式有关。通过绝缘强度、热平衡和机械强度计算确定相关尺寸。绝缘强度是确定导体外径和外壳内径的主要因素,其与绝缘子结构相关,为了满足绝缘要求和标准化设计、制造的要求,目前在各电压等级,制造厂已有各自标准尺寸;导体与外壳厚度主要与额定电流、机械强度和工程具体条件有关,其在电流相对较小时,可采用标准尺寸。

一般导体外径和外壳内径参考值如表 7 - 12 所示,其标准段的典型图如图 7 - 31 和图 7 - 32 所示。

表 7 - 12　导体外径和外壳内径参数参考值

电压等级/kV	导体外径/mm	外壳内径/mm
145	89	226
242	102	292
362	127	362
550	178	495
550	178	660

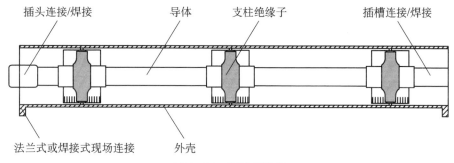

图 7 - 31　标准直线段

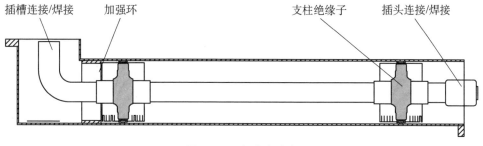

图 7 - 32　标准弯头段

7.3.3.2　导体连接方式

导体连接方式主要有焊接和插接两种方式。焊接方式一般适应于较长距离且水平敷设的 GIL;插接方式适应于较短距离和垂直竖井或斜井敷设的 GIL。焊接方式可节约 GIL 设备的造价,但增加现场安装工作量和安装费用,同时对安装要求较高。

1) 导体焊接方式

导体焊接方式主要目的是节省投资,但对现场安装要求较高,特别是对现场

焊接工艺要求,一般技术要求如下:

(1) 焊接应采用技术成熟、质量稳定的自动焊接设备和工艺,焊接工艺应尽量简单易行,能可靠保证焊接质量,且适用于工程的安装环境条件。

(2) 焊缝的电气性能和强度应至少与导体相同。

(3) 焊缝的表面应光滑、无毛刺,且应保证焊缝处电场分布应与导体一致。

(4) 对现场焊接过程中可能产生的气体、残渣,应采取相应措施和装置,防止气体、残渣等落入母线内部,同时要考虑焊接过程中可能产生的气体对环境的影响。

导体采用焊接方式,同样对 GIL 的整体结构设计也有不同的要求,其主要影响如下:

(1) 对导体支持固定方式的影响。GIL 的伸缩节设置主要是能够吸收基础不均匀沉陷、基础蠕变、地震、开关设备操作、温度变化、设备制造误差、土建施工误差、安装误差、设备运行中的振动、自振、热胀冷缩和土建位移、检修人员工作引起的位移等。为了保证伸缩节的有效工作,且考虑外壳和导体温度不同,应保证 GIL 的外壳和导体位移变化需同步,即导体和外壳位移需同方向且变化量在允许范围,因此对导体支持固定方式应不同于插接方式。

在伸缩节设置位置,导体应采用插接方式,插接头的变形量应与外壳伸缩要求一致。

(2) 与其他设备连接要求。为了便于所连接设备试验和检修,以及避免安装和制造误差、设备振动影响等,在与其他设备连接处,外壳采用伸缩节,则导体应采用插接方式。

(3) 伸缩节设置的影响。长距离 GIL 伸缩节的设置也是影响 GIL 造价的因素,且外壳和导体伸缩量大,因此需采取相应的措施减少伸缩节设置的数量,如采取转角度方式。

(4) 对运输和安装的影响。一般长距离 GIL,导体和外壳都采用焊接结构,运输需采用散件运输,即标准长度外壳和导体、绝缘子、连接件及附属设备单独包装运输。由于采用散件运输,必然导致现场需进行预组装的要求,因此需制造厂提供详细的预组装场所和技术要求。

(5) 对焊接质量检测要求。导体连接的焊接质量不仅影响导体的电阻,同时会导致局部过热等问题。因此,应对所有现场焊接部位采用超声波检测或其他等效的无损探伤检验技术以杜绝缺陷。

(6) 对故障段修复要求。虽然 GIL 可靠性高,但设计时还需考虑内部故障的修复要求,一般为了缩短修复时间,采用更换故障段的方法,即使用备用的标准段更换故障段。因此,对导体焊接结构需研究更换方法和具体要求。

2)导体插接方式

导体插接方式,虽然会增加设备投资,但便于现场安装和故障修复工作。插接方式插座与触指一般采用铜合金镀银,并有环形弹簧压紧结构,接触电阻很小。典型插接方式如图 7-33 所示。

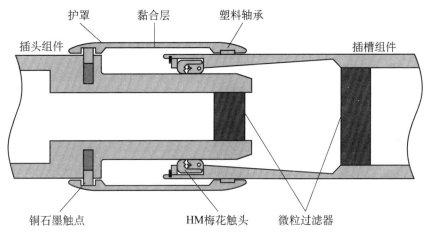

图 7-33 典型插接方式

导体连接采用插接连接,则应满足以下技术要求:

(1)导体插头应精加工,表面光滑并镀银。

(2)插接件的接触面积和接触压力应保证在规定的使用条件下,接触部分的最高温度不大于 105℃。

(3)插接件的设计应在制造和安装误差、导体热胀冷缩、基础不均匀沉降、土建结构变形等条件下保证导体和插接件的可靠运行,且不对与其连接的设备产生附加应力。

(4)导体插接件应设置有效措施防止插接操作时产生的微粒进入绝缘介质区内。

(5)导体插接件在运行期间的电气性能和机械性至少应与它所连接的导体相同,其寿命应满足 GIL 使用年限和检修周期的要求。

导体采用插接方式,同样对 GIL 的整体结构设计也有不同的要求,其主要影响如下:

(1)对导体支持固定方式的影响。导体采用插接方式,一般在标准段中允许导体滑动,从而分散导体因各种原因的位移量,因此,在一个标准段中,导体支持固定方式一般采用固定式和滑动式两种方式。插接方式的伸缩变化量应满足标准段导体长度的变形要求。

（2）对外壳连接的影响。导体采用插接方式，GIL 外壳连接也分焊接和螺栓连接两种，两种方式同样对安装、修复工作有不同的要求。

（3）对导体电阻影响。导体采用插接方式，必然存在接触电阻，其将会影响导体的电阻值及导体损耗，因此，应重视插接结构设计和加工工艺。如插接存在缺陷将可能导致局部过热问题。

（4）对导体和外壳制造精度要求。导体采用插接方式，不仅对导体和外壳长度误差要求外，同时对导体和外壳同心度也有要求。插接头除满足其他原因伸缩要求外，还应满足以上两种误差产生的变形要求，即轴向和侧向的变形要求。

7.3.3.3 外壳连接

外壳的连接方式主要有两种：法兰连接和焊接。

法兰连接方式一般采用双"O"形橡胶密封环嵌入一侧法兰内，两侧法兰均为研磨平面，在内外双层"O"形密封圈范围内的法兰面上开一针形小孔，引至法兰侧面并用小丝封堵住，用以检测第一道密封圈是否漏气。

焊接方式是现场对口焊接，在外壳里面需要装配一个工厂加工的背环。背环的作用是防止焊接时产生的焊渣与气体进入两侧的气室内。

现场焊接的优点是可以减少漏气点，运行可靠性较高；缺点是现场安装工作量大、时间长，质量不易控制，发生故障不容易更换。与焊接方式相比，法兰连接方式具有现场工作量小、质量容易控制、安装时间短等优点，但存在发生漏气的几率。目前采用焊接的工程，为提高焊接质量和速度，一般都采用带轨道的自动焊接设备。

两种外壳连接方式同样对 GIL 的整体结构、运输、现场安装和故障修复有不同的影响，其影响与导体连接方式基本相同。

7.3.3.4 导体支撑方式

导体的支撑方式有单支持绝缘子、三支持绝缘子和盆式绝缘子（隔板）。目前导体的支撑方式主要采用三支持绝缘子和盆式绝缘子。

盆式绝缘子主要用于相邻气室之间，是将一个气室和另一个气室分开的密封绝缘子。其设置数量与 GIL 气室划分有关，在结构上要重视受力分析和密封措施。

为了保证 GIL 的外壳和导体的同心度，并考虑导体受力情况，一般都采用三支持绝缘子结构。由于绝缘子是影响 GIL 造价的因素之一，因此绝缘子设置间距应根据标准的长度及导体受力分析结果确定，对于外壳法兰连接方式，还需考虑标准单元运输要求。

绝缘子和外壳连接方式有固定式和滑动式两种方式。两种方式一般同时采

用,具体采用方式与导体和外壳连接方式相关,导体支撑方式典型图如图 7-34
和图 7-35 所示。

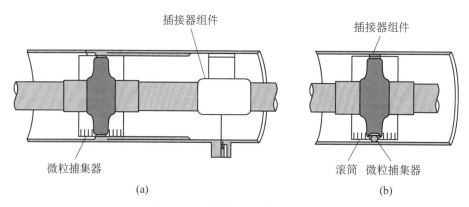

图 7-34 典型三支持绝缘子结构

(a) 固定式三支持绝缘子;(b) 滑动式三支持绝缘子

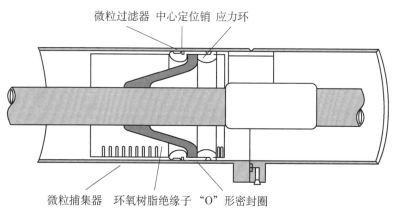

图 7-35 典型盆式绝缘子结构

　　滑动方式主要满足导体伸缩要求,因此在结构设计上要重视对外壳和导体
插接头的影响,且便于导体相对外壳滑动而不产生粉尘等。

　　GIL 支持绝缘子和固定金具的结构设计应防止局部放电,特别是在 GIL 转
角处,应采取相应措施,如采用均压罩。

　　GIL 支持结构设计,对于外壳法兰连接结构,还应考虑避免运输中产生变形
的要求。

7.3.3.5　外壳支撑方式

1) 支撑形式

GIL 外壳支撑方式有两种:固定式和滑动式。GIL 系统安装、连接完成后

是一个整体,运行中要考虑其整体的动稳定能力。拉西瓦水电站 800 kV GIL 系统设计时,进行了整体动稳定计算,根据计算成果,在水平段 GIL 的首端和垂直段 GIL 的末端(即竖井顶部)均设置了固定支撑结构,而在 GIL 水平段和垂直段的其他部分,则只进行滑动式支撑。

2) 典型结构

固定式支撑方式和滑动式支撑方式均在 GIL 外壳上焊接鞍形座,前者的鞍形座用螺栓或焊接方式将外壳固定在钢支架或基础上,外壳固定支撑点通常选在直线段上;后者在鞍形座下嵌两条塑料滑道,在基础座上固定有抛光的不锈钢板,当 GIL 热膨胀和冷收缩时自由滑动。在基础座两侧设置塑料材质的导向挡块,阻止横向移动。

两种支撑方式的典型结构如图 7-36 和图 7-37 所示。

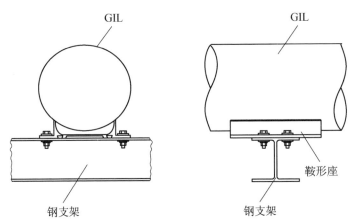

图 7-36 固定式支撑结构

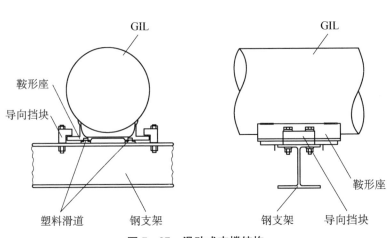

图 7-37 滑动式支撑结构

两种支撑方式的典型布置示意图如图 7 - 38 所示。

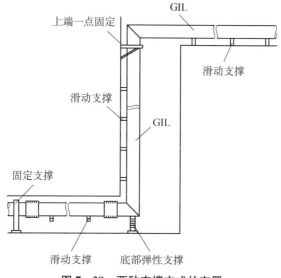

图 7 - 38 两种支撑方式的布置

7.3.3.6 外壳伸缩装置

GIL 的外壳伸缩装置主要采用伸缩节,根据设置的位置和作用来确定其技术要求。对于设置在设备连接处的伸缩节,主要作用是减振以及满足设备制造和安装误差;对于设置在土建伸缩处的伸缩节,主要满足土建结构的变形要求;对于设置在直线段和转弯处的伸缩节,主要满足热胀冷缩、安装误差和制造误差等。GIL 伸缩装置典型图如图 7 - 39 所示。

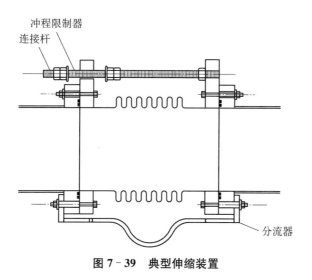

图 7 - 39 典型伸缩装置

GIL 的外壳伸缩装置设置时,需考虑如下要求:

(1) 由于伸缩装置结构复杂,造价高,且 GIL 较长,伸缩量大,因此应根据计算结果,采用合理的敷设方式,以简化伸缩节数量。

(2) 由于伸缩节安装时外壳的温度与运行时的温度不同,应根据温度变化计算结果,合理设置调节器的位置。

(3) 根据敷设方式确定轴向伸缩和侧向角度变化范围。

(4) 伸缩节结构应保证外壳电流的连通性。

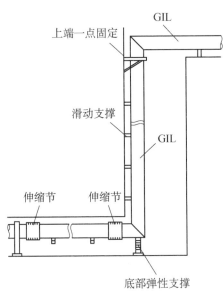

图 7 - 40 伸缩装置布置

为了满足现场安装时的长度调整、补偿运行中外壳出现的温度差或外壳自身的位移,拉西瓦水电站 800 kV GIL 在多处设置了伸缩节,其单相布置示意图如图 7 - 40 所示。

7.3.3.7 隔离单元

隔离单元是 GIL 的一种特殊部件,主要是满足长距离 GIL 现场试验要求。隔离单元设置与现场试验方案、GIL 敷设等有关。由于隔离单元结构较复杂,且造价高,使用概率较小(现场试验和故障修复后试验),因此,应结合试验设备和敷设方式合理设置隔离单元。

隔离单元由铸铝制成,可分隔出一段长度合适的高压试验单元(高压试验设备需要具有一定的充电容量)。它包含一个可拆卸的导体部件,并且用法兰连接到高压试验套管,以实现逐段的高压试验。隔离单元也可以作为 T 模块使用,实现 2 个独立的两段法兰的管道模块对接(见图 7 - 41)。

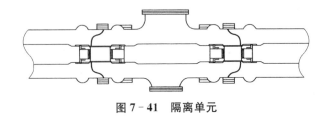

图 7 - 41 隔离单元

隔离单元的断口应满足现场耐压试验的电压要求。

隔离单元为单独小隔室,为了保证运行压力变化要求,一般需与一侧大隔室通过阀门和旁管连通。

隔离单元的外壳应保证 GIL 外壳电流的连通性,其截面应满足短时耐受电流和峰值耐受电流要求。

7.3.4 GIL 的发展

7.3.4.1 GIL 发展的 3 个时代

(1) 第一代 GIL 采用纯 SF_6 气体作为绝缘介质,充气压力为 0.3~0.4 MPa。

(2) 第二代 GIL 采用 20% SF_6/80% N_2 混合气体作为绝缘介质,充气压力为 0.7~0.8 MPa。

(3) 第三代的干燥洁净压缩空气,充气压力为 1.5 MPa。

GIL 从 1970 年起开始在全世界范围内投入使用。第一代 GIL 采用 SF_6 气体作为绝缘介质。

到了 20 世纪 90 年代,第二代 GIL 技术诞生。第二代 GIL 与第一代 GIL 相比,大大简化了绝缘概念,减少了绝缘材料的使用,使用了新的焊接工艺,同时改善了敷设技术,最重要的是采用了 SF_6/N_2 混合气体作为新的绝缘媒介。因此,第二代 GIL 的成本比第一代降低了 50% 以上。之所以能够采用 SF_6/N_2 混合气体来作为 GIL 中的绝缘气体,是因为在 GIL 的内部没有开关和电弧,没有开断和灭弧的要求,不需要 SF_6 的灭弧性能。因此通过适当增大运行气压,SF_6/N_2 混合气体就能够在一定压力下达到与纯 SF_6 气体相当的绝缘水平。

由于 SF_6 是一种很强的温室气体,所以有学者提出不使用 SF_6 气体的绿色节能环保型 GIL,并建议采用压缩空气为绝缘媒介来取代 SF_6,由此诞生了第三代 GIL 的新概念,即压缩空气绝缘输电线路(compressed air insulated transmission lines,CAIL)。但是如果要求压缩空气的绝缘强度达到与纯 SF_6 气体相当的水平,充气压力将会超过 10 个大气压(1 MPa)以上,不仅会增加制造工艺的难度,同时更不利于设备的稳定运行,对设备的防泄漏水平提出了更加严苛的要求。因此若想解决 SF_6 对于环境不友好的问题,必须找到一种合适的替代绝缘气体。而经过数十年的探索和研究,在对灭弧性能要求较低的环境中,如 GIL,可以使用 CF_3I 气体作为替代 SF_6 气体的一种可能性。

7.3.4.2 SF_6 与 N_2 混合气体的 GIL

考虑到 SF_6 气体具有很强的温室效应,国际上对 SF_6 混合气体的应用研究已开始转为降低 SF_6 气体的排放量。通过对 SF_6/N_2 混合气体击穿场强的研究发现,如果 SF_6/N_2 混合气体保持合适的配比,混合气体的耐电强度不比纯 SF_6 气体低太多,SF_6含量较低时,混合气体的液化温度降低,使高压电器也可在较高气体压力下适用于高寒地区。此外,SF_6/N_2混合气体还能降低纯SF_6气体放电电压对电场不均匀、金属颗粒及电极表面粗糙度等的敏感性,目前具有良好的应用前景。

与纯SF_6气体相比,SF_6/N_2混合气体具有以下优点:

(1) 减少SF_6气体的用量,有利于环保。SF_6气体具有很强的温室效应,而目前研究的SF_6/N_2混合气体中SF_6气体的含量较低,一般在5%~30%范围内,大大减少了SF_6气体的用量。

(2) 价格便宜,通过混合N_2,可以有效降低混合气体的成本。对于气体含量为50%的SF_6/N_2混合气体而言,与纯净的SF_6气体相比,即使提高0.1 MPa的气压,仍可降低约40%的成本。对于420 kV的GIL,若采用0.55 MPa的SF_6气体,SF_6气体用量约为13.9 t/km;若采用0.8 MPa的20%SF_6/80%N_2混合气体,SF_6气体用量约为4.0 t/km,可节约71.2%的SF_6气体。

(3) 液化温度低。由SF_6气体的特性可知,SF_6气体液化温度很高。当SF_6气体在0.7 MPa压力下,环境温度下降到-20℃时就会液化。而N_2的液化温度很低,在同样的0.7 MPa压力下,环境温度下降到-150℃才会液化。所以在加入适量的N_2之后,SF_6/N_2混合气体的液化温度与纯SF_6气体相比会降低很多,0.7 MPa的20%SF_6/80%N_2混合气体在环境温度下降为-130℃时才会液化。

根据国内外科研院所的理论研究和试验数据可知,在SF_6/N_2混合气体中,当SF_6的气体含量从0提高到20%时,混合气体的击穿电压迅速增加,而当气体含量超过20%后,击穿电压的增长变得缓慢。因此,在综合考虑各方面因素后,研究者认为用于GIL的SF_6/N_2混合气体中SF_6的气体含量宜取在10%~20%范围内。同时,由于在此范围内混合气体的击穿电压低于纯净的SF_6气体,因此在不改变GIL产品尺寸的前提下,若要达到相同的绝缘强度,将需要提高混合气体的充气压力。研究得到,对于SF_6气体含量为20%的混合气体,气体压力需要提升到纯SF_6气体的1.4倍左右;当SF_6气体含量为10%时,气体压力需提升到1.6倍左右。工程应用实例与理论计算结果基本一致,西门子公司420 kV GIL采用20%气体含量的混合气体作为绝缘介质,其充气压力约为0.7 MPa;法国EDF公司400 kV GIL采用10%气体含量的混合气体作为绝缘介质,其充气压力为0.8 MPa。

图7-42为ABB公司的一款以SF_6/N_2作为气体绝缘介质的145 kV GIL试验模型。图7-43为混合气体中SF_6含量为0%~30%时混合气体压力与击穿电压的关系,在混合气体压力一定时,随着SF_6气体含量的增加,混合气体的冲击击穿电压随之提高,但是提高的速度越来越慢。图7-44所示为混合气体

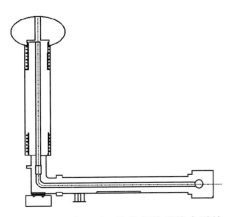

图 7-42 以 SF$_6$/N$_2$ 作为气体绝缘介质的 145 kV GIL

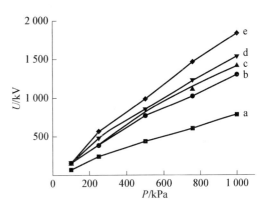

图 7-43 不同气体混合比下混合气体压力与击穿电压的关系

a—纯 N$_2$；b—SF$_6$ 含量 5%；c—SF$_6$ 含量 10%；d—SF$_6$ 含量 15%；e—SF$_6$ 含量 30%

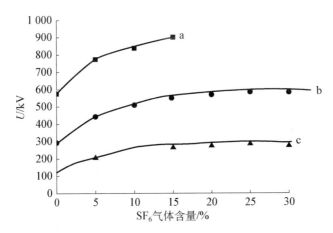

图 7-44 不同气体压力下 SF$_6$ 气体含量与击穿电压的关系

a—0.5 MPa；b—0.25 MPa；c—0.1 MPa

压力为 0.1 MPa、0.25 MPa 和 0.5 MPa 时 SF$_6$ 气体含量与击穿电压的关系，在 SF$_6$ 气体含量一定时，随着气体总压力的增加，击穿电压也随之提高。试验结果与理论分析结果保持一致。

此外，由于 GIL 中不含有开断和灭弧功能，因此对于气体绝缘介质而言，其灭弧能力并不用作为一个非常高的要求。这也是在 GIL 中能够采用该混合气体的一个重要原因。在能够保证 GIL 绝缘性能与短路能力的前提下，通过使用 SF$_6$/N$_2$ 混合气体，可以大大降低 GIL 中 SF$_6$ 气体的含量，同时保障电力设备的安全可靠运行。

7.3.4.3 环保型绝缘气体 CF₃I 的 GIL 研究

虽然国内现在提出了采用压缩空气作为第三代 GIL 的绝缘介质,但是气压偏高,尺寸偏大,必然导致增加金属材料的成本和制造工艺要求,泄漏率的增加以及运行维护工作量的增加等。

绝缘性能优于 SF₆ 或者与 SF₆ 相当的绝缘气体都存在 GWP 较高或者液化温度过高的缺点。综合各方面因素考虑,八氟环丁烷(c‐C₄F₈)、全氟丙烷(C₃F₈)和六氟乙烷(C₂F₆)被科研人员重点关注并开展了广泛的研究。c‐C₄F₈ 已经被多方建议为 SF₆ 的潜在替代气体,我们也对其进行了长期的研究和分析。尽管相对于 SF₆ 气体,c‐C₄F₈ 已经很大程度地降低了 GWP,但是 c‐C₄F₈ 属于全氟化碳(PFCs),仍是《京都议定书》中规定的全球限制使用的温室气体。并且c‐C₄F₈ 液化温度较高(−6℃或−8℃),在实际应用当中存在很大的局限性。随着各国政府对温室效应问题的日益关注以及研究工作的不断深入,一种新型的环保气体——三氟碘甲烷逐渐进入科研人员的视野。

理论仿真结果和实验数据都表明,CF₃I 绝缘强度大约为 SF₆ 的 1.23 倍以上,综合考虑环境因素,CF₃I 极有可能在未来作为 SF₆ 替代气体投入实际应用。因此,我们提出采用 CF₃I 及其混合气体等环保型气体作为第三代 GIL 的绝缘介质,分析其性能可以满足实际电力设备运行的要求。

1) CF₃I 液化温度

由图 7‐45 考虑到液化温度的原因,纯 CF₃I(0.1 MPa,−22.5℃)不具备

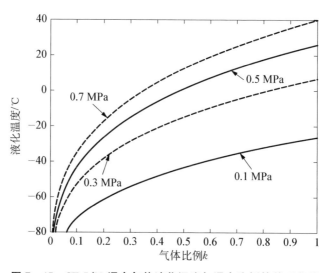

图 7‐45　CF₃I/N₂混合气体液化温度与混合比例的关系曲线

实用价值,只能考虑其混合气体。根据二者的饱和蒸气压曲线,可以获得其与 N_2 等理想气体混合之后的液化温度曲线。

从液化温度的分析结果(见表 7 - 13)来看,只有左侧区域部分的混合配比才有可能真正应用于工程实践中(液化温度低于 $-20℃$)。中部区域可作为试验探索,有用于放置于室内的气体绝缘型装置的可能性(液化温度低于 $-5℃$)。右侧部分完全没有实用价值。

表 7 - 13　CF_3I/N_2 混合气体液化温度分析结果

	0.1 MPa	0.2 MPa	0.3 MPa	0.4 MPa	0.5 MPa	0.6 MPa	0.7 MPa
纯 CF_3I	$-23℃$	-7	6	17	26	33	40
10% N_2/90% CF_3I	-29	-10	3	13	21	29	35
20% N_2/80% CF_3I	-32	-14	-1	9	17	24	30
30% N_2/70% CF_3I	-36	-18	-5	4	12	19	25
40% N_2/60% CF_3I	-39	-22	-10	-1	6	13	19
50% N_2/50% CF_3I	-43	-27	-16	-7	0	6	12
60% N_2/40% CF_3I	-48	-32	-22	-14	-7	-1	4
70% N_2/30% CF_3I	-54	-39	-29	-22	-16	-10	-5
80% N_2/20% CF_3I	-61	-48	-39	-32	-27	-22	-18
90% N_2/10% CF_3I	-73	-61	-54	-48	-43	-39	-36

按照目前已知的理论或试验数据来分析,将左侧部分的混合气体折算成相对绝缘强度(设为 0.7 MPa,20% SF_6/80% N_2 绝缘强度为 1),则各混合气体的相对绝缘强度如表 7 - 14 所示。

表 7 - 14　CF_3I/N_2 混合气体的相对绝缘强度

	0.1 MPa	0.2 MPa	0.3 MPa	0.4 MPa	0.5 MPa	0.6 MPa	0.7 MPa
纯 CF_3I	$(E/N)_{lim}=$ 437, 0.26						
10% N_2/90% CF_3I	405, 0.24						
20% N_2/80% CF_3I	380, 0.22						
30% N_2/70% CF_3I	369, 0.21						

（续表）

	0.1 MPa	0.2 MPa	0.3 MPa	0.4 MPa	0.5 MPa	0.6 MPa	0.7 MPa
40% N_2/60% CF_3I		332, 0.39					
50% N_2/50% CF_3I		307, 0.36					
60% N_2/40% CF_3I			282, 0.5				
70% N_2/30% CF_3I				259, 0.61			
80% N_2/20% CF_3I						232, 0.82	
90% N_2/10% CF_3I							204, 0.843

若以 0.4 MPa 下纯 SF_6 作为参考，则相对绝缘强度关系如表 7-15 所示。

表 7-15　CF_3I/N_2 混合气体的相对绝缘强度

	0.1 MPa	0.2 MPa	0.3 MPa	0.4 MPa	0.5 MPa	0.6 MPa	0.7 MPa
纯 CF_3I	$(E/N)_{lim}=$ 437, 0.3						
10% N_2/90% CF_3I	405, 0.28						
20% N_2/80% CF_3I	380, 0.26						
30% N_2/70% CF_3I	369, 0.25						
40% N_2/60% CF_3I		332, 0.45					
50% N_2/50% CF_3I		307, 0.39					
60% N_2/40% CF_3I		282, 0.59					
70% N_2/30% CF_3I		259, 0.72					
80% N_2/20% CF_3I		232, 0.96					
90% N_2/10% CF_3I		204, 0.99					

从表 7-15 的结果来看，只有 20% CF_3I/80% N_2 或 10% CF_3I/90% N_2 混合气体可以用于 GIL 中，30% CF_3I 含量的混合气体也可研究使用。

2) CF_3I 气体的绝缘性能分析

我们根据有效电离系数 $(\alpha-y)/N$ 随 E/N 的变化曲线，可以推导出 CF_3I 混合气体在不同混合比例 k 时的临界场强 $(E/N)_{lim}$。从图 7-46 中看到，CF_3I/N_2 混合气体的 $(E/N)_{lim}$ 整体高于 CF_3I/CO_2，尤其是在 CF_3I 气体所占比例较低（<10%）时表现得尤为明显。除了 CF_3I/N_2 外，CF_3I/CO_2 混合气体中的

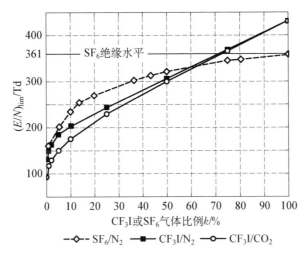

图 7-46 **CF₃I 混合气体临界场强 $(E/N)_{lim}$ 随气体比例的变化情况**

$(E/N)_{lim}$ 也要高于 CF₃I 与惰性气体(Ar、He 和 Xe)的混合组合。然而,随着混合气体中 CF₃I 比例的不断增加,CF₃I 对电离的影响逐渐占据了主导地位,从而导致不同 CF₃I 混合气体中 $(E/N)_{lim}$ 之间的差异逐渐缩小。当 $k>75\%$ 时,CF₃I 与 N₂、CO₂ 混合气体的 $(E/N)_{lim}$ 曲线基本重叠在了一起。

图 7-47 表现了 CF₃I/CO₂ 混合气体中极间距为 20 mm 时工频击穿电压随

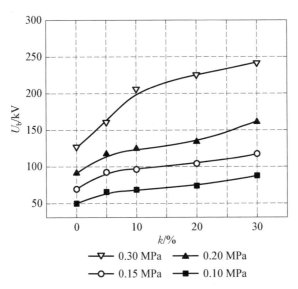

图 7-47 **稍不均匀电场中 CF₃I/CO₂ 混合气体的工频击穿电压随 CF₃I 比例 k 的变化**

混合比例的变化情况。在 0.1~0.2 MPa 气压下,击穿电压随混合比例的变化趋势都较为一致。可以看到,在 5%~30%范围内,二者近似于呈线性增长关系。但在 0.3 MPa 时,击穿电压随混合比例提升的速度要远远高于其他气压。当 $p=0.15$ MPa 时,CF_3I 所占比例从 5%提高到 30%,击穿电压增加了 23 kV。而当 $p=0.3$ MPa 时,击穿电压则增加了 80 kV,其提升的幅度远远高于前者,尤其以 5%~10%比例区间增加得最快。各个气压下,30%比例的 CF_3I/CO_2 混合气体都能达到同等条件下纯 CO_2 气体 1.8 倍左右的击穿水平。

3) CF_3I 及其混合物用于 GIL 的可行性分析

现在国内一些研究者提出采用 N_2 增加气压或者压缩空气的手段来增加 GIL 绝缘强度,虽然实现了无 SF_6 化,对环境不会产生影响,但是压强增大之后对设备的强度、防泄漏水平以及焊接工艺等都提出了苛刻的要求。如果采用新型的绝缘气体,如 CF_3I 作为 SF_6 的替代物用于 GIL 中,则既能满足环保的要求,又能保证和 SF_6 相当的绝缘强度,还不会对制造工艺提出过高的要求。

从图 7-45 可以看出,在 0.05 MPa 的压强条件下,70%比例的 CF_3I/N_2 混合气体的液化温度达到 -50℃,完全满足全国所有地区的使用要求,即使极端温度最低的乌鲁木齐,也能满足使用要求并能留有 20%的裕度。若混合气体比例为 30%,根据文献中的临界场强数据,$(E=N)_{lim}=245$ Td,对应图 7-45 中的曲线可以看出,液化温度也完全满足实际使用的要求。

综合以上分析,同等气压条件下,CF_3I 既能保证不液化,又能达到比 SF_6 更高的绝缘强度。相比于压缩空气或压缩 N_2 绝缘的 GIL,CF_3I 所需压强更低,能降低工艺门槛,便于生产制造。因此,CF_3I 与 N_2 混合气体可以作为超、特高压 GIL 中 SF_6 的替代气体,在绝缘强度、液化温度和成本造价上都有较大的优势,可以对 CF_3I 含量为 10%~30%比例左右的混合气体进行实验和可行性应用研究。

7.4　SF_6 气体绝缘变压器(GIT)

用 SF_6 气体或其他气体作为绝缘介质的变压器具有不燃、不爆的优点,因此特别适合于地下变电站以及人口密集、场地狭窄的市区变电站使用。

7.4.1　GIT 的发展概况

随着我国经济的发展和人民物质文化生活水平的不断提高,社会对电力需求逐年增长使得大城市供电负荷猛增,变电站的分布也越来越密集,并逐渐深入到大城市中心的商业办公、金融、住宅等繁华区域。大城市中心人口也越加密集,高层建筑、地下通道各类建筑越来越多。为了保证城市建设和居民的安全,对供电的安全性、可靠性、设备的环境兼容性、安全和运输都提出了更高的要求。传统的油浸式变压器运行中会产生较大噪声、环保性差、安装时还需相应的地下储油设施和消防设施,油浸式变压器采用变压器油作为绝缘介质且用油量大,一旦着火后果不堪设想,严重威胁着人们的生命财产安全。因此在人口密集的城市中心使用油浸式变压器存在诸多安全隐患,应该使用具有不燃性的变压器等电力设备。

现有的具有不燃性的变压器按绝缘介质不同可分为硅油变压器、环氧树脂浇注变压器、SF_6气体绝缘变压器和复敏绝缘液介质变压器。

硅油变压器使用的绝缘介质硅油的热稳定性高于变压器油,其闪点和燃点均大约是变压器油的两倍,难以起火。硅油被认为是工业化学物品中毒性最低的一种,其燃烧时产生的烟毒性也是相当低的。而且试验结果表明,硅油不会在周围环境中持续存在,对硅油做各种危害性试验,证明硅油几乎无毒,对皮肤也无任何刺激作用。硅油的电气性能是比较理想的。其击穿电压和介电常数均高于变压器油,体积电阻系数也比它高得多,而介质损耗却低得多。因此,在油浸式绝缘结构中,在冲击电压条件下,硅油可提供与变压器油相当甚至稍高的绝缘强度,另外,当它用于油绝缘结构时,电压分布的效果也比较好。但是,硅油对局部放电或击穿的分解物敏感,耐电和火花的稳定性较差,而且在击穿电压的重复作用下,绝缘强度会有所降低,但降低的幅度并不大。因此,硅油一般最高只能用于 35 kV 级的变压器。硅油变压器虽有难以起火等优点,但不适用于过于潮湿的环境。由于国内硅油售价过高,目前还不能解决大量使用硅油的货源,从而限制了这种产品的大批量生产和发展。

复敏绝缘液是四种卤素碳化合物的混合体,即四氯乙烯、三氟乙烷、二氟乙烷、二氟己烷的混合体。这四种化合物中都不含氢原子。无论变压器和开关设备处于何种操作情况,这种绝缘液都不会燃烧,不会产生爆炸气体以及不会产生超过容许范围的毒性。它的比热容小,膨胀系数大因而具有特别优异的传热性能。使用该液体的变压器尺寸紧凑,密封性好,维护方便,过载后可避免绝缘老化,热传导性能好。但复敏绝缘液货源有限,价格较高。

环氧树脂干式变压器以环氧树脂为绝缘材料,高、低压绕组采用铜带(箔)绕成,在真空中浇注环氧树脂并固化,构成高强度玻璃钢体结构。绝缘等级有 F、H 级。环氧树脂干式变压器有电气性能好、耐雷电冲击能力强、抗短路能力强、体积小重量轻等特点。可安装温度显示控制器,对变压器绕组的运行温度进行显示和控制,保证变压器正常使用寿命。但它也存在着防尘较差等缺点,即使加装保护外壳,也无法达到全密封型的完好水平。另外,一般环氧树脂干式变压器的额定电压为 10 kV 和 35 kV,最大容量为 16 000 kVA,若向更高电压等级、更大容量发展还有很大的困难。

气体绝缘变压器使用不燃的,防灾性与安全性都很好的 SF_6 气体作为绝缘介质,迄今它已被公认为是唯一的一种电压可达 275～500 kV,容量可达 300 MV 的防灾性能优越且技术成熟的电力变压器。GIT 采用全密封结构,箱内充有压力为 0.1～0.6 MPa 的 SF_6 气体。器身置于箱中,与外界环境隔离,并有两层噪声防护。出厂时,一般保证年漏气率在 1% 以下。即使运行中出现意外的漏气情况,保护设备如压力表及密度继电器等能发出信号,在带电状态仍可补充 SF_6 气体,不会影响变压器的正常工作。GIT 具有不燃、不爆、不受潮、噪声低、占地小、安装高度低、不需油坑及净油设备、日常维护量少等优点,而且特别适宜向高压大容量发展,传统油浸式变压器与 GIT 体积对比图如图 7-48 所示。传统油浸式变压器与其他绝缘介质变压器的性能参数如表 7-16 所示。

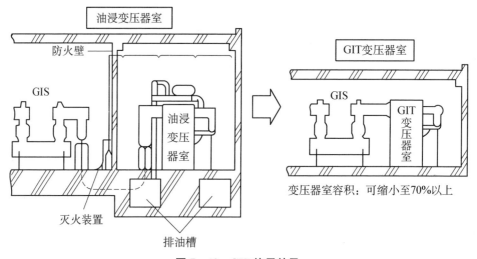

图 7-48 GIT 使用效果

表 7-16 不同绝缘介质变压器使用性能比较

介质性质	气体绝缘	环氧浇注绝缘	硅油浸绝缘	变压器油浸绝缘
绝缘等级	E	F	H	A
绕组温升/K	75	95	120	65
冷却介质	SF_6气体	空气	硅油	变压器油

（续表）

介质性质	气体绝缘	环氧浇注绝缘	硅油浸绝缘	变压器油浸绝缘
绝缘材料	聚酯薄膜	环氧树脂	绝缘纸	绝缘纸
电压范围/kV	≤500	≤35	≤35	≤500
容量范围/kVA	≤400	≤16	≤10	≤1 000
使用地点	户内、户外	户内	户内、户外	户内、户外
防潮性	极好	一般	一般	一般
防尘性	极好	不佳	一般	一般
密封性	全密封	敞开	半密封	半密封
防燃性	不燃	难燃	难燃	可燃
耐老化程度	绝缘不易老化	绝缘较易老化	绝缘不易老化	绝缘不易老化
常规维修工作量	基本不维修	每年一次	2～3 年一次	5 年一次
噪声/dB(A)	<65	75	65	65
受环境污染水平	小	大	较小	较小

7.4.2　国内外研究现状

1956 年，美国 GE 公司生产了第一台 2 000 kVA/69 kV GIT，西屋公司也有同类气体变压器产品问世。1967 年，日本东芝公司首先制造出 3 000 kVA/63.5 kV GIT。80 年代 GIT 在日本得到了大力推广，到 1992 年日本国内已经累计生产 GIT 1 057 台。早期生产的 GIT，容量一般在 60 MVA 以下，由于发热量小，大都采用 SF_6 气体循环冷却，即气冷式；容量 70 MVA 及以上的则采用液冷式，利用常温下液态的全氟正丁醚（$C_8F_{16}O$）作冷却介质，在变压器运行温度下通过蒸发潜热来冷却。曾有人比较，蒸发冷却 GIT 的总重量要比同容量油浸式变压器轻 30% 左右，其中 $C_8F_{16}O$ 液体重量仅为变压器油的 3%，但目前成本稍高。1990 年，日本三菱公司推出世界第一台液冷式的 300 MVA/275 kV GIT，于次年在关西枚方变电站试运行，至今正常。而东芝公司则为谋求简化结构、降低造价，致力于 SF_6 气冷式的进一步研究。经过大量的基础研究和同等规模的实用化实验之后，突破了冷却技术难题，终于在 1994 年开发研制成 300 MVA、275/66 kV GIT，随后安装在东京的东新宿变电站，至今运行正常。此外，还有一台同电压等级、同容量的 GIT 安装于东京葛南变电站，比常规变电站节省 50% 空间，顺利地正式投入商业运行。三菱公司又在 1995 年试制成 300/3

MVA、500/75 kV 单相 GIT,在 1996 年进行了长达一年的长期通电试验。有关 GIT 的发展简况如表 7 - 17 所示。

表 7 - 17　GIT 发展简况

国别	年份	容量/MVA	相数	电压/kV	冷却和绝缘介质
美国	1956	2	3	69	SF_6
	1964	40	3	69	SF_6
	1978	2.5	3	15	$C_2C_{12}F_3$
	1980	50	3	138	$C_8F_{16}O$ 及其他
	1983	400/3	1	345	$C_2C_{12}F_3+SF_6$
日本	1967	3	3	63.5	SF_6
	1969	5	3	—	SF_6
	1973	3	3	66	SF_6
	1979	10	3	66	SF_6
	1981	20/3	1	147	SF_6
	1982	4	3	77	$C_8F_{16}O+SF_6$
	1982	20	3	66	SF_6
	1984	300/3	1	275	$C_8F_{16}O+SF_6$
	1985	30	3	77	SF_6
	1989	200	3	154	$C_8F_{16}O+SF_6$
	1990	100	3	275	$C_8F_{16}O+SF_6$
	1991	300	3	275	$C_8F_{16}O+SF_6$
	1993	30	3	275	SF_6
	1994	250	3	275	$C_8F_{16}O+SF_6$
	1994	300	3	275	SF_6
	1995	300/3	1	500	$C_8F_{16}O+SF_6$
中国	1986	0.5	3	10	SF_6

我国从 1984 年开始对 GIT 进行开发研制工作。北京变压器二厂生产的 500 kVA/10 kV GIT,于 1998 年通过了产品鉴定,并已形成 1 600 kVA 以下的系列产品。在进口方面,80～90 年代中期,我国上海、北京、广州的有关企业曾先后从日本引进过少数几台 10～35 kV 级的 GIT,但由于价格太贵,难以继续引

进,1995 年,深圳供电局引进三菱公司的 3 台 50 MVA/110 kV 的 GIT,这几台 GIT 的引进价格也很昂贵,一般供电部门难以接受。1997—1998 年,由于北京城网改造飞速发展,一部分重要城区的变电所建设急需引进 110 kV 级 GIT,在这 2 年间先后从东芝公司引进 10 多台 110 kV,50~63 MVA 的 GIT。

我国内地随着经济及城市化的高速发展,已陆续开发出系列 10/0.4 kV 自冷式 SF$_6$气体绝缘配电变压器、110/10 kV 强气循环风冷式 SF$_6$气体绝缘变压器,整体技术性能也达到国际同类产品先进水平。气体绝缘变压器生产厂家主要包括保定保菱变压器有限公司、常州东芝变压器公司、重庆三江变压器有限公司,其中保定保菱变压器有限公司于 2008 年通过了 110 kV 气体绝缘变压器系列产品的技术鉴定。目前我国内地约有近百台气体绝缘变压器挂网运行,主要集中在北京、上海、深圳、重庆等城市。

7.4.3 GIT 结构与绝缘技术

1) 绕组

线圈是变压器的基本部件。对油纸绝缘变压器,线圈是由铜、铝的圆、扁导线绕制而成。但气体绝缘变压器是用铜(铝)箔绕制。线圈绝缘用浸 SF$_6$的塑料膜,如聚酯薄膜。聚酯薄膜在 SF$_6$中的局部放电场强与气体压力的函数关系的试验值如图 7 - 49 所示。但箔的端部的情况比较复杂。因箔式线圈是一种紧密绕制的实体,所以提高了空间的利用率,且使线圈具有辐向的预应力,因而使线圈的辐向稳定性良好。因箔式线圈的区间工作电压仅为一匝电压,因此简化了绝缘结构,从而大大缩小了结构尺寸。这样不仅可以减少有效材料的消耗,同时又可以减轻变压器的运输重量。由

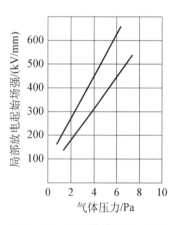

图 7 - 49　聚酯薄膜在 SF$_6$气体中局部放电起始场强的试验值

于线圈的涡流损耗与导线厚度成正比,所以线圈的附加损耗小。这种线圈由于电磁平衡而不产生轴向力,从而简化支撑结构。

西欧七个变压器制造厂所制造的 200 kVA 及以上配电变压器都采用铝(铜)箔绕制低压线圈。高压线圈仍然采用扁铜线绕制。综上所述箔式线圈的优点有:①提高了空间利用率;②冲击电压分布均匀;③横漏磁显著降低,因而轴向应力下降;④线圈具有辐向预应力,因而线圈的辐向稳定性良好;⑤绝缘结构简单,结构尺寸大大缩小;⑥导线是箔片,所以集肤效应引起的附加损耗小。这

种箔式线圈便于自动化机械加工。

2）铁心和外壳

铁心是电力变压器的基本部件，由铁心叠片、绝缘件和铁心结构件组成。铁心本体是由磁导率很高的磁性钢带组成，为使不同绕组能感应出和匝数成正比的电压，需要两个绕组链合的磁通量相等，这就需要绕组内有磁导率很高的材料制造的铁心，尽量使全部磁通在铁心内核两个绕组链合，并且使只和一个绕组链合的磁通尽量少。

为减少励磁电流，铁心做成一个封闭的磁路，铁心又是安装线圈的骨架，对于变压器的电磁性能、机械强度和变压器噪声是极为重要的部件。

铁心叠片由电工磁性钢带叠积或卷绕而成，铁心结构件主要由夹件、垫脚、撑板、拉带、拉螺杆和压钉等组成。结构件保证叠片的充分夹紧，形成完整而牢固的铁心结构。叠片和夹件、垫脚、撑板、拉带和拉板之间均有绝缘件。铁心叠片引出接地引线接到夹件或通过油箱到外部可靠接地，铁心不允许存在多点接地情况。

为了降低变压器的空载损耗和空载电流，铁心除采用具有高导磁晶粒取向冷轧电工磁性钢带制造外，在结构上也相应地采取一系列措施，采用斜接缝无孔绑扎铁心，以适应冷轧取向磁性钢片的方向性和采用磁路对称的铁心结构等。

铁心被绕组遮盖住的部分称为铁心柱，其他未被绕组围住构成磁通闭合路径的部分称为铁轭。由铁心柱和铁轭确定的空间是铁心窗口，铁心窗口的大小与绕组的数量和截面积有关。

变压器铁心一般分为两大类，即壳式铁心和心式铁心，而每类铁心中又分为叠铁心和卷铁心两种。其中由片状电工钢带逐片叠积而成的称为叠铁心；卷铁心是用带状材料在卷绕机上的适当形状模具连续绕制而成。另外，还有双框铁心，即大小框结构，但现在由于均采用优质冷轧电工磁性钢带，钢带的宽度已经能满足铁心柱的铁轭宽度的要求，故很少采用双框（大小框）铁心。此外，还有新型的双框和多框结构，如单相双框及三相四框结构等。

若按变压器的相数分，单相变压器的铁心统称为单相铁心，三相变压器的铁心统称为三相铁心；还可以按变压器铁心的柱数、框数等进行分类。

变压器铁心材料主要是铁心本体的磁性材料。由于铁磁材料有高的磁导率，变压器发展的初期，使用普通铁片作为铁心材料，以后开发出热轧磁性钢片用于变压器铁心制造。20 世纪 70 年代以后，开发出高导磁的磁性钢片（Hi-B），其单位损耗和励磁安匝均比普通晶粒取向磁性钢片要小。20 世纪 80 年代，又开发出磁畴细化（通过激光照射或机械压痕方法）的更低损耗的磁性钢片。

1960 年美国研发出非晶合金材料,1974 年研制出铁基非晶合金,非晶合金的铁心损耗要比取向磁性钢片小,磁导率也更高。使用非晶合金制造的变压器已在电力网中试运行有约 20 年的经验,此期间在世界范围内非晶合金在配电变压器中已广泛应用。非晶合金适合于制造空载损耗更低的变压器,其节能效果显著。但是由于其饱和磁通密度低、厚度薄、加工困难、材料价格比较高,尽管在变压器制造中有很好的表现,目前在大容量变压器制造中仍未使用。

因为变压器外壳必须具有足够的机械强度以承担内部的气体压力,所以气体绝缘变压器的外壳一般都做成圆筒形状,而它的端头则为拱顶形状。因此,与此相协调的变压器铁心结构就不可能用平面式的三相铁心结构。须在工业实用上想办法,他们采用一种"十字形"的五柱式铁心结构(见图7-50)。这种铁心实际上是四个两柱式铁心的装配,由于铁心心柱近似于是辐向布置,所以该结构可以降低漏磁通产生的涡流,同时这种铁心的铁轭对线圈端面的覆盖面积增大,而且对称布置的四个端柱,改善了对外壳的屏蔽。该铁心结构可使变压器容量提高约 25%。

图 7-50 "十字形"五柱式铁心结构

3) 绝缘技术

根据工作电压和容量的不同,GIT 选用各种饼式绕组和箔式绕组。高压绕组与低压绕组之间、绕组对地之间的主绝缘的绝缘强度主要取决于 SF_6 气体的绝缘强度。因为 SF_6 气体中的放电或击穿就是主绝缘的击穿,因此在设计中一定要严格控制气体中的电场强度。变压器箱内 SF_6 气体压力愈高,热容量愈大。如以 0.125 MPa 的 SF_6 气体热容量为 1 的话,那么 0.4 MPa 的 SF_6 气体热容量为 2.4。在绝缘强度方面,也是气体压力愈高,绝缘强度愈大。因此,在 275 kV 电压等级时,采用 0.4 MPa 的气体,而在 500 kV 电压等级时,采用 0.6 MPa 的 SF_6 气体。GIT 箱体与油浸变压器不同之处在于要求箱体除在全真空时不因屈曲失稳而失效外,还要求承受内压时有足够的强度和刚度。为此,日立公司采取在 GIT 箱壁周边加箍的办法,以加强箱体的机械强度。GIT 对密封性能的要求很高,因为密封不好会造成箱体内的 SF_6 气体泄漏和外界水分向箱体内渗透,从而危及变压器的安全运行。一般要求气体年泄漏率小于千分之一。为保证箱体的密封应尽可能减少密封面和焊缝,提高焊缝的质量,必要时可采用双密封结构和密封剂。GIT 采用各种耐热性能和绝缘性能好的固体绝缘材料。如匝间绝缘一般采用对苯二甲酸乙二醇聚酯 PET,PET 与其他绝缘材料性能的比较如表 7 - 18所示。

表 7 - 18　固体绝缘物质的特性比较

特性 ＼ 种类		牛皮纸	聚酰胺纸 NOMEX	PET
密度/(g/cm³)		0.6～0.85	0.99	1.4
抗张强度 /(kg·mm²)	竖	4.5 以上	12	25
	横	1.5 以上	7.7	
延伸率/%	竖	2.0 以上	23	130
	横	3.0 以上	21	
绝缘破坏强度/(kV/mm)		5.5 以上	29	160
加热劣化率/% 140℃ 24 h		5.0 以下	300℃ 0.6%	150℃ 2 h 1.3%
介质常数	干式	1.5～2.0	2.6	3.3
	油浸式	3.2～3.7	—	—
熔点/℃		—	—	263
绝缘等级		A(95℃)	H(180℃)	E(120℃)

最近几年使用价格较低的 PEN 类聚酯薄膜;撑条采用聚酯玻璃纤维;垫块采用聚酯树脂。聚酯薄膜和 SF_6 气体一起组成组合绝缘结构,其长期耐电强度主要取决于气膜结构的局部放电特征。采用箔式绕组的 GIT,高低压绕组之间的主绝缘采用两层厚度为 $25~\mu m$ 的薄膜卷制而成的固体绝缘,匝绝缘采用聚酯薄膜。这种结构充分利用了箔式绕组空间系数高和聚酯薄膜厚度薄、绝缘强度高的特点,从而可显著减轻重量和减小尺寸。变压器绝缘由匝间绝缘、绕组端部绝缘、主绝缘和外绝缘四部分组成。与 SF_6 全封闭组合电器(GIS)相比,变压器中的电场分布很不均匀,而且是三维场,因此要通过电场分析计算来解决变压器的内部绝缘问题。由于 SF_6 气体的绝缘性能对电场的均匀性依赖程度较大,为防止局部放电,改善电场分布,除在绕组端部设置良好的静电屏蔽外,也应尽量除掉铁心各结构件表面的尖角毛刺,必要时应在螺钉、棱角处加上屏蔽罩。

4) 相关组件

有载分接开关一定要采用 SF_6 气体绝缘的真空有载分接开关,它采用真空开关来切断有载开关切换机构的电流,并采用滚柱式触头系统和无润滑轴承,目的是为防止由于电弧引起的 SF_6 分解气体对变压器本体的影响。真空有载分接开关本身的寿命可切换 100 万次以上,但规定切换 5 万次作一次检修,切换 20 万次便更换,因此安全系数高,可延长 GIT 的整体寿命。GIT 对冷却器的要求也比油浸变压器高,除了要求散热面积足够大以外,还要求气体通道的横截面积尽可能大,气体阻力系数尽可能小,能承受 0.6 MPa 的压力和 0.1 MPa 的真空强度。最近有的厂将气体冷却 GIT 周围的冷却器改为鳍片冷却管式,并提高压力容器的性能,减少冷却器台数,使构造更简单,造价再降低。GIT 的保护系统加强了对 SF_6 气体过压和失压的保护,安装有温度补偿密度继电器、压力释放阀,或者带报警触点压力表等保护装置。为保护变压器免遭雷电冲击波的入侵,还可在箱体内安装避雷器来提高绕组抗雷电过电压的能力。

7.4.4 GIT 冷却方式

已有的研究成果表明,散热问题是阻碍 GIT 向大容量发展的关键所在。SF_6 气体作为冷却介质时,因其密度仅为变压器油的 $\frac{1}{160}$ 左右(气体绝对压力为 0.22 MPa 时),对流换热系数比变压器油小一个数量级,这不仅导致 GIT 散热困难,而且造成绕组温升的纵向不均匀分布。根据冷却介质的不同,GIT 主要可分为气体绝缘、气体冷却和气体绝缘、液体冷却两大类型。

1) 气体绝缘、气体冷却型

对于容量小于 60 MVA 的 GIT,由于其热损耗较小,通常采用 SF_6 气体循环冷却的散热方式。这种类型的 GIT 与传统的油浸变压器在结构上有不少类似之处,在总体结构设计中可作借鉴。但具体的绝缘结构和冷却系统设计,还需要结合 SF_6 气体的特点,在实验研究和理论分析的基础上进行。

与油浸变压器类似,采用 SF_6 气体循环冷却的散热方式时,要根据变压器容量大小不同,分别采用内部 SF_6 气体自然循环,散热器外部的空气自然冷(GNAN),如图 7-51 所示。变压器箱体内部 SF_6 气体强迫循环,散热器外部的空气自然冷却(GFAN)如图 7-52 所示,外加风扇的强迫空气冷却(GFAF)如图 7-53 所示。

以上三种不同的冷却系统,其冷却系统与单台最高容量配合情况如表 7-19 所示(以日本三菱公司提供的最高电压为 132 kV 的 AS 型 GIT 为例)。

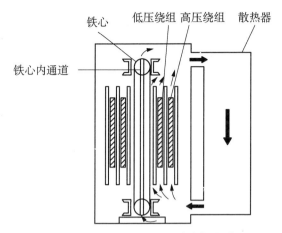

图 7 - 51　GNAN 型 GIT 的冷却构造

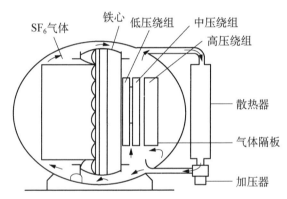

图 7 - 52　GFAN 型 GIT 的冷却构造

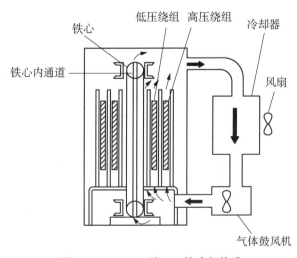

图 7 - 53　GFAF 型 GIT 的冷却构造

表 7‑19　冷却系统与单台最高容量配合情况

冷却方式	冷却系统	最大容量/MVA
GNAN	箱体周围装有散热器,箱内 SF_6 气体自然循环,箱体及散热器外靠自然冷却	5
GFAN	箱体周围装有散热器,箱内用风机强迫 SF_6 气体循环,箱体及散热器外靠空气自然冷却	20
GFAF	箱体周围装有风冷却器,箱内用风机强迫 SF_6 气体循环,箱体及冷却器靠风机冷却	40

2) 气体绝缘、液体冷却分离型

当 GIT 容量超过 60 MVA 时,大多采用液体($C_8F_{16}O$ 或 C_8F_{18})冷却和 SF_6 气体绝缘分离式结构,最大容量已达到 300 MVA、275 kV,并已制成 300 MVA、500 kV 单相 GIT。这类产品的结构与油浸变压器有极大差异,通常为分层冷却、箔式绕组的 GIT,简称为 S/S 型 GIT,其优缺点如表 7‑20 所示。

表 7‑20　S/S 型 GIT 的优缺点

项目	优点	缺点
分层冷却	铁心与绕组冷却可靠,冷却液的流量容易控制,与油浸变压器相比,冷却空间只是其 1/5~1/4	需要很多冷却隔板,它的制造工艺要求较高
箔式绕组	匝间电容大,雷电冲击电压下,匝间电压分布均匀。绕组空间利用好(是一般绕组的 1.7 倍)。采用铝箔后,绕组质量轻	绕组端部涡流损耗大,要通过改变绕组布置和增加磁屏蔽来解决。铝箔电导率低,绕组体积大,但由于空间利用好,可得到部分补偿
SF_6气体绝缘	不可燃,质量小,噪声低	箱体承受高压力(0.4~0.6 MPa 表压)

GIT 与油浸变压器的主要不同之处在于冷却介质和冷却处理的差异。几种冷却介质的物理特性比较(20℃大气压时)如表 7‑21 所示。

表 7-21　三种冷却介质的物理特性比较

物理特性	$C_8F_{16}O$	SF_6气体	变压器油
分子量	420	146.06	
密度/(kg·m⁻³)	1 760	6.1	866
黏度/(mPa·s)	1.44	0.015 3	31.6
比热/(J·kg⁻¹·K⁻¹)	1 004.8	644.8	1 892.4
溶点/℃	—	−50.8	<−45
流动性/℃	−88	—	—
沸点	102	−63.8	—
比介质常数	1.87	1.0	2.3
绝缘耐/(kV·mm⁻¹)	30~35	8.9	31~37

从表 7-21 可以明显看出 $C_8F_{16}O$ 特性较好,例如黏度小,比热比 SF_6 大。最主要的是其沸点接近变压器器身的运行温度,汽化热高。室温下一般为液态,但当温度升高到变压器器身的运行温度时,液态的 $C_8F_{16}O$ 便气化。在气化过程中,它可以从器身吸收大量汽化热,冷却效果非常好。这种变压器可分为隔离式(见图 7-54)和喷射式(见图 7-55)。

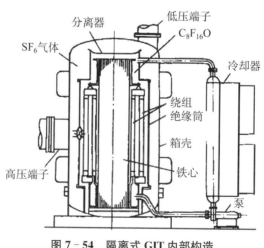

图 7-54　隔离式 GIT 内部构造

隔离式 GIT 绝缘介质仍采用 SF_6 气体,而冷却主要靠 $C_8F_{16}O$ 液-气两相介质。为加强冷却效果,在其器身内部设置冷却通道,高低压绕组采用分层冷却。

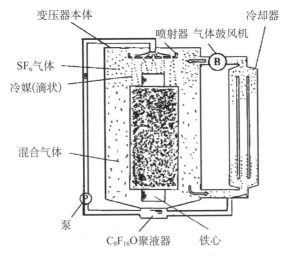

图 7 - 55　喷射式 GIT 内部构造

径向每隔 40～50 mm 有一块冷却板直接绕在饼式绕组间,使冷却液的流动呈曲折形,直接流经每匝绕组,迫使绕组负载损耗热量随冷却液的气化带出,经上部的汇流管流向变压器外面的散热器,冷却后又变成液体,经液压泵再传送到冷却板处,形成往复循环。在箔式绕组中,则在匝间留有纵向绝缘间隔物形成的冷却槽(见图 7 - 56)。

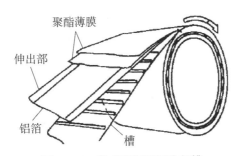

图 7 - 56　箔式绕组匝间冷却槽

　　喷射式 GIT 的冷却系统比较复杂,一般由循环泵、储液器、喷射装置、风机、冷却液管路和冷却器等部件组成。循环泵将变压器底部储液器中的两相冷却液抽到器身上方的喷射装置中。该装置将冷却液体经多条通道喷射到器身上。散布在器身上的冷却液吸收器身热量后迅速气化。此蒸气与充在箱体内的 SF$_6$ 气体一起形成混合气体,由风机强制地送入冷却器和外界进行热交换。冷却液的冷却蒸气在冷却器中凝聚液化,并流回储液器。

7.4.5 新型环保型绝缘气体的 GIT 的研究

近些年来,国内外学者对 c - C_4F_8 与 CF_3I 的绝缘特性进行了系统的研究,理论仿真结果和试验数据都表明这两种气体都极有可能在未来作为 SF_6 替代气体投入实际应用。

要将 c - C_4F_8 与 CF_3I 及其混合气体用于新型 GIT 中作为绝缘气体,从而取代 SF_6,仍有许多的问题有待解决,尤其是混合气体在不同气体比例、复杂电气环境下的击穿特性及微观放电参数,目前仍缺乏相关的参考数据,不利于工程应用的开展。因此我们应该尽快启动相关研究,加快新型气体绝缘变压器的研究工作。

相比较其他的气体绝缘电力设备,基于环保型绝缘气体的 GIT 的研究与开发具有一定的优势,即不涉及绝缘气体的灭弧问题和液化温度高(因为变压器运行时有 60℃ 左右的温度)的问题,则研究可以更易更快发展。预期的研究主要涉及几个方面的内容:

(1) 气体绝缘性能研究。通过气体放电试验研究,分析 c - C_4F_8 与 CF_3I 及其混合气体在不同压强、不同混合比例、不同电场环境下的绝缘性能与放电特性,并与 SF_6 进行比较。根据新型绝缘气体的绝缘强度与大气压强的关系设计新型环保型 GIT 的箱体结构及内部电场分布。通过不同气压、不同电场环境的气体击穿试验,形成不同气体混合方案在不同电场不均匀程度下的耐压曲线,从而指导变压器内部的绝缘方案选择、组件设计及电场优化。

(2) 气体换热效率研究。设计并利用仿真热传导试验腔体,测量 c - C_4F_8 与 CF_3I 及其混合气体的热传导能力,并结合气体导热系数、黏度系数,对不同温度、传热环境不同的混合气体散热能力进行仿真计算。利用流体力学分析混合气体在变压器内部实际应用状态下的热传导效率,计算 GIT 内线圈的温升分布随混合比例和气体压力变化的情况,优化内部气体换流结构,并与现有 GIT 温升情况进行比较,设计主动散热及被动辅助散热的解决方案。同时利用模拟试验平台,对气体内部换流结构进行试验,验证仿真计算结果及实际散热性能,推导出新型 GIT 中绕组线圈的温升数学模型,为 GIT 的绕组形式提供参考数据。

(3) 电极形状优化研究。根据仿真计算及气体击穿试验获得的气体属性及绝缘参数,设计变压器内部的气体绝缘方式及绝缘结构,并利用电场仿真,对变压器内部电场分布进行计算,优化场强集中部分的电极形状,实现变压器内部绝缘的优化。模拟变压器采用的气膜混合绝缘形式,设计气膜试验腔体,对变压器内部绝缘进行仿真验证试验,研究气体与 PET 等多种材料的薄膜间的绝缘配合。同时针对变压器内部垫块、撑条及其他绝缘件进行优化设计与模拟试验,完成对于变压器内部场强关键点的设计。

(4)材料相容性研究。在 GIT 中,内部结构包括绝缘混合气体、气膜绝缘材料、支撑件、表面油漆涂层等多种材料,为保证多种材料之间不发生化学反应,避免影响绝缘,需要进行材料相容性的试验。在工况高温环境下,对多种材料进行耐久性试验,并通过对气体组分进行取样检测,对金属材料涂层进行形状检测等手段,判断长期工作状态下的材料间相容性,找到能够相互配合的材料种类,保证设备长久运行稳定。

(5)工艺标准研究。通过杂质混合后的气体放电试验,分析 $c-C_4F_8$ 与 CF_3I 及其混合气体的绝缘特性及其特点,明确电极材料、电极表面粗糙度对于混合气体绝缘强度的影响,以形成新型 GIT 在设计、制造、工艺等重要技术标准及处理方式。将油气、水分、颗粒物等杂质混入试验气体,进行击穿试验,并与纯净气体相对比,分析混合气体对于杂质的敏感程度,形成 GIT 在充气环节、后期运行保养等方面的技术标准及处理方式。

参 考 文 献

[1] 徐学基,诸定昌.气体放电物理[M].上海：复旦大学出版社,1996.

[2] 严璋,朱德恒.高电压绝缘技术[M].北京：中国电力出版社,2007.

[3] 武占成,张希军,胡有志.气体放电[M].北京：国防工业出版社,2010.

[4] 邱毓昌.GIS 装置及其绝缘技术[M].北京：中国水利电力出版社,1994.

[5] 黎斌.SF_6高压电器设计[M].北京：机械工业出版社,2010.

[6] 陈家斌.SF_6断路器实用技术[M].北京：中国水利电力出版社,2008.

[7] 阮全荣,谢小平.气体绝缘金属封闭输电线路工程设计研究与实践[M].北京：中国水利电力出版社,2011.

[8] Toyota H, Matsuoka S, Hidaka K. Measurement of spark over voltage and time lag characteristics in $CF_3 I - N_2$ and CF_3 I-Air gas mixtures by usin g steep-front square voltage [J]. IEEE Transactions on Fundamentals and Materials, 2005,125(2)：153 - 158.

[9] Taki M, Maekawa D, Odaka H, et al. Interruption capability of CF_3 I gas as a substitution candidate for SF_6 gas[J]. IEEE Transactions on Dielectrics and Electrical Insulation, 2007,14(2)：341 - 346.

[10] de Urquijo J, Juarez A, Basurto E, et al. Electron impact ionization and attachment, drift velocities and longitudinal diffusion in CF_3 I and CF_3 I - N_2 mixtures[J]. Journal of Physics D：Applied Physics, 2007,40(7)：2205 - 2209.

[11] Kasuya H, Kawamura Y, Mizoguchi H, et al. Interruption capability and decomposed gas density of CF_3 I as a substitute for SF_6 gas [J]. IEEE Transactions on Dielectrics and Electrical Insulation, 2010,17(4)：1196 - 1203.

[12] Devins J C. Replacement gases of SF_6[J]. IEEE Transactions on Electrical Insulation, 1980,15(2)：81 - 86.

[13] Heylen A E D. Electrix strength, molecular structure, and ultraviolet spectra of hydrocarbon gases [J]. The Journal of Chemical Physics, 1958,29(4)：813 - 819.

[14] Raizer Y P. Gas discharge physics[M]. Springer-Verlag, 1991.

[15] Christophorou L G H, Crompton R W. The diffusion and drift of electrons in gases [M]. New York, John Wiley & Sons, 1974.

[16] Raether H. Electron avalanches and breakdown in gases [M]. London, Butterworth & Co. (Publishers) Ltd, 1964.

[17] 陈宗器,丁伯雄.SF_6气体绝缘变压器综述(下)[J].变压器,1999,36(8)：24 - 28.

[18] 尹克宁.SF_6气体绝缘变压器的发展前景[J].电力设备,2000,01：17 - 20.

索 引